Kai Martius

# Sicherheitsmanagement in TCP/IP-Netzen

# DuD-Fachbeiträge

herausgegeben von Andreas Pfitzmann, Helmut Reimer, Karl Rihaczek
und Alexander Roßnagel

Die Buchreihe DuD-Fachbeiträge ergänzt die Zeitschrift DuD – Datenschutz und Datensicherheit in einem aktuellen und zukunftsträchtigen Gebiet, das für Wirtschaft, öffentliche Verwaltung und Hochschulen gleichermaßen wichtig ist. Die Thematik verbindet Informatik, Rechts-, Kommunikations- und Wirtschaftswissenschaften.
Den Lesern werden nicht nur fachlich ausgewiesene Beiträge der eigenen Disziplin geboten, sondern auch immer wieder Gelegenheit, Blicke über den fachlichen Zaun zu werfen. So steht die Buchreihe im Dienst eines interdisziplinären Dialogs, der die Kompetenz hinsichtlich eines sicheren und verantwortungsvollen Umgangs mit der Informationstechnik fördern möge.

Unter anderem sind erschienen:

*Hans-Jürgen Seelos*
Informationssysteme und Datenschutz
im Krankenhaus

*Wilfried Dankmeier*
Codierung

*Heinrich Rust*
Zuverlässigkeit und Verantwortung

*Albrecht Glade, Helmut Reimer
und Bruno Struif (Hrsg.)*
Digitale Signatur &
Sicherheitssensitive Anwendungen

*Joachim Rieß*
Regulierung und Datenschutz im
europäischen Telekommunikationsrecht

*Ulrich Seidel*
Das Recht des elektronischen
Geschäftsverkehrs

*Rolf Oppliger*
IT-Sicherheit

*Hans H. Brüggemann*
Spezifikation von objektorientierten
Rechten

*Günter Müller, Kai Rannenberg,
Manfred Reitenspieß, Helmut Stiegler*
Verläßliche IT-Systeme

*Kai Rannenberg*
Zertifizierung mehrseitiger
IT-Sicherheit

*Alexander Roßnagel, Reinhold Haux,
Wolfgang Herzog (Hrsg.)*
Mobile und sichere Kommunikation
im Gesundheitswesen

*Hannes Federrath*
Sicherheit mobiler Kommunikation

*Volker Hammer*
Die 2. Dimension der IT-Sicherheit

*Patrick Horster*
Sicherheitsinfrastrukturen

*Gunter Lepschies*
E-Commerce und Hackerschutz

*Patrick Horster, Dirk Fox (Hrsg.)*
Datenschutz und Datensicherheit

*Michael Sobirey*
Datenschutzorientiertes
Intrusion Detection

*Rainer Baumgart, Kai Rannenberg,
Dieter Wähner und Gerhard Weck (Hrsg.)*
Verläßliche IT-Systeme

*Alexander Röhm, Dirk Fox,
Rüdiger Grimm und Detlef Schoder (Hrsg.)*
Sicherheit und Electronic Commerce

*Dogan Kesdogan*
Privacy im Internet

*Kai Martius*
Sicherheitsmanagement
in TCP/IP-Netzen

Kai Martius

# Sicherheitsmanagement in TCP/IP-Netzen

**Aktuelle Protokolle,
praktischer Einsatz,
neue Entwicklungen**

Die Deutsche Bibliothek – CIP-Einheitsaufnahme
Ein Titeldatensatz für diese Publikation ist bei
Der Deutschen Bibliothek erhältlich

ISBN 978-3-528-05725-1     ISBN 978-3-663-05887-8 (eBook)
DOI 10.1007/978-3-663-05887-8



Der Verlag Vieweg ist ein Unternehmen der BertelsmannSpringer
Science + Business Media Group.

http://www.vieweg.de

Die Wiedergabe von Gebrauchsnamen, Handelsnamen, Warenbezeichnungen usw. in diesem Werk berechtigt auch ohne besondere Kennzeichnung nicht zu der Annahme, dass solche Namen im Sinne der Warenzeichen- und Markenschutz-Gesetzgebung als frei zu betrachten wären und daher von jedermann benutzt werden dürften.

Höchste inhaltliche und technische Qualität unserer Produkte ist unser Ziel. Bei der Produktion und Verbreitung unserer Bücher wollen wir die Umwelt schonen. Dieses Buch ist deshalb auf säurefreiem und chlorfrei gebleichtem Papier gedruckt. Die Einschweißfolie besteht aus Polyäthylen und damit aus organischen Grundstoffen, die weder bei der Herstellung noch bei Verbrennung Schadstoffe freisetzen.

Konzeption und Layout des Umschlags: Ulrike Weigel, www.CorporateDesignGroup.de
Gesamtherstellung: Lengericher Handelsdruckerei, Lengerich

# Vorwort

Sicherheitsaspekte spielen bei der Nutzung des Internet als Plattform für ECommerce eine, wenn nicht *die* entscheidende Rolle. Eines der häufigsten Argumente für die Verzögerung des breiten Internet-Einsatzes als umfassende Kommunikationsplattform auch für unternehmenskritische Anwendungen ist die derzeit (vermeintlich) ungenügende Sicherheit des Internet. Auf der anderen Seite gibt es heute ein fast inflationäres Produktangebot im Sicherheitsbereich. Bevor es jedoch an die Produktauswahl geht, muss man wissen, welche Sicherheitsvorkehrungen überhaupt getroffen werden sollen. Das bedingt wiederum, die Protokolle und Anwendungen, deren Funktionsweise und Sicherheitsrisiken zu kennen.

Eine ganze Reihe neuer Entwicklungen in Form verschiedener Sicherheitsprotokolle, wie SSL, S-HTTP oder Secure Shell, finden sich dabei (manchmal unter Marketingbegriffen versteckt) in aktuellen Produkten wieder. Aber wie funktionieren diese im Detail? Wodurch ist deren Sicherheit gekennzeichnet? Und für welche Einsatzfälle sind diese besonders geeignet? Kann man diese und ähnliche Fragen beantworten, ist man einer profunden Produktauswahl und der Lösung der Sicherheitsprobleme schon einen Schritt näher.

Eines der neuen Schlagworte ist zweifellos das „Virtual Private Network" – kurz VPN. Mit dieser „sicheren Vernetzung über unsichere Infrastrukturen" kann man zum einen Kommunikationsabläufe verbessern und zum anderen durch den Ersatz herkömmlicher Technologien hohe Einsparungen erzielen. Viele Einsatzfälle und Studien halten Amortisationszeiten von unter einem Jahr für eine ohne weiteres zu erreichende Größe. *Die* (Sicherheits-) Technologie hinter VPNs stellen zweifellos die *IPSec-Protokolle* dar. Diese Technologie wird eine ganz besondere Rolle für die künftige Sicherheitsinfrastruktur im Internet darstellen. Mit ihr wird sozusagen die Sicherheit in den Kern des Netzes – in den Datentransport – eingebaut und für alle Anwendungen und Dienste verfügbar gemacht. Zunehmend bauen neue Protokollentwicklungen auf die Sicherheit, die von IPSec geboten wird, beispielsweise SNMPv3 oder L2TP.

Welche Szenarien können heute mit dieser Technologie konkret gelöst werden? Reichen die Funktionen, die IPSec heute bietet, aber auch aus, um für weitaus komplexere Netze und Anforderungen der Zukunft gerüstet zu sein? Welche Anforderungen stehen bezüglich eines flexiblen und effizienten Sicherheitsmanagements in künftigen Netzen überhaupt?

Mit MIKE – dem Multi-Domain Internet Key Exchange – soll in Kombination mit einem geeigneten Policy Management System ein Ansatz für ein effizientes Sicherheitsmanagement in komplexen Netzstrukturen vorgestellt werden. Dabei wird das Rad nicht neu erfunden, sondern weitestgehend auf vorhandener Technologie aufgebaut.

Ein entscheidender Aspekt in der Entwicklung und Auswahl von Technologien überhaupt ist die Form ihrer Standardisierung. Proprietäre Lösungen haben heute (berechtigterweise) am Markt kaum noch eine Chance. Das bei weitem wichtigste Standardisierungsgremium im Internetumfeld ist die *Internet Engineering Task Force* (IETF). Mit enormer Geschwindigkeit wurden und werden durch eine (fast) unorganisierte Gemeinschaft von Entwicklern Protokolle und Implementierungen für die neuen technologischen Herausforderungen im Internet geschaffen. Kein Hersteller kann sich mehr der Umsetzung dieser Protokolle entziehen, da der Markt einfach die Kompatibilität zu Internet-Standards fordert. Zudem hat sich der Entwicklungsprozess in dieser Gemeinschaft als unerhört kreativ, effizient und robust erwiesen – die Maxime „Just rough consensus and running code" hat sich auch bei mittlerweile tausenden aktiv Beteiligten als die Triebfeder der Entwicklung bewährt. In der IETF wird *Engineering* damit noch groß geschrieben.

Auch die hier beschriebenen Sicherheitstechnologien werden ausschließlich in diesem IETF-Umfeld angesiedelt. Das gilt ebenso für MIKE, das nicht im Stadium einer wissenschaftlichen Arbeit verharrt, sondern in der IETF als Protokollvorschlag zur Diskussion gestellt wurde und auf reges Interesse stieß.

Apropos wissenschaftliche Arbeit – das Buch entstand im Wesentlichen aus meiner Dissertationsschrift an der Fakultät Elektrotechnik der Technischen Universität Dresden. Die dort im Rahmen eines medizinischen Projektes einzusetzenden Sicherheitsmechanismen verlangten im Wesentlichen nach Verfahren, wie sie mit IPSec heute bereitstehen. Allerdings zeigten sich Defizite im Bereich Sicherheitsmanagement, die ich kurzerhand zum Anlass nahm, eine umfassende Arbeit aus der Thematik anzufertigen. Allerdings sind die rein wissenschaftlichen Aspekte in diesem Buch auf ein relativ kleines Maß beschränkt, das Buch möchte eher die Technologie einem breiten Publikum zugänglich machen.

Dissertation und Buch wären nicht entstanden, wenn mir nicht großzügige Freiräume bei meiner früheren Tätigkeit am Institut für Medizinische Informatik und Biometrie gewährt worden wären. Mein Dank gilt hier besonders Herrn Dr. Kurt Strelocke und Herrn Prof. Hildebrand Kunath. Wertvolle Hinweise für die inhaltliche Gestaltung und die praktische Umsetzung gaben mir Prof. Alexander Schill und Prof. Adolf Finger. Besonders interessant und fruchtbar waren die Diskussionen während einiger „IETFs" mit Luis Sanchez, Matthew Condell und Charlie Lynn von BBN Technologies sowie Dan Harkins von Network Alchemy. Die Tätigkeit bei meinem neuen Arbeitgeger erlaubt es mir, weiterhin aktiv an dem Entwicklungsprozess dieser Technologie teilzuhaben, was mir eine ganz besondere Freude ist. Herrn Dr. Klockenbusch vom Vieweg-Verlag nahm fast euphorisch die Skripte zu diesem Buch auf, was eine sehr kurzfristige Veröffentlichung ermöglichte. Aber all die fachlichen Dinge nützten nichts, wenn mich nicht meine Ehefrau Jana neben mir gestanden und auf viele Stunden gemeinsamer Freizeit verzichtet hätte.

Kai Martius, kai@secunet.de

# Inhalt

# Einleitung

Sicherheitsfragen im Internet spielen heute eine äußerst wichtige Rolle. Unbestritten wird der Erfolg des Internets als Plattform für geschäftliche Anwendungen (Electronic Commerce im weitesten Sinne), oder für Anwendungen in geschlossenen Benutzerkreisen, z.B. im medizinischen Bereich, von der Lösung dieser Sicherheitsfragen abhängen.

Verschiedenen Studien zufolge nutzt die Mehrzahl der Unternehmen die Möglichkeiten des ECommerce noch nicht, weil sie zu allererst die unzureichende Sicherheit als Hindernis und Bedrohung sehen.

Sicherheitsanforderungen können in vielerlei Hinsicht auftreten und verschiedene Schutzziele verfolgen, wobei die Interessen von Anbietern und Konsumenten durchaus unterschiedlich, ja sogar konträr sein können.

Ein Anbieter von Waren und Dienstleistungen möchte sichergehen, dass eine Bestellung wirklich von dem Nutzer abgegeben wurde, für den sich ein Besteller ausgibt. Zusätzlich ist ein rechtssicheres Geschäft nur möglich, wenn durch digitale Signaturen später die Teilnahme der Parteien am Vertragsabschluss nachgewiesen werden kann.

→ *Schutzziele: Authentizität und Integrität*

- Der Besucher eines Online-Shops möchte nicht, dass seine persönlichen bzw. geldwerten Daten, insbesondere Kreditkarteninformationen, offen im Internet übertragen werden. Zusätzlich möchte er natürlich sicher sein, dass er gerade in *diesem* Online-Shop einkauft, und nicht in einer „digitalen Kopie" des Servers, betrieben von einem Betrüger, der nur Kreditkarteninformationen sammeln will.

→ *Schutzziele: Authentizität und Vertraulichkeit*

- Der Besucher einer Online-Suchtberatungsstelle möchte nicht, dass seine Identität offen gelegt wird. Sonst könnte bereits aus der Tatsache des Besuches einer solchen Informationsstelle gefolgert werden, dass der Betreffende evtl. diesbezügliche Probleme hat.

→ *Schutzziel: Anonymität und Unbeobachtbarkeit*

Zu diesen vorwiegend anwendungsbezogenen Sicherheitsbedürfnissen kommen noch viele technische Anforderungen hinzu. So sollte z.B. ein Online-Shop zu nahezu 100%

verfügbar und gegen so genannte „Denial-of-Service"-Angriffe resistent sein, die durch (absichtliche) Überlastung des Systems hervorgerufen werden können.

Der überwiegende Teil dieser Anforderungen kann durch den Einsatz kryptographischer Verfahren erfüllt werden. Es ist jedoch notwendig, diese Verfahren auf allen Kommunikationsebenen einzusetzen und ein schichtenübergreifendes Sicherheitsmanagement bereitzustellen. So kann die Kryptographie auf der Netzwerkebene sowohl Steuerinformationen (insbesondere Paket-Adressen) als auch Nutzdaten *während der Übertragung* schützen. Eine digitale Signatur zu einem Dokument ist praktisch jedoch nur auf Anwendungsebene realisierbar.

## Was kann man aus diesem Buch erfahren

Sicherheit ist ein enorm komplexes Gebiet, bei dem die isolierte Betrachtung eines Teilbereiches sehr nützlich für das Detailverständnis ist, für eine praxisorientierte Lösung jedoch nicht ausreicht. In einem Gesamtkonzept müssen dazu u.a. betrachtet werden:

- Physische / organisatorische Sicherheit
- Ausfallsicherheit / Verfügbarkeit (Safety)
- Sicherheit von Daten *und* Computern in Netzen
- Sicherheit von Daten *auf* Computern selbst

Im vorliegenden Buch wird vorwiegend auf Sicherheitsfunktionen eingegangen, die Daten und Computer in Netzwerken schützen sollen, also alles, was unter dem Begriff „Firewall-Systeme" zusammengefasst wird, weiterhin Protokolle zur sicheren Übertragung von Daten, zur Authentisierung und zum Schlüsselaustausch. Aktuelle Schlagworte zu diesem Bereich sind auch *Virtuelle Private Netze (VPN)* sowie die Möglichkeit eines sicheren externen Zuganges in ein Unternehmensnetz (*Secure Remote Access*).

Auf Funktionen zur Absicherung einzelner Anwendungen wird jedoch nicht detailliert eingegangen. Dienste auf Applikationsebene werden nur insofern untersucht, als diese für die Funktionalität der auf Netzwerk- und Transportschicht betrachteten Sicherheitsmechanismen notwendig sind (z.B. Infrastrukturkomponenten, wie Verzeichnisdienste). Auch Fragen der physischen und organisatorischen Sicherheit sowie von Safety spielen nur am Rande eine Rolle.

## *Wegweiser durch das Buch*

Zur praxisnahen Einführung sollen in einem *ersten Kapitel* zunächst einige häufig vorkommenden Netzkonstellationen und die damit verbundenen Sicherheitsprobleme aufgezeigt werden. Die Möglichkeiten und die Anforderungen an Sicherheitsfunktionen der hochaktuellen *Virtual Private Networks* (VPNs) nehmen in diesem Kapitel einen besonders breiten Raum ein, um diese Technologie zunächst aus der Anwendungsperspektive zu vermitteln. Später werden dann konkrete Sicherheitsprotokolle zur Realisierung eingeführt. Im Anschluss an die folgenden Hauptkapitel wird außerdem jeweils an einigen Beispielkonstellationen versucht, mit den bis dahin vorgestellten Technologien eine sichere Lösung zu designen. Damit werden die Möglichkeiten und Grenzen deutlich, und ganz nebenbei können auch Anregungen für konkrete Einsatzfälle gegeben werden.

Um den Leser zunächst auf die Sicherheitsproblematik der heutigen Netzinfrastruktur aufmerksam zu machen, werden im *zweiten Kapitel* die derzeit überwiegend genutzten Technologien und Anwendungen im Internet-Umfeld beleuchtet. Insbesondere wird dabei auf die durch deren Design bzw. Anwendung hervorgerufenen Sicherheitsrisiken näher eingegangen. Herkömmliche Techniken zur Absicherung von Verbindungen, Netzen und Anwendungen (Firewalls) sowie ihre Vor- und Nachteile werden beschrieben. Der Leser, der bereits eingehend mit der Problematik von Internet-Sicherheit und Firewalls vertraut ist, kann diesen Teil überspringen.

Anschließend werden im *dritten Kapitel* Protokoll-Entwicklungen der vergangenen Jahre im Internet-Umfeld betrachtet und analysiert, die zur Lösung der Sicherheitsproblematik beitragen sollen. Besonders wird hierbei auf die Entwicklungen eingegangen, die der Sicherheit auf Netzwerk- und Verbindungsebene dienen, sowie deren Schlüsselmanagement (IPSec, ISAKMP / IKE). Ausführlich werden auch Einsatzmöglichkeiten dieser Protokolle speziell für VPNs und Secure Remote Access untersucht.

Dieser analytische Teil bietet zum einen die Möglichkeit, aktuell eingesetzte Technologien zu bewerten und Marketingaussagen zu den immer unübersichtlicher werdenden Produktspektrum genauer zu hinterfragen. Das Kapitel stellt jedoch auch notwendige Informationen bereit, die für das Verständnis der in den folgenden Kapiteln vorgestellten eigenen Entwicklungen notwendig sind.

Die Darstellung der durch diese Technologien gegebenen Möglichkeiten, besonders aber deren aktuelle Limitationen, führen zum Ausgangspunkt für das *vierte Kapitel*, in dem Entwicklungen und Ausblicke für ein umfassendes Sicherheitsmanagement in komplexen Netzstrukturen vorgestellt werden. Bestandteil dieses Kapitels ist u.a. ein eigener Protokollentwurf für ein erweitertes Key Management, mit dem sich neue interessante Funktionen, wie die Ausnutzung von Vertrauensverhältnissen und *sichere* Paketfilter realisieren lassen. Das entwickelte Protokoll fügt sich in ein umfassendes Sicherheits- und Policy-Management ein, mit dem Sicherheitsanforderungen in beliebig komplexen Netzstrukturen effizient umgesetzt werden können. Einem schrittweisen Entwurf, Beschreibung von Protokollstruktur und Verarbeitungslogik und einigen vergleichenden Analysen schließt sich eine formale Analyse und ein mögliches Einsatzszenario an.

## *Einordnung in internationale Entwicklungen*

Die in diesem Buch beschriebenen Technologien sind ausschließlich standardisierte, im Internet-Umfeld anerkannte Entwicklungen. Treibende Kraft dieser Entwicklungen sind die *Internet Engineering Task Force* (IETF) und ihre Arbeitsgruppen. Die IETF als herstellerneutrales, internationales Gremium hat in der Vergangenheit eine Vielzahl offener, weltweit anerkannter Standards verabschiedet, deren Funktionsfähigkeit und technische Reife mit der immensen Verbreitung des Internet und seiner Technologien demonstriert wird.

Innerhalb der IETF werden in Arbeitsgruppen (Working Groups) speziell abgegrenzte Teilbereiche bearbeitet, die Entwicklungen bzgl. der Sicherheit auf IP-Ebene bspw. in der *IP Security Working Group*. Besonders die Entwicklungen und Diskussionen in dieser Arbeitsgruppe wurden aktiv verfolgt, um die eigenen Entwicklungen in diese Arbeiten einordnen zu können. Auch die hier vorgestellten eigenen Protokollentwicklungen wurden in Form eines Internet-Drafts in der Arbeitsgruppe zur Diskussion gestellt und stießen auf großes Interesse.

# 1 Internet-Sicherheit – Anforderungen aus der Praxis

In diesem ersten Kapitel sollen – zunächst zur Motivation und Sensibilisierung – einige praxisnahe Beispiele aufzeigen, an welchen Stellen heute überall Sicherheitsfragen auftauchen können.

Der Trend zur Anbindung des eigenen Netzes an das weltweite Internet ist ungebrochen, ist im Grunde sogar erst am Beginn. Meist bestimmen interne und / oder externe Faktoren, wann für ein bisher isoliertes Netz der „Anschluss" erfolgt: Mitarbeiter wollen bzw. müssen zur Erfüllung ihrer täglichen Aufgaben einen Internetzugang erhalten, z.B. um effizienter per EMail kommunizieren oder Recherchen im WWW durchführen zu können. Aber auch von außen kann der Impuls dazu kommen: Vielleicht ist ein (potentieller) Kunde nur bereit zur Zusammenarbeit, wenn man ihm einen Zugang über Internet zur kooperativen Arbeit an einem gemeinsamen Projekt bieten kann.

Die Anbindung an das Internet und dessen Nutzung ruft jedoch sofort Sicherheitsbedenken auf den Plan, da ein großes Bedrohungspotential gesehen wird (und natürlich auch real vorhanden ist). Abhängig von der angestrebten Nutzung des neuen Internetzuganges sind nun unterschiedliche Anforderungen an die notwendigen Sicherheitsvorkehrungen zu stellen.

Das Kapitel zeigt Beispiele ausgehend vom einfachsten Fall, bei dem nur interne Stationen Zugang nach außen erhalten sollen, bis hin zum komplexen Szenario, wo das Internet integraler Bestandteil des Unternehmensnetzes wird. Damit verbunden werden die wichtigsten Sicherheitsanforderungen ausgearbeitet, die mit dem jeweiligen Szenario zu beachten sind.

## 1.1   Intranets – „Internet inside"

„Intranet" – eine der Wortschöpfungen im Internet-Boom – soll ein auf Internet-Technologie basierendes „internes" Netzwerk beschreiben. Gemeint ist die Homogenisierung der teilweise organisch gewachsenen Netzstrukturen in vielen Organisationen, die als Kommunikationsmedium für unterschiedliche Plattformen (z.B. Novell NetWare, Host-basierten Anwendungen, Peer-to-Peer-Netze) dienten und dienen, sowie darauf basierenden Anwendungen.

Auf Netzwerkebene ist der Übergang zu einer einheitlichen Protokollfamilie (TCP/IP) bereits heute möglich:

- alle Mainstream-Betriebssysteme bringen einen IP-Protokollstack von Hause aus mit
- Novell's NetWare, früher auf das IPX-Protokoll angewiesen, ist in der aktuellen Version durchgängig und „ohne Tricks" auf IP lauffähig
- sogar Mainframe-Hersteller – bis dato der Inbegriff proprietärer Technologie – bieten heute TCP/IP-Protokolle für ihre Maschinen an.

Ein „richtiges Intranet" entsteht jedoch erst, wenn auch auf Anwendungsebene Standardprotokolle der Internet-Welt zum Einsatz kommen, z.B.:

- EMail mit SMTP / POP3 / IMAP
- Terminal-Zugang mit Telnet / SSH
- Webbasierte Informationsdienste (HTTP)

Webbasierte Technologien werden zunehmend auch genutzt, um proprietäre Anwendungen zugänglich zu machen und in einem Intranet bereitzustellen. So lassen sich viele Terminalanwendungen aus der Großrechnerwelt per Middleware zunehmend auch über ein Webinterface bedienen.

In der Homogenisierung von Kommunikationsinfrastruktur und Anwendungen wird ein erhebliches Einsparungspotential gesehen. Insbesondere mit der Webtechnologie und dem zugehörigen „Browser" kann ein universelles Anwendungsinterface bereitgestellt werden. Die Trends zum Netzcomputer oder zur weit gehenden Integration von Browser und Betriebssystem zeigen diese Tendenz deutlich.

Soweit zur Technologie und deren unbestrittenen Vorteilen. Was hat das Ganze jedoch mit Sicherheitsfragen zu tun? Es bleibt doch alles „beim Alten", d.h. niemand kann in dieses Netz eindringen, da es doch gar keine (neue) Verbindung nach außen hat?

Spätestens beim ersten Schritt ins „richtige" Internet müssen rudimentäre Ansätze eines Intranets – z.B. die interne Vergabe von IP-Adressen, Standard-EMail- und Web-Frontends - vorhanden sein. Und spätestens dann stellen sich auch die ersten Fragen zur Sicherheit. Aber meist sind diese schon eher zu beantworten. Ein wesentlicher Teil (teilweise vermeintlicher) Sicherheit fällt nämlich weg, wenn man ein unternehmensweites Intranet aufbaut, z.B.:

- eine logische Trennung durch verschiedene Kommunikationsprotokolle entfällt
- „Kommunikationsinseln", die bisher nichts miteinander zu tun hatten, werden verbunden – als Nebeneffekt oder aus konkreten Kommunikationsanforderungen
- Sicherheitsmerkmale proprietärer Lösungen können nicht mehr verwendet werden

Sicherheitsproblemen der Internet-Protokolle muss von nun an verstärkt Beachtung geschenkt werden. Vorteil dieser offenen Technologie ist jedoch, dass damit auf einen riesigen Fundus von Erfahrungen und konkreten Lösungen zurückgegriffen werden kann, die von einem breiten Expertenteam entwickelt und evaluiert wurden. Neueste Sicherheitstechnologien werden schnell und preisgünstig entwickelt und umgesetzt, da damit ein riesiger Markt bedient wird.

Folgende Stichpunkte sollen einige Probleme aufzeigen, die bereits beim Aufbau eines Intranets die Planung und Umsetzung einer Sicherheitsstrategie erforderlich machen können:

- Ein einheitliches Kommunikationsprotokoll lässt plötzlich Systeme gegenseitig „sichtbar" werden, die bisher keinen Kontakt hatten und diesen auch künftig nicht haben sollten
- neue (abteilungsübergreifende) Kommunikationsanforderungen, wobei unterschiedliche Sicherheitsanforderungen einzelner Teilnetze bestehen (z.B. ein Netz, in dem allgemeine Informationsdienste bereitgestellt werden und das Netz der Finanzbuchhaltung)
  → unterschiedliche Sicherheitszonen
- Die „alte Weisheit" – durch viele Studien belegt – dass der Großteil der Angriffe auf IT-Systeme von Insidern, also den eigenen Mitarbeitern, erfolgt. Die Zahlen schwanken zwischen 60 und 85%.

An dieser Stelle wird jedoch wieder der Vorteil der offenen, standardisierten Technologie deutlich: Man kann die gleichen Sicherheitstechnologien einsetzen, die auch bei der Anbindung an *das* Internet genutzt werden: Firewallsysteme, Sicherheitsprotokolle, wie SSL und zunehmend IPSec, sichere Verzeichnisdienste etc. Damit kann auch auf dem Gebiet der Sicherheitsinfrastruktur Nutzen aus der Standardisierung und Homogenisierung der Technologie gezogen werden – die Lösungen selbst werden preiswerter und die Administrationskosten sinken durch kürzere Einarbeitungszeit, (zunehmend) einheitliches Management und die Möglichkeit der „Wiederverwendbarkeit". So kann man im Intranet bereits für den späteren Fall „üben", wenn der Anschluss an das „große" Internet erfolgt.

Spezielle Beispiele werden in diesem Kapitel nicht geliefert – aus folgendem Grund: Letztlich wird das eigene Netz beim Anschluss an das Internet zu dessen Bestandteil, womit man quasi sofort mit (mindestens) zwei *Sicherheitszonen* konfrontiert ist: Internet = unsicher, Intranet = sicher. Diese Konstellation lässt sich nun einfach auf den Fall abbilden, bei dem in einem isolierten Intranet zwei Sicherheitszonen vorhanden sind.

*Verallgemeinerung: Sicherheitszonen und Zonenübergänge*

Im Grunde lässt sich alles auf die Definition unterschiedlicher Sicherheitszonen, und die Bedingungen unter denen zwischen diesen Zonen kommuniziert werden kann, herunterbrechen. Ob diese Zonen alle in einem Intranet liegen oder eine davon das Internet selbst darstellt, spielt dabei keine Rolle mehr. Wichtig ist, diese Sicherheitszonen und die

Kommunikationsbedingungen formal zu definieren, womit man bei einer so genannten *Security Policy* anlangt. Security Policies werden an den Übergängen zwischen zwei Zonen umgesetzt. Dieses Modell wird zu einem späteren Zeitpunkt bei der Betrachtung eines „Security Policy Systems" (Abschnitt 4.2) noch ausgiebig genutzt. Zunächst wollen wir uns jedoch auf die einfachen, in der Praxis am häufigsten vorkommenden Fälle konzentrieren: den einfachen Internet-Zugang zunächst nur als Einbahnstraße nach außen, später mit Zugangsmöglichkeiten von außen nach innen.

## 1.2    Der erste Schritt ins Netz

Der erste Kontakt mit dem „richtigen" Internet kann durch vielerlei Anforderungen ausgelöst werden. Ein wichtiger Aspekt ist die *eigene Repräsentation im WWW* – also der Betrieb eines Webservers. In einem ersten Schritt kann hier der Internet-Zugang noch „gemieden" werden, indem man die Webseiten auf einem Providerserver auslagert. Sobald die Seiten jedoch vom Unternehmen aus direkt gepflegt werden sollen, ohne dass Disketten zum Provider geschickt werden müssen, ist aber schon eine Online-Verbindung notwendig.

Kommunikation von innen nach außen als „Einbahnstraße" ist damit die erste und auch am einfachsten abzusichernde Anforderung. Man muss also eine Art „Ventil" installieren, dass genau die Daten nach draußen lässt, die dürfen, und alle anderen sperrt. Leider kann das Ventil nicht ausschließlich in eine Richtung wirken, denn irgendwie müssen auch wieder einige Bytes zurückkommen.

Zusätzlich wird meist jedoch die Anforderung stehen, mit dem Anschluss an das Internet sofort alle gängigen Dienste, wie EMail, FTP, News etc. bereitzustellen. Zwar bieten Internet Service Provider das „Hosting" all diese Dienste an, meist wird man jedoch den Betrieb der Server selbst übernehmen – Sicherheitsaspekte sind ein gutes Argument dafür. Grundlegende Anforderung in einem solchen Szenario ist: Von außen darf nur der Zugriff auf die öffentlichen Server möglich sein, von innen muss ebenfalls auf diese Server zugegriffen werden können, zusätzlich jedoch auch ein Übergang ins Internet möglich sein.

Schematisch kann die Situation folgendermaßen dargestellt werden, wobei die Pfeilformen an den Übergängen gewisse Filterfunktionen andeuten sollen.

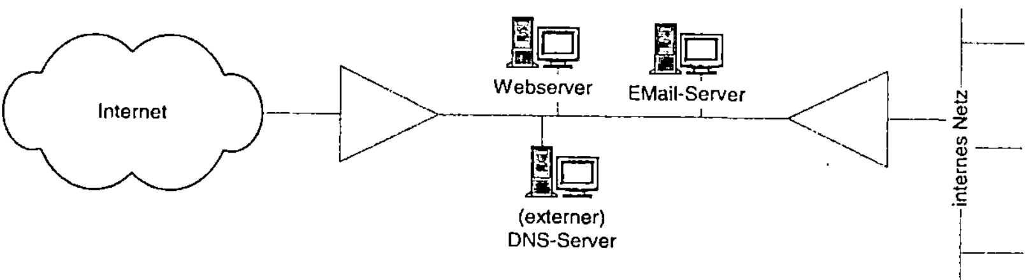


*Abbildung 1 - Schematischer Netzübergang mit Firewallfunktion*

Zur Erfüllung dieser Filterfunktion sind die in Abschnitt 2.3.3 beschriebenen Firewall-Systeme entwickelt worden. Welche Einsatzfälle und welche Anforderungen mit den heute verbreiteten Lösungen abzudecken sind, wird ebenfalls in diesem Abschnitt verdeutlicht – für den „ersten Schritt ins Netz" sind sie zunächst ein unverzichtbarer Baustein.

## *1.3   Virtuelle Private Netze (VPN) und (Secure) Remote Access*

Nachdem den Mitarbeitern die Internet-Dienste bereitstehen und auch von außen auf öffentliche Ressourcen zugegriffen werden kann, ergeben sich schnell weitere Anforderungen, z.B.:

- Schaffung weiterer interner Sicherheitszonen für sensitive Bereiche mit eingeschränkten Kommunikationsmöglichkeiten und hohen Anforderungen an Authentizität und Vertraulichkeit
    - → zusätzliche interne Firewallsysteme, die mit dem „Hauptfirewall" zusammenarbeiten müssen
    - → neue Anforderungen an Authentisierung und Verschlüsselung, die bisher noch nicht standen

- Schaffung von Zugängen zu internen Ressourcen für berechtigte Nutzer
    - → erstmalig Aufbau von Verbindungen von außen nach innen notwendig
    - → sichere Authentisierung Zugreifender, ggf. Verschlüsselung der Daten

- Integration des Internets in ein (geographisch) verteiltes Unternehmensnetz, d.h. das Internet wird einerseits zur reinen Kommunikationsinfrastruktur für internen Datenverkehr, behält aber anderseits seine bisherige Funktion als externes Kommunikationsmedium mit all seinen Diensten bei.

Der letzte Punkt stellt eine Verallgemeinerung für jede Art der Einbeziehung des Internets in eine Kommunikationsinfrastruktur dar und schließt z.B. den Secure Remote Access mit ein. Insbesondere wird damit die Teilung zwischen einem separaten internen Netz, basierend auf Standleitungen, Wählleitungen oder anderen Technologien (X.25, Frame Relay) einerseits und einem zentralen Internetzugang, geschützt durch ein Firewall-System andererseits, hinfällig. Ein Stück weiter gedacht, kann das Szenario sogar die gesamte Sprachkommunikation mit Voice-over-IP einschließen, womit dann das leitungsvermittelte Telefonnetz ganz verschwindet...

## 1.3.1   Beispielszenarien

Abbildung 2 zeigt ein Szenario, wie es aktuell in vielen Unternehmen zu finden ist:

- Das Datennetz des Unternehmens ist durch ein zentrales Backbone-Netz und die Anbindung von Außenstellen über WAN-Verbindungen gekennzeichnet. Diese WAN-Verbindungen werden meist durch eine Vielzahl gemieteter „Leitungen" (entfernungsabhängig, volumenabhängig, paket- oder leitungsvermittelt) gebildet.

- Remote-Access-Zugänge existieren über einen oder wenige zentrale Einwahlknoten (ISDN, Telefon analog)
- ein zentrales Firewallsystem stellt den Übergang in das Internet bereit
- Sprachdienste werden zumeist separat über die lokalen Telefongesellschaften betrieben. Teilweise, meist in größeren Unternehmen, wird das WAN-Netz zur Kopplung von TK-Anlagen genutzt, wodurch insbesondere im *internen* Telefonverkehr eine gewisse Kosteneinsparung erzielt wird.

Insbesondere für die Einbindung entfernter Standorte und/oder vieler mobiler (Außendienst-) Mitarbeiter in das Unternehmensnetz sind teure Verbindungen notwendig, die zudem durch die Vielzahl der Technologien schwer zu managen sind.

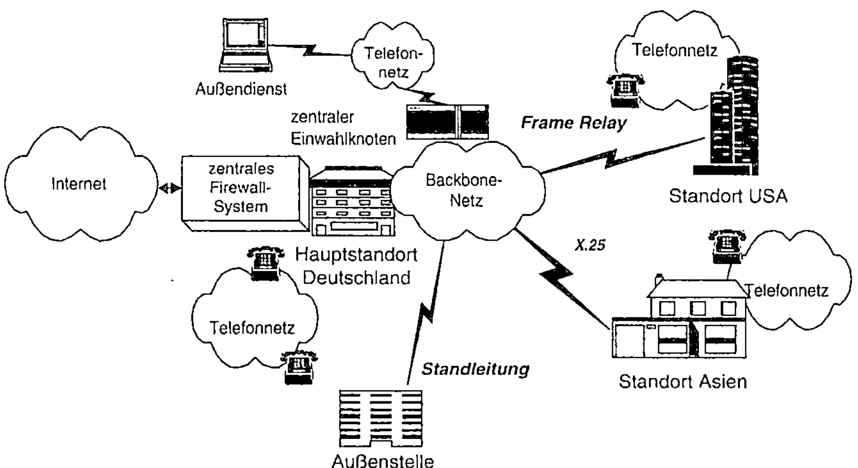


*Abbildung 2 - Übliches Szenario von Sprach- und Datenkommunikation*

Wie können nun die Kosten gesenkt und die Administrierbarkeit verbessert werden? Die wichtigsten Kostenfaktoren in dem Szenario sind:

- zeit- und entfernungsabhängige Abrechnung von Mietleitungen (Standleitungen / Wählleitungen), was insbesondere bei nur sporadischem Verkehr und großen Distanzen sehr ineffizient ist
- große Anzahl solcher Leitungen bei vielen Außenstellen
- hohe Telefongebühren durch Außendienst (evtl. Callback-Funktion im zentralen Einwahlknoten) und Telefonverkehr

Eine weitere Kostenbelastung ist sicher die administrativ sehr anspruchsvolle Installation und Wartung der vielen Technologien, der Zugangspunkte und des „firmeninternen" Leitungsnetzes. Viele Unternehmen besitzen eigens zum Betrieb des WAN-Netzes separate Abteilungen.

Der erste Schritt zu Einsparungen kann darin bestehen, das Mietleitungsnetz auf eine *kostengünstigere Infrastruktur* abzubilden – dazu bietet sich heute das Internet geradezu an. Es bietet als Transport-Infrastruktur gegenüber herkömmlichen Mietleitungen im Wesentlichen zwei Vorteile:

- Fast überall auf der Welt kann zu einem sehr günstigen (lokalen) Tarif der Zugang zum Internet erfolgen – sowohl über Wähl- und Standleitungen als auch über andere Technologien, wie X.25, Frame Relay etc.. Die Bereitstellung des Internet-Anschlusses kann durch einen lokalen ISP (Internet Service Provider) direkt beim Kunden erfolgen, so dass die Administration dieser Leitungen vollkommen „outgesourced" werden kann.
- Zumindest derzeit werden vorwiegend Pauschaltarife bzw. sehr günstige Volumentarife für den Internetzugang verlangt – Entfernungen spielen keine Rolle mehr. Damit wird besonders die Kommunikation mit weit entfernten Partnern preiswert möglich.

Betriebswirtschaftlich betrachtet, ist damit ein Outsourcing des Investments in Netzequipment und –Infrastruktur verbunden, da zumindest im WAN-Bereich die Investitionen in Hardware und Personal beim Service Provider liegen und die Kosten beim Anwender nur entsprechend der tatsächlichen Nutzung anfallen. Andererseits kann der Service Provider eine höhere Effizienz und Auslastung durch entsprechende Tarifierungsmodelle erzielen. Mindestens zwei Problembereiche stehen dem gezeichneten Ziel mit der heutigen Internet-Technologie jedoch gegenüber:

### Quality of Service

Ein derzeit schwierig lösbares Problem ist die Bereitstellung einer bestimmten Dienstgüte, d.h. besonders eine garantierte Bandbreite. Bei einer Mietleitung steht dem Kunden die vertraglich festgelegte Bandbreite zur Verfügung. Auch eine hohe Verfügbarkeit von meist über 99% wird mit den Leitungen der meisten TK-Gesellschaften verbunden. Das Internet dagegen arbeitet nach dem Prinzip „best effort" – eine Zustellung der Pakete wird zwar ebenfalls mit einer hohen Sicherheit erreicht, Verzögerungen und Bandbreitenschwankungen können bei hoher Auslastung jedoch unerträglich hoch werden. Derzeit arbeiten die Internet-Entwickler fieberhaft an QoS-Mechanismen für das Internet, insbesondere DiffServ [Brenet et al 1999] und RSVP [Braden et al 1997] sind auf dem Weg, zu standardisierten Technologien zu werden. Damit steht dann für ISPs die Möglichkeit offen, natürlich gegen ein höheres Entgelt QoS zu verkaufen. Sind die Technologien breit verfügbar, können vom Anwender sehr differenziert Dienstklassen eingekauft werden – für „mission-critical"-Anwendungen wird eine hohe Dienstklasse in Anspruch genommen, bei EMail und allgemeinem Web-Zugriff kann dagegen nach der herkömmlichen „best-effort"-Methode verfahren werden. Das Einsparungspotential ist offensichtlich: Man bezahlt nur noch für die Dienstgüte, die für verschiedene Anwendungen tatsächlich benötigt wird, und nicht – wie bei Mietleitungen – 24 Stunden am Tag die volle Bandbreite.

In den folgenden Betrachtungen werden QoS-Aspekte zunächst nicht weiter berücksichtigt. Die Entwicklungen sind derzeit noch nicht abgeschlossen. Man kann jedoch davon ausgehen, dass künftig auch garantierte Dienstklassen im Internet bereitgestellt werden können. Im Folgenden soll der Fokus auf den notwendigen Sicherheitsmechanismen zur Realisierung der gezeigten Szenarien liegen.

### *Sicherheit*

Zwar führen Mietleitungen auch über öffentliches Gelände und über eine Vielzahl von Vermittlungsstellen, zumindest ist der Betrieb jedoch in der Hand weniger Telefongesellschaften. Insofern bietet deren Leitungsnetz schon einen (wenn auch sehr geringen) Schutz gegen „Hobby-Angreifer". Demgegenüber können die IP-Pakete im Internet (fast) beliebige Wege nehmen und die Angriffspunkte sind wesentlich offener. Zur Lösung dieser Problematik bietet sich die VPN-Technologie an, auf die in diesem Buch näher eingegangen wird. Damit wird es möglich, ein vergleichbares bzw. durch den Einsatz von Verschlüsselung ein wesentlich höheres Datensicherheits-Niveau zu erreichen. Abgebildet auf das eingangs beschriebene typische WAN-Szenario einer großen Organisation könnte nun der VPN-basierte Fall so aussehen:

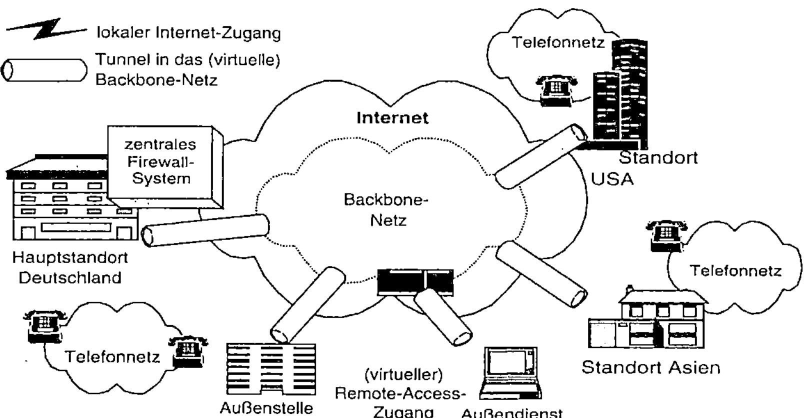


*Abbildung 3 - VPN-Lösung für ein Unternehmensnetz*

Damit wird zunächst der gesamte WAN-Verkehr auf das Internet ausgelagert, indem ein „virtuelles Netz" innerhalb des Internet gebildet wird. Telefonverkehr u.a. isochrone Dienste werden weiterhin über das „normale" Telefonnetz betrieben, auch der zentrale Zugang zum offenen Internet und seinen Diensten wird weiter genutzt. Der Remote-Access-Zugang in das eigene (virtuelle) Netz erfolgt nunmehr auch über das Internet, eine zentrale oder beliebig verteilte Authentisierungsfunktion prüft, ob der Zugreifende berechtigt ist, am VPN teilzunehmen. ·

In einem 3. Schritt könnten sämtliche Kommunikationsdienste auf eine einheitliche Plattform gestellt werden – also unter Einbeziehung von Telefonie u.a. isochronen Datenverkehr, der heute noch über Wählleitungen abgewickelt wird. Während für verschiedene Dienste das in Abbildung 3 gezeigte Szenario heute schon realisierbar ist, sind für einen weiteren Integrationsschritt allerdings QoS-Merkmale unbedingt erforderlich. Die praktische Realisierbarkeit ist damit noch einen Schritt entfernt...

Welche neuen Qualitäten erreicht nun das Szenario aus Abbildung 4?

- Zunächst kann durch die Integration von Sprachdiensten eine weitere Kostensenkung erreicht werden, da auch im „Ferntarif" nur noch die günstigen volumenabhängigen Kosten des Internet anfallen. Organisationsintern läuft jeglicher Spachverkehr im eigenen Netz ab, wird „nach außen" kommuniziert, erfolgt der Übergang in das lokale Telefonnetz an der kostengünstigsten Stelle (wenn künftig einmal jeder über Internet-Telefonie erreichbar ist, muss der Datenverkehr über VPN-Grenzen hinweg fließen – ein Fall für Abschnitt 1.3.3.)
- Durch intelligente Gateways, die zwischen internem und externem Datenverkehr unterscheiden können, wird das Datenvolumen über das eigene VPN weiter gesenkt, da die Daten zum Übergang ins Internet nicht mehr bis zum zentralen Firewallsystem und dann vielleicht den gleichen Weg zurück im offenen Internet nehmen. Eine zentrale Administration dieses „verteilten Firewalls" muss natürlich möglich sein.

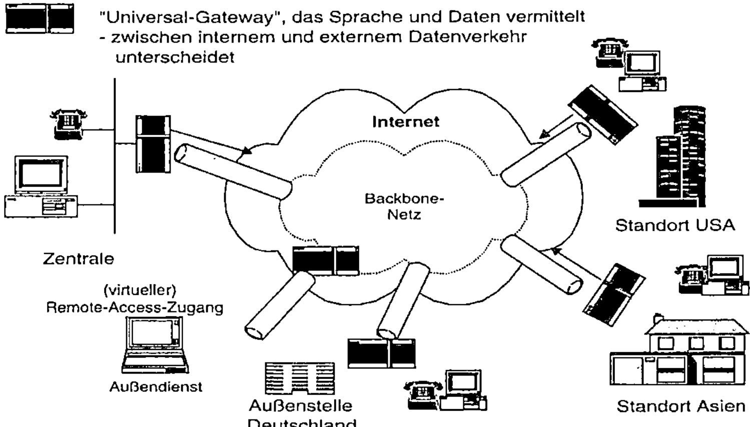


*Abbildung 4 - Integration aller Dienste in einer Plattform*

Damit sind nun die grundlegenden Möglichkeiten und Szenarien, die sich mit der VPN-Technologie realisieren lassen, gezeigt. Insbesondere die Einsparungsmöglichkeiten durch den Ersatz von Miet- und Wählleitungen machen diese Technologie bereits heute interessant. Verschiedene Studien sprechen von Amortisierungszeiten von wenigen Monaten für die Installation der VPN-Gateways und die Ablösung der alten Leitungen [TimeStep 1997].

Im Folgenden Abschnitt soll nun eine etwas abstraktere Betrachtung des Begriffes „VPN" erfolgen, wobei über eine Definition des Begriffes die technischen Realisierungsmöglichkeiten aufgezeigt werden.

## 1.3.2    Virtual Private Network – der Versuch einer Definition

Beginnen wir von hinten – der Begriff „Network" ist noch am einfachsten zu greifen. Unter einem Kommunikationsnetzwerk im technischen Sinne wird meist ein Verbund von Geräten (Computer, Drucker, Router etc.) verstanden, die in irgendeiner Weise miteinander Daten austauschen.

**„Private"** kann schon mit mindestens zwei Bedeutungen hinterlegt werden:

- Private = Geheim: In der Tat spielt gerade der Aspekt der Vertraulichkeit (Geheimhaltung) von Informationen in einem VPN eine ganz besonders wichtige Rolle. Ein entscheidender Bestanteil eines VPN sind *verschlüsselte Pfade* (Tunnel) durch ein öffentliches Netz.

In den Zeiten von Miet- und Wählleitungen maß man der Geheimhaltung noch keine so gewichtige Rolle bei, da man durch die Hohheitsrechte der Telekom-Gesellschaften eine ausreichende Geheimhaltung bzw. Minimierung von Angriffspunkten auf den Datenverkehr annahm – meist wurden nur sensible Anbindungen (z.B. im medizinischen Bereich) mit Leitungsverschlüsselungs-Boxen betrieben. Wird dagegen das Internet als Kommunikationsnetz benutzt, wird dieser Aspekt essentiell.

- Private ≠ Public: Privat als Gegenteil von „öffentlich" zu definieren, widerspiegelt einen weiteren Aspekt moderner VPNs, der jedoch eine Entsprechung in herkömmlichen Mietleitungsnetzen hat: die Nutzung *exklusiver Ressourcen.*

Bei Nutzung des Internet als öffentliches Netz (Basisnetz) ist damit im Wesentlichen ein *„Network-Layer VPN"* zu bilden. Das kann durch mehrere Verfahren erreicht werden:

- Definierte Bekanntgabe von Routing-Informationen:

  Dieser Ansatz entspricht dem Grundsatz „Security by Obscurity" – indem am VPN nicht beteiligten Hosts die Routing-Information und damit die Existenz der Adressen innerhalb des VPNs verborgen wird, werden nicht beteiligte Hosts vom VPN ausgeschlossen. Dieses Modell kann dem sog. „Peer-VPN-Ansatz" zugeordnet werden, da auch innerhalb des VPN der Pfad durch das Basisnetz auf einer „hop-by-hop"-Basis gefunden wird – jeder Router entscheidet an Hand seiner Routinginformation, über welchen Weg das Paket geleitet wird.

  Neben den vielen möglichen Konfigurationsproblemen in diesem Szenario ist es einem Angreifer jederzeit möglich, durch die Wahl einer zum VPN gehörenden Adresse in das VPN zu gelangen, und das von jedem Punkt des Basisnetzes aus!

- Tunneling-Mechanismen:

  Im Gegensatz zum Peer-Modell ergibt sich mit Tunneling-Verfahren ein *Overlay-Modell.* Es gibt nur noch definierte Übergangspunkte zwischen VPN und Basisnetz. Ein rein auf Adressierungsmechanismen basierendes Verfahren ist das Versenden von zum VPN-adressierten Paketen in Paketen mit (öffentlichen) Adressen des Basisnetzen von einem Austrittspunkt des VPN. Zieladresse des Tunnels ist ein anderer Eintrittspunkt ins VPN.

Allerdings können weiterhin Pakete in das VPN eingeschleust werden, da diese einfach nur die entsprechende IP-Tunnel-Adressierung verwenden müssen. Werden jedoch innerhalb des VPN private (d.h. öffentlich nicht genutzte) IP-Adressen verwendet, wird bzgl. dieser *Angreifbarkeit auf Routingebene* schon ein recht hohes Maß an Sicherheit erreicht. „Privacy" im Sinne der ersten Definition ist damit jedoch noch nicht gegeben – sämtliche Daten und Verkehrsinformationen gehen noch im Klartext über die Leitung. Zudem wird das VPN nur an Hand (*ungesicherter*) IP-Adressen gebildet.

Damit ist offensichtlich, dass mit den genannten Modellen nur die „Privatheit" verstärkt werden kann, die mit einer Verschlüsselung erreicht wird. Adress- und Routing-basierte Mechanismen allein zur Bildung von VPNs sind einfach zu schwach, um ein adäquates Maß an Sicherheit zu gewährleisten.

**„Virtual"** kann immer nur in Relation zu etwas real vorhandenen definiert sein. Gleichzeitig wird jedoch auch impliziert, dass Teilnehmer in einem virtuellen Netz dieses wie ein „normales" Netz wahrnehmen – sich der Tatsache der Virtualität also nicht bewusst sind. Außerdem müssen Teilnehmer vorhanden sein, die *nicht* zu diesem virtuellen Netz gehören, ansonsten wäre das Netz ausschließlich ein privates. Andere Teilnehmer können anderen virtuellen Netzen angehören, die völlig unabhängig existieren und (zunächst) keine wechselseitigen Beziehungen haben.[1]

Nach [FergHust 1998] kann man damit ein VPN einerseits recht formal definieren: „Ein VPN ist ein Kommunikationsnetzwerk, zu dem der Zugang kontrolliert ist und in dem Verbindungen nur zwischen Partnern einer geschlossenen, definierten Gruppe möglich sind. Das virtuelle Netz wird durch die ‚Abtrennung' von Ressourcen einer zu Grunde liegenden öffentlichen Kommunikationsinfrastruktur gebildet."

Eine eher praktische Definition könnte lauten: „Ein VPN ist ein privates Netzwerk konstruiert innerhalb eines öffentlichen Netzwerkes, z.B. dem Internet."

Ein VPN kann nun zwischen zwei Endsystemen oder verschiedenen Systemen einer Organisation sowie zwischen zwei oder mehreren Organisationen gebildet werden – letzteres bedingt die Kopplung bisher unabhängiger VPNs.

## 1.3.3 Kopplung von VPNs

Der erste Schritt zu einer enorm flexiblen Kommunikationsinfrastruktur ist mit der Bildung eines in den vorangegangenen Abschnitten beschriebenen Virtual Private Networks getan, indem über kostengünstige, öffentliche Netzwerke private Kommunikationspfade realisiert werden. Damit jedoch noch nicht genug: Auf dieser Basis lassen sich sehr dynamisch und flexibel neue Kommunikationsbeziehungen definieren.

---

[1] Anzumerken ist, dass es eigentlich keine richtigen „nicht-virtuellen" Netze gibt, da auf irgend einer Ebene immer die genannten Kriterien an Virtualität erfüllt sind. Im leitungsvermittelten Telefonnetz beispielsweise wird im Fernverkehr mit SDH (Synchroner Digitaler Hierarchie)- Systemen gearbeitet, die mehrere Basiskanäle über ein zeitmultiplexes Containersystem übertragen.

Mussten früher bei den üblichen Mietleitungsnetzen für jeden neuen Kommunikations-partner neue Leitungen geschaltet werden, ist das mit einem VPN nur eine administrative Konfigurationsaufgabe - der neue Kommunikationspartner wird einfach als berechtigtes Mitglied des VPNs definiert. Handelt es sich bei einem Kommunikationspartner um einen einzelnen Arbeitsplatz, ist im Grunde nur ein weiterer Remote-Access-Account einzu-richten (Abbildung 4). Meist werden jedoch ganze Abteilungen verschiedener Unterneh-men dynamisch (z.B. projektbezogen) Kommunikationsbeziehungen aufnehmen. Befin-den sich beide Abteilungen in jeweils einem Unternehmens-VPN, müssen diese beiden VPNs gekoppelt werden, wobei an den Übergangspunkten genau festgelegt werden muss, wer mit wem (unter welchen Sicherheitsbedingungen) kommunizieren darf. In gewisser Weise wird damit ein großer Teil der Funktion einer Firewall im herkömmlichen Sinne (Kopplung eigenes Netz – Internet) realisiert, wobei an dieser Stelle die Schaffung defi-nierter Kommunikationskanäle zwischen zunächst unabhängigen, (virtuellen) privaten Netzen im Vordergrund steht. Der Einsatz einer zusätzlichen Firewallfunktion z.B. zur Virenprüfung sollte zusätzlich vorgesehen werden.

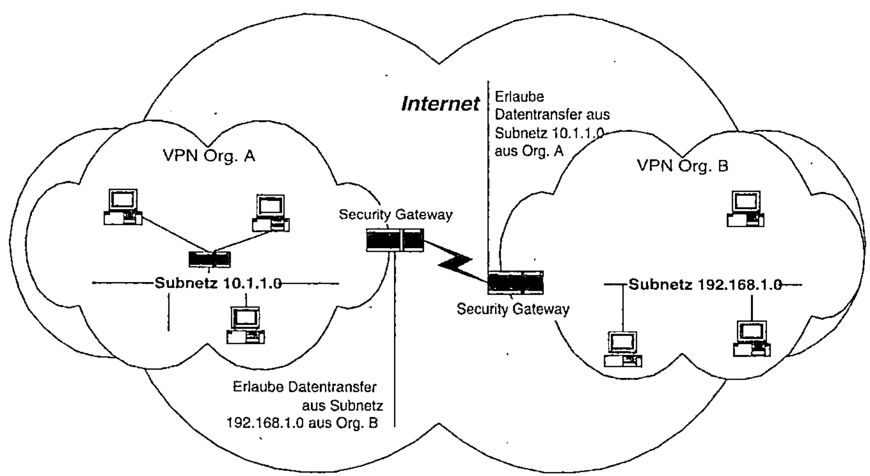


*Abbildung 5 - Kopplung von VPN*

Wie und unter welchen Bedingungen ein solches Szenario *sicher* realisiert werden kann, wird in diesem Buch (Kapitel 3 und 4) gezeigt. Da sich nunmehr die Festlegung organisa-tionsübergreifenden Kommunikationsbeziehungen auf eine reine Konfigurationsaufgabe auf den Security Gateways beschränkt, sind diese sehr flexibel und dynamisch realisier-bar, unabhängig von der Bereitstellung (kostenintensiver) physischer Leitungen! Tatsäch-lich wird weiterhin die gleiche, öffentliche Kommunikationsinfrastruktur (hier das Inter-net) genutzt. Bezogen auf die Betrachtungen aus Abschnitt 1.3.2 wird damit nur eine *weitere virtuelle Ebene* eingeführt.

## 1.4    ENX® - Ein hervorragendes „Beispiel-VPN"

ENX® – European Automotive Network Exchange – hat sich zum Ziel gesetzt, eine einheitliche, sichere Kommunikationsplattform für die Automobilindustrie, ein sog. Branchennetz, bereitzustellen, die zunächst Zulieferer mit den Automobilherstellern oder auch untereinander verbinden soll. Träger des Projektes ist der Verband der Automobilindustrie e.V..

Warum ein solches Branchennetz? In den Unterlagen zu ENX ist zu lesen: „Bestehende Kommunikationsstrukturen haben sich als zu starr, zu isoliert und insgesamt zu teuer erwiesen. Die Vielzahl unterschiedlicher Netzwerkumgebungen, Protokolle und Übertragungstechniken richtet vor allem für kleinere und mittlere Unternehmen Technologie- und Kostenhürden auf. Investitions- und Kompetenzdruck steigen."

Derzeit läuft diese Kommunikation zumeist über ISDN-Wähl- und Standleitungen oder X.25. Das erinnert stark an das erste vorgestellte Szenario (Abbildung 2) – mit den dort genannten Nachteilen:

- Die Leitungsnetze sind komplexe Gebilde und schwer zu managen.
- Sie sind unflexibel bei sich schnell ändernden Kommunikationsbeziehungen.
- (meist) sind sie unsicher durch eine ungeschützte Übertragung der Daten (volles Vertrauen zum Netzbetreiber).
- Die Kommunikation ist sehr teuer, da meist deutschland- oder europaweit Verbindungen bestehen.

Diese Infrastruktur ist zudem nicht nur innerhalb eines Unternehmens, sondern zwischen einer Vielzahl solcher zu betreiben, wodurch sich zusätzlicher Koordinationsbedarf ergibt.

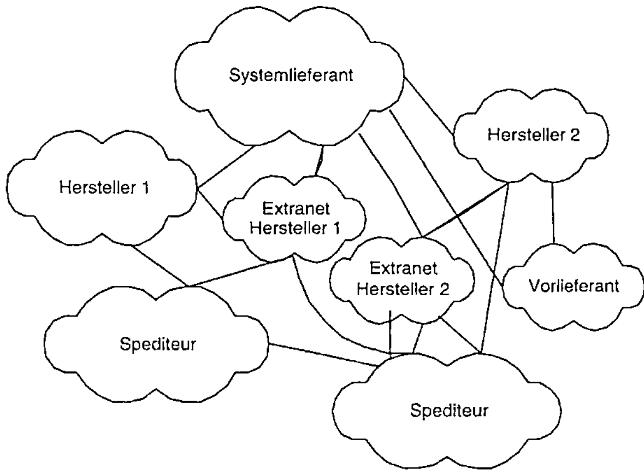


*Abbildung 6 - herkömmliche Kommunikationsinfrastruktur*

Wird dagegen eine einheitliche Kommunikationsplattform zu moderaten Kosten (leitungsgebundene Tarife im Orts- oder Nahbereich, ansonsten volumenabhängig) geboten, können die bisher vorhandenen „physischen Netze" durch *„virtuelle Netze"* abgebildet werden. Diese virtuellen Netze sind sehr flexibel und dynamisch konfigurierbar, wodurch sehr schnell neue Kommunikationsbeziehungen möglich sind. Zudem ist der Einsatz von Standardtechnologien (IP-Netz, Webapplikationen) Voraussetzung für eine interoperable, zukunftssichere und kostengünstige Plattform. Damit wird es möglich, „virtuelle Unternehmen" durch dynamische Arbeitsgruppen zu bilden.

### Basistechnologie

Zunächst besteht ENX auf Netzwerkebene aus einem normalen gerouteten IP-Netz. „Unter" diesem Netz können, vergleichbar mit dem Internet, verschiedene Transporttechnologien liegen (Abbildung 7). Der „leitungsmässige" Zugang erfolgt, ebenfalls wie beim Internet, über sog. PoPs (Points of Presence).

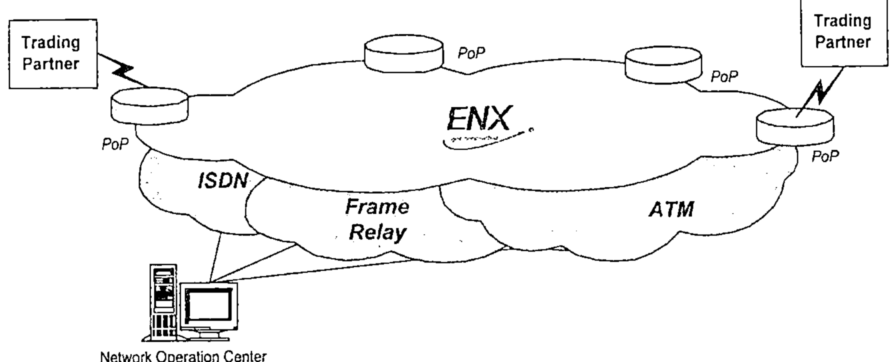


*Abbildung 7 - Struktur ENX*

Betreiber von PoPs und Infrastruktur (ISDN- / Frame-Relay-Kanäle etc.) heißen beim ENX® *Service Provider*. Diese müssen für den von ihnen betriebenen Teil des Netzes genaue Anforderungen an Verfügbarkeit, Dienstgüte, Sicherheit, Support etc. erfüllen [Binnewies 1999]. Diese Anforderungen sind sehr genau spezifiziert und ermöglichen die Bereitstellung hoher QoS-Merkmale. Damit sind im Gegensatz zur Nutzung des Internet garantierte Parameter möglich. Eben jene QoS-Merkmale sind genau der Grund, warum nicht bereits heute das Internet selbst als Basisnetz genutzt wird – in einem separat betriebenen Branchennetz bestehen wesentlich bessere Möglichkeiten, bestimmte Dienstgüten zu gewährleisten *und abzurechnen*.

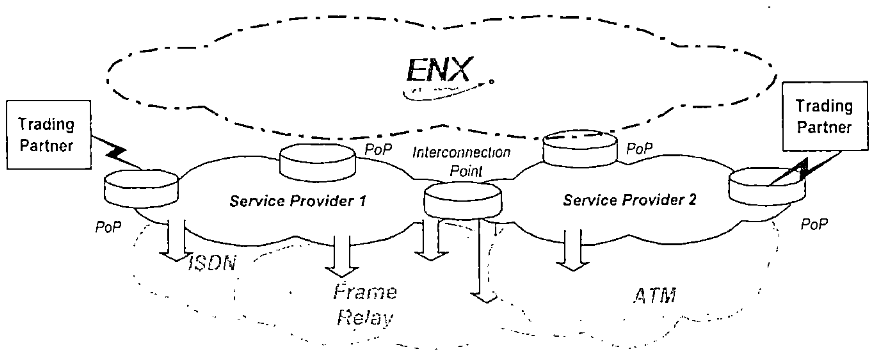


*Abbildung 8 - Service Provider*

### Security

Das Thema Sicherheit spielt beim Aufbau des ENX eine entscheidende Rolle. Die bisher durch physische Leitungen gebildete „Sicherheit" bezüglich der Verbindung zu Geschäftspartnern muss nun auf dem IP-Netz abgebildet werden, wozu sich die VPN-Technologie geradezu anbietet. Für Verschlüsselung / Tunneling wird der Internet-Standard *IPSec* verwendet. Zur Entscheidung, wer Mitglied eines VPNs sein darf, müssen Zugreifende auch sicher identifiziert / authentisiert werden. *IKE* – das Key-Management und Authentisierungsprotokoll für IPSec ermöglicht diese Funktionen auf der Basis von Public-Key-Verfahren und damit verbunden der Nutzung von *Zertifikaten*. Auf diese Technologien wird im Anschnitt 3 sehr detailliert eingegangen. Beide Funktionen werden im IPSec-Gateway erfüllt, der (aus der Sicht des Teilnehmers) vor dem Zugangspunkt (Router) zum ENX platziert wird.

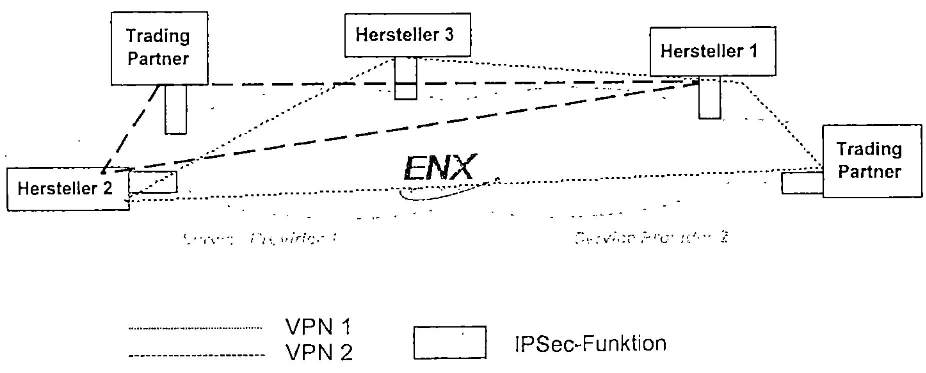


*Abbildung 9 - VPN-Struktur*

Für jeden Anschluss ist durch eine einfache Administration zu gewährleisten, dass flexibel und schnell neue Zugänge erlaubt bzw. alte gesperrt werden können, d.h. die Zugehörigkeit zu verschiedenen VPNs kurzfristig geändert werden kann. Im ersten Schritt geschieht die Selektion nur recht „grob", indem entschieden wird, ob *das Netz* eines anderen Partners zugelassen ist oder nicht. Später sollten zusätzlich auch Ende-zu-Ende-Sicherheitsfunktionen unterstützt werden, um bis auf Nutzerebene entscheiden zu können, wer im VPN welche Funktionen nutzen darf.

Zusätzlich zu den IPSec-Gateways wird der Betrieb eines *Firewalls empfohlen* (Abschnitt 2.3.3). Beides kann vom Service Provider gemanaged werden. Vorraussetzung für die Zulassung der IPSec-Gateways ist die Unterstützung starker kryptographischer Verfahren, da insbesondere Wirtschaftsspionage als ein relevantes Thema erkannt wird.

Das praktische Einsatzbeispiel „ENX" wird in Kapitel 3 und 4 nochmals aufgegriffen, um die konkrete technische Realisierung zu betrachten.

## 1.5 Fazit

Das Potential, das sich durch die Nutzung der Internet-Technologie bzw. der Internet-Dienste selbst für ein Unternehmensnetz ergibt, ist enorm. Mit den immer komplexer werdenden Kommunikationsbeziehungen wachsen aber auch die praktischen Anforderungen an einzusetzende Sicherheitsfunktionen. Welche Maßnahmen konkret ergriffen werden müssen, hängt sehr stark von der vorhandenen Infrastruktur sowie den zu definierenden Kommunikations- und Sicherheitsanforderungen ab.

Die weiteren Kapitel werden dazu die Möglichkeiten, Risiken und Beschränkungen der aktuellen Technologien detailliert beleuchten und damit *Bausteine* für die Entwicklung einer eigenen Sicherheitslösung präsentieren. Einige Praxisbeispiele zum Ende der Kapitel sollen auch mögliche „Konstruktionen" aus diesen Bausteinen aufzeigen.

Um der zugegeben „visionären" Lösung in Abbildung 4 näher zu kommen, sind jedoch noch einige Entwicklungsetappen zu nehmen. Als ein Beitrag dazu versteht sich die Entwicklung eines eigenen Sicherheitsprotokolls in Kapitel 4, das es ermöglichen soll, effizient und sicher Kommunikationskanäle über mehrere Sicherheitszonen hinweg zu realisieren.

# 2 Internet-Technologien und deren Sicherheitsanalyse

In diesem Kapitel werden zunächst die Basisprotokolle der Internet-Protokollsuite in ihrer Funktionalität vorgestellt und Sicherheitsrisiken (und deren Ursachen) analysiert. Damit wird zunächst ein Überblick über die Internet-Technologie selbst und deren grundsätzlicher Funktionsweise, insbesondere aus dem Blickwinkel der damit einhergehenden Risiken und Bedrohungen, gegeben. Ein Grundverständnis für die Funktionsweise paketvermittelter Netzwerke wird dabei vorausgesetzt.

*Warum finden sich teilweise weithin bekannte Dinge in dieser Arbeit und was haben diese mit der Neuentwicklung eines Sicherheitsprotokolls zu tun?*

Zunächst ist das Verständnis der Basistechnologie, auf der das gesamte Internet aufbaut, für den interessierten Anwender notwendig, da dieser oftmals mit unterschiedlichsten Begriffen konfrontiert wird. Weitaus stärker ist jedoch der Netzwerkadministrator involviert, der für die Sicherheit eines Unternehmensnetzes verantwortlich ist, besonders, wenn dieses an das Internet angeschlossen wird – er muss nicht nur die Begriffe kennen sondern auch die Technologie (und deren Risiken) verstehen. Mit der kompakten Darstellung der wichtigsten Protokolle und Dienste soll eine Sensibilisierung für die Sicherheitsprobleme im heutigen Internet erfolgen. In diesem Abschnitt wird außerdem die Funktionsweise der auf der Basis der aktuellen Internet-Technologien entwickelten Sicherheitsmechanismen, insbesondere derzeit gebräuchliche Firewallsysteme, betrachtet.

Sämtliche Weiterentwicklungen im Internet bauen auf diesen Basistechnologien auf, denn eine komplexe Umstellung auf grundsätzlich neue Protokolle ist bei der installierten Basis nicht vorstellbar. Viele Designkriterien neuer Protokolle sind nur nachvollziehbar, wenn die Schwächen der bisherigen Technologie bekannt sind. Auch das in dieser Arbeit entwickelte universelle Protokoll soll auf den Standard-Transporttechnologien aufsetzen (und muss damit natürlich deren Eigenschaften und Schwächen kennen).

Mit der Kenntnis der Möglichkeiten und Risiken der analysierten Technologien wird abschließend zu diesem Kapitel untersucht, wie das eingangs beschriebene Beispielszenario realisiert werden kann. Es wird deutlich werden, dass eine Umsetzung nur unter sehr hohem administrativen Aufwand mit wenig Flexibilität und relativ hohem Restrisiko möglich ist. Eine flexiblere Lösung auf der Basis von Standards zur Lösung verschiedenster Sicherheitsfragen erscheint dringend erforderlich.

Leser, die mit der Thematik vertraut sind, finden in Abschnitt 2.2.4 eine kurze Systematisierung der Risiken und ein Beispielszenario. Ab Seite 76 werden im nächsten Hauptabschnitt neue Protokollentwicklungen im Internetumfeld vorgestellt und analysiert.


## 2.1  Überblick

Der Begriff *Internet* beschreibt zunächst nur ein Gebilde, das durch die Kopplung mehrerer lokaler Netze entsteht. Heute ist der Begriff jedoch Synonym für das weltweite „Netzgebilde", das durch die Kopplung tausender lokaler Netze, basierend auf einer bestimmten Technologie, entstanden ist. Die Verbindung lokaler Netze innerhalb einer Organisation, zwar basierend auf Internet-Technologie, zunächst jedoch ohne direkte Verbindung zu **dem** Internet, wird als *Intranet* bezeichnet. Durch die Kopplung solcher firmeninternen Netze über das Internet entstehen *Virtual Private Networks* (Abschnitt 1.3), die meist hohe Anforderungen an die Sicherheit stellen. Wird ein Teilbereich des firmeninternen Netzes zum Internet geöffnet, bspw. um öffentliche Dienste anzubieten, entsteht ein *Extranet*.

Die Schaffung der technischen Möglichkeit zur Kopplung von Netzen war die Voraussetzung, um verschiedene Dienste innerhalb des entstehenden Netzverbundes anbieten zu können und somit die Grenzen des lokalen Netzes zu überwinden.

Die gesamte Dienststruktur im Internet basiert auf einem Client/Server-Modell. Ein Server stellt (an beliebiger Stelle im Netz) einen Dienst bereit, ein Client nimmt den Dienst eines Servers (wiederum an beliebiger Stelle im Netz) in Anspruch. Clients und Server sind spezielle Programme, die, auf einem Multitasking-Betriebssystem eingesetzt, durchaus auf ein und derselben Hardware gleichzeitig laufen können.

Das Internet als globale Netz- und Kommunikationsinfrastruktur ermöglicht es, unabhängig von Ort und Zeit netzweit (und damit weltweit) selbst Dienste anzubieten und anderer Dienste zu nutzen. Die populärsten Anwendungen im Internet sind:

-   *EMail*
    Anfangs stand der Informationsaustausch zwischen beliebigen Nutzern / Systemen im Vordergrund. Die elektronische Kommunikation (EMail) fand sehr schnell Verbreitung, denn der Zeitvorteil gegenüber herkömmlicher Post ist immens. Zunächst konnten nur reine Textnachrichten ausgetauscht werden, später auch Binärdateien (MIME - Multipurpose Internet Mail Extensions). EMail ist auch heute noch einer der am häufigsten genutzten Dienste.

-   *FTP (File Transfer Protocol)*
    Zur Übertragung größerer Datenmengen wird ein angepasster Dienst eingesetzt. Ein FTP-Server lässt den Zugriff von ihm „bekannten" Nutzern zu, die sich mittels Namen und Passwort authentisiert haben. Dabei kann der Nutzer jedoch nur Dateien lesen und / oder schreiben (je nach Zugriffsrechten). Ein Sonderfall ist der Dienst *Anonymous-FTP*, bei dem keine Authentisierung des Nutzers stattfindet, eben ein anonymes Arbeiten möglich ist. Das birgt natürlich besondere Gefahren, auf die später genauer eingegangen werden soll.

- ***Telnet / Remote Login***
  Bei vielen Betriebssystemen, insbesondere Multiuser-Betriebssystemen, ist es möglich, nicht nur an einer direkt am Computer angeschlossenen Tastatur (Konsole) Kommandos einzugeben, sondern auch von einem beliebigen Terminal im Netz aus. Dazu muss man sich (wie meist auch an dem direkt angeschlossenen Terminal) gegenüber dem System durch Namen und Passwort authentisieren. Dieser Mechanismus ist in einem Internet über die Grenzen des lokalen Netzes hinaus möglich. Damit können beispielsweise Hochleistungsrechner unabhängig von ihrem Standort für rechenintensive Anwendungen genutzt werden (sofern man dort eine Zugangsberechtigung hat) oder Fernwartungsarbeiten durchgeführt werden.

- ***Informationsdienste***
  Die bisher genannten Dienste sind kaum geeignet, Informationen, wie z.B. Forschungsergebnisse, einem breiten Nutzerkreis ansprechend zu präsentieren. Ein erster Schritt zur strukturierten Präsentation von Informationen war das System Gopher / Gopher+. Hier wurden auf einem Gopher-Server die Informationen zunächst in reiner Textform in einer Art Baumstruktur abgelegt, die mit entsprechenden Client-Programmen abgefragt werden konnten.

  Die Weiterentwicklung dieses Systems stellt das WorldWideWeb (WWW) dar, das nunmehr die Integration von Bildern, formatierten Texten, Tabellen, Formeln, Multimedia-Elementen etc. auf den Informationsseiten zulässt. Hypertext-Verweise können eine Verzweigung zu weiteren Seiten auf dem selben Server veranlassen, aber auch auf Seiten beliebiger Server im gesamten Internet verweisen. Dabei entsteht ein Informationssystem, das sich dem Nutzer als ein Ganzes präsentiert, die Informationen aber weltweit verteilt auf beliebigen Servern abgelegt sein können.

Gerade dieses Informationssystem hat in den letzten Jahren den Durchbruch des Internet bzw. seiner Technologie aus dem reinen Forschungsbereich heraus gebracht. Mit der einfach zu bedienenden Hyperlink-Struktur und der plattformunabhängigen Erscheinungsweise durch den Einsatz von *Browsern* ist es auch Laien möglich, Informationen im Internet zu finden. Zunehmend setzen auch kommerzielle Anbieter darauf, Informationen, Marketingaktivitäten und Dienstleistungen über das Internet anzubieten. Dazu muss das betreffende Unternehmen jedoch an das Internet angeschlossen werden - und damit stellt sich sofort die Frage nach der Sicherheit. Denn das Unternehmen möchte natürlich nur die Informationen seiner Wahl präsentieren, nicht jedoch den Zugang zu firmeninternen Geheimnissen öffnen.

Problematisch am Internet und dessen Basistechnologie ist, dass Sicherheit bezogen auf Authentizität, Integrität und Vertraulichkeit kein Designkriterium bei der Entwicklung war. Sicherheit war einzig in Bezug auf Ausfallsicherheit wichtig, als die DARPA Ende der 60er Jahre den Auftrag erteilte, eine Netzwerktechnologie zu entwickeln, die auch Atombombenangriffen standhält.

Ein weiteres Gefahrenpotential ist allein durch die Anzahl der angeschlossenen Hosts und Nutzer gegeben, denn das Risiko, unter mehreren Millionen Nutzern einige mit unlauteren Absichten zu finden, ist weitaus höher als bei 1000 Anwendern (wie in den frühen Jahren des Internet). Durch den enormen Anstieg der Anschlusszahlen in den letzten Jahren hat sich das Gefahrenpotential dementsprechend auch vergrößert. Es mag deshalb nicht verwundern, dass die Zahl der bekannt gewordenen Vorfälle jährlich zunimmt. Das ist kein Zeichen immer schlechter werdender Sicherheitsvorkehrungen, sondern vielmehr eine Folge dieses gewachsenen Angriffspotentials.

Der erste Angriff, der im Internet für Furore sorgte und allein durch den Umfang der betroffenen Maschinen weltweite Auswirkungen hatte, war der Internet-Wurm 1988 [Spafford 1989]. Er nutzte eine Reihe von bekannten Schwachstellen aus, infizierte etwa 6000 Hosts und legte große Teile des Netzes lahm. Dabei handelte es sich allerdings nicht um gezieltes Ausspähen von Informationen, sondern um eine einfache „Denial-of-Service"-Attack. Erst dieser Angriff verdeutlichte der Mehrzahl der Nutzer, dass eine derartige umfangreiche Vernetzung auch Gefahren birgt, und nicht nur Nutzen bringt. Bei den Anwendern wurde ein gewisses Problembewusstsein geweckt, denn primär entstand das Internet, um einen schnellen und *freien* Informationsfluss zu ermöglichen. Im universitären Umfeld, wo der größte Teil der Entwicklungen zum Internet stattfand und -findet, ist das Sicherheitsbewusstsein bei weitem nicht so hoch wie im kommerziellen Bereich.

Weitere Angriffe folgten, deren überwiegende Anzahl darauf orientiert ist, unberechtigten Zugang zu Hosts zu erlangen (sog. *root-compromises*) oder Hosts derart anzugreifen, dass diese ihrer vorgesehenen Aufgabe nicht mehr gerecht werden können (Denial-of-Service, DoS). Erfolgreiche Angriffe sind wiederum zu einem überwiegenden Anteil auf *Implementierungsfehler* zurückzuführen.

Jeder erfolgreiche Angriff zieht anschließend eine Art „Interimslösung" des Problems nach sich – präventive Maßnahmen waren anfangs kaum zu beobachten. Erst in den letzten Jahren ging man dazu über, allgemein nutzbare Sicherheitsfunktionen bereitzustellen. Das Problem jedoch ist, dass fast alle dieser Sicherheitsmaßnahmen nur als eine Art Zusatzfunktionen implementiert sind, die vorhandene (und bekannte!) Löcher stopfen. Eine grundlegende Neuentwicklung unter Beachtung der aktuellen Erkenntnisse ist jedoch nur möglich, wenn diese „sanfte" Migrationsmöglichkeiten bietet, da ansonsten eine zeitgleiche Umstellung von Millionen von Systemen stattfinden müsste. Mit den IPSec-Erweiterungen zum IP-Protokoll, auf die in dieser Arbeit noch genauer eingegangen wird, sowie dem neuen Internet-Protokoll IPv6 (IPng) ist ein solcher Weg aufgezeigt.

## 2.2 Internet-Protokolle unter Sicherheitsaspekten

*Das* Protokoll des Internet ist TCP/IP, wobei es sich bei TCP/IP genauer um einen Oberbegriff für eine ganze Protokollfamilie handelt [Comer 1995]. Es wurde entwickelt, um aufbauend auf lokalen Netzarchitekturen (Ethernet, Token Ring etc.) eine Kopplung der Netze untereinander zu ermöglichen (Internetworking).

Eng verbunden mit der Entwicklung der Internet-Technologie ist die Entwicklung des Betriebssystems UNIX. Da der Quellcode von TCP/IP zu niedrigen Kosten verfügbar gemacht wurde, wurde er in die UNIX-Entwicklung einbezogen und bildet die Grundlage für die Netzwerkfunktionen dieser Systeme. Die rasante Verbreitung des Internet bewirkte, dass zu fast allen anderen Betriebssystemen Implementierungen von TCP/IP verfügbar sind.

Abbildung 10 zeigt die Einordnung einiger zu TCP/IP gehörenden Protokolle in das OSI-Referenzmodell. Es wird deutlich, dass die OSI-Gliederung wesentlich feiner ist, was jedoch auch einen erhöhten Implementierungsaufwand und nicht zuletzt auch Performanceprobleme mit sich bringt. Dies sind sicher Gründe, warum OSI-Protokolle eine nicht annähernd so weite Verbreitung gefunden haben, wie die TCP/IP-Protokollsuite. Weiterhin wird an Hand der Abbildung deutlich, dass besonders die Transport- und Netzwerkschicht „reichhaltig" mit Protokollen ausgestattet sind. Eben diese Schichten sind für die Verbindungen über lokale Netzgrenzen hinaus wichtig. Die Verbindungslinien zwischen den einzelnen Schichten symbolisieren, welche Protokolle untereinander in Beziehung stehen, d.h. für übergeordnete Protokolle als „Dienste-Erbringer" fungieren (So nutzt bspw. TFTP das verbindungslose Protokoll UDP, welches seinerseits wiederum auf IP aufsetzt. FTP nutzt jedoch das verbindungsorientierte TCP, was aber ebenfalls auf dem Paketdienst IP aufsetzt.)

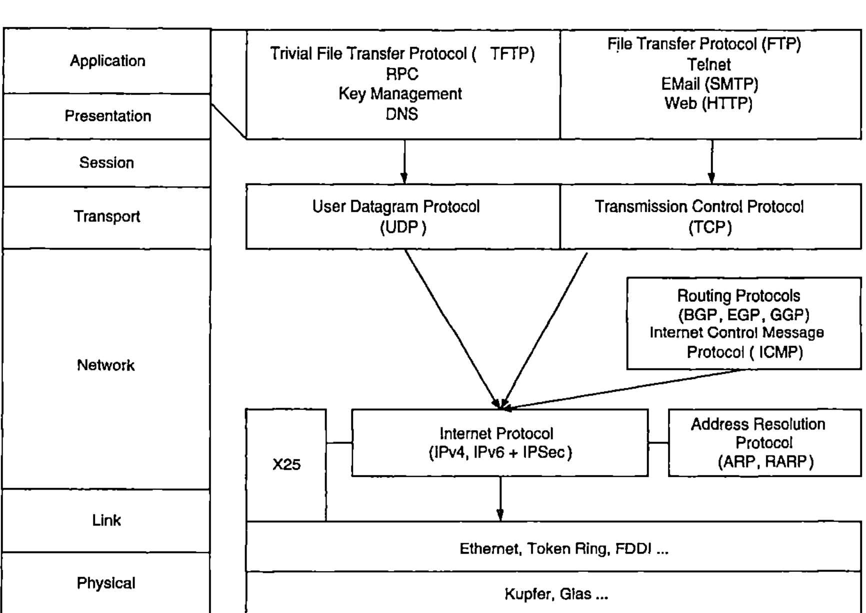


*Abbildung 10 - OSI-Referenzmodell / TCP/IP-Protokollsuite*

Betrachtet man das OSI-Schichtenmodell, müssen Sicherheitsfunktionen auf möglichst allen Ebenen greifen. Es nützt nichts, wenn auf Netzwerkebene aufwendige Authentisierungs- und Verschlüsselungsmaßnahmen vorhanden sind, die eine sichere Verbindung zwischen bestimmten Systemen gewährleisten, auf diesem Systemen aber Anwendungen laufen, die unkontrollierten Zugang zu den Systemfunktionen gewähren. Einige Funktionen, wie eine dokumentbezogene digitale Signatur, sind überhaupt nur auf Anwendungsebene zu realisieren.

Im Folgenden werden nun die wichtigsten Protokolle vorgestellt und bezüglich ihrer Sicherheitsrisiken analysiert. Dabei wurde vorwiegend auf [ChesBell 1994] zurückgegriffen. Die Strukturierung erfolgt an Hand des in Abbildung 10 dargestellten Schichtenmodells.

## 2.2.1 Netzwerkprotokolle

### 2.2.1.1 ARP (Address Resolution Protokoll), RARP (Reverse ~)

**Aufgabe**

IP-Adressen sind logische Adressen auf der Netzwerkebene einer Kommunikationsbeziehung. Das eigentliche Zielsystem wird jedoch über ein Medium, wie Ethernet oder Token Ring erreicht, und damit über eine dort gültige Hardwareadresse. Da in der IP-Adresse kein Teil für die Hardware-adresse vorgesehen ist, muss ein separater Prozess diese Zuordnung durchführen. Die Transformation zwischen IP-Adresse und Hardwareadresse wird über ARP / RARP durchgeführt.

Möchte beispielsweise Host 1 wissen, welche Hardwareadresse zu 141.76.142.1 gehört, sendet er einen ARP-Request, der folgendermaßen abläuft:

- Ein lokaler Broadcast (Paket an alle lokal angeschlossenen Stationen) fragt nach der zu der IP-Adresse 141.76.142.1 gehörigen Hardwareadresse

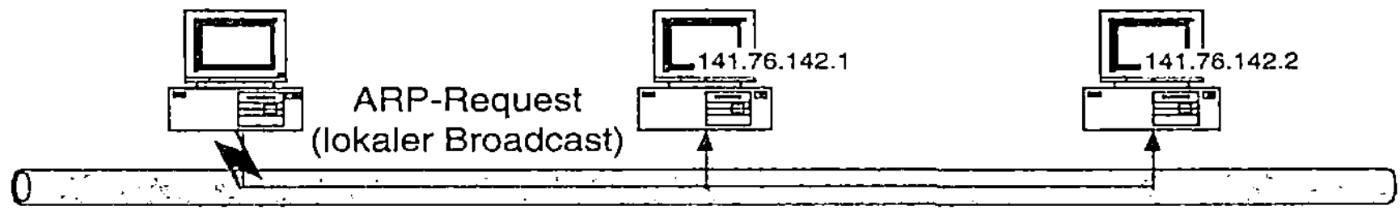


*Abbildung 11 - ARP-Request*

- Host 2 erkennt „seine" IP-Adresse und sendet einen ARP-Reply mit der gewünschten Hardware-Adresse 00:00:C0:80:70:60

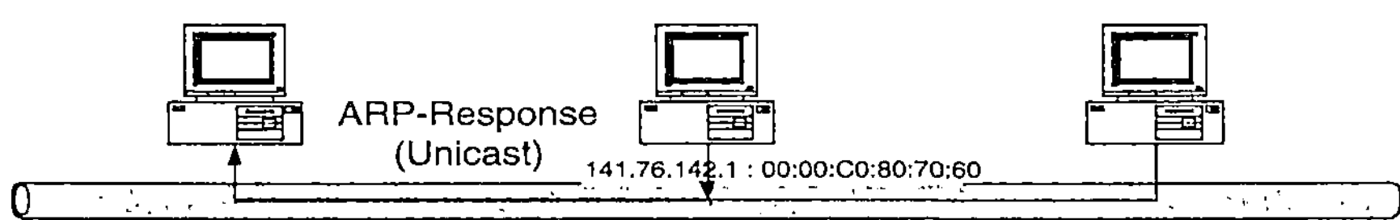


*Abbildung 12 - ARP-Response*

Die ARP-Implementierung hat dabei zumindest 2 Aufgaben zu erfüllen:

- Das Außenden von ARP-Requests
- Das Beantworten von ARP-Requests (ARP-Reply).

Ein Cache sorgt dafür, dass bereits erfragte Mappings nicht erneut abgefragt werden. Problematisch dabei ist, wie bei jeder Cache-Implementierung, die „Alterung" von Einträgen. Da sich jedoch eine Hardwareadresse nur bei einem relativ seltenen Adapterwechsel ändert, wird dieser Nachteil in Kauf genommen, der sich zudem nur in einer verzögerten Zustellung des IP-Paketes auswirkt. Zur weiteren Optimierung wird mit einem ARP-Request gleichzeitig die eigene Zuordnung zwischen IP-Adresse und Hardwareadresse bekannt gegeben.

RARP ist, wie der Name andeutet, die inverse Zuordnung, die insbesondere für die automatische Vergabe von IP-Adressen beim Booten einer Station benutzt wird. Die entsprechende Station sendet dazu genau wie bei ARP einen RARP-Broadcast mit der eigenen Hardwareadresse aus und erhält von einem RARP-Server, der über eine Datenbank mit den vorgegebenen Zuordnungen verfügt, die entsprechende IP-Adresse zugeteilt.

***Sicherheitsrisiken***

Gefahren gehen bei ARP und RARP nur von lokal angeschlossenen Stationen aus. Die Broadcasts werden nicht über die Grenzen des lokalen Netzes weitergeleitet, womit kein gezieltes (manipuliertes) Reply von außen erfolgen kann.

Kann sich jedoch am lokalen Netz ein „untrusted Node" anschließen, kann dieser gezielt den Datenverkehr auf sich umleiten, indem er auf den Request mit seiner Hardwareadresse antwortet. Das kann jedoch nur erfolgreich sein, wenn die Signallaufzeit zu dem echten Ziel länger ist, als zum Angreifer, oder wenn das Zielsystem nicht in Betrieb ist (sog. „*race condition*"). Gelingt diese Maskerade, kann der Angreifer die Pakete gezielt manipulieren und an das eigentliche Zielsystem senden. Damit ist gegenüber dem einfachen Abhören eine „Man-in-the-Middle-Attack" möglich. Da die ARP-Responses in einem Cache-Mechanismus gespeichert werden, sendet die Station nun alle Pakete an den Angreifer, bis der Cache-Eintrag ungültig geworden ist. Für RARP gilt dies äquivalent - kann sich ein solcher Angreifer als autorisierter RARP-Server ausgeben, kann er der bootenden Maschine eine falsche IP-Adresse zuordnen. In sensiblen Netzen ist das ARP-Mapping deshalb fest verdrahtet und die üblichen ARP-Requests werden unterdrückt.

## 2.2.1.2   IP (Internet Protocol)

***Aufgabe und Funktionsweise***

IP ist der verbindungslose, ungesicherte Transportdienst im Internet. IP bildet ein vom unterliegenden Medium (Ethernet, Telefonleitung, ISDN, X.25 ...) unabhängiges Datenpaket. Die Länge des Paketes (und damit die Menge der transportierten Daten) ist nicht festgelegt, sondern hängt vielmehr vom gerade benutzten Medium und dessen Übertragungseigenschaften ab. Jedes Paket wird als eine eigenständige Einheit behandelt, es existieren keine virtuellen Verbindungen.

Das Paket trägt in seinem Header Adressinformationen (Source- und Destination-IP-Adresse) sowie eine Vielzahl von zusätzlichen Feldern, die den Transport des Paketes beeinflussen. Mit einer einfachen Checksumme können Übertragungsfehler erkannt werden. Die folgende Tabelle beschreibt die im IP-Header enthaltenen Felder und deren Funktion. Für eine detaillierte Beschreibung sei auf [Comer 1995] verwiesen.

| Feld | Nutzung |
|---|---|
| VERS | IP-Version; notwendig um mehrere Protokollversionen parallel nutzen zu können |
| HLEN | Header-Länge in 32bit-Worten; notwendig, da Header keine konstante Länge hat |
| SERVICE TYPE | |
| PRECEDENCE | Bit 0-2, Wert 0-7; beschreibt die Wichtigkeit eines Datagramms und kann, wenn durchgängig implementiert, zur Flusssteuerung genutzt werden |
| D / T / R | Bit 3-5, low Delay, high Throuput, high Reliability; Kriterium, nach dem Routingentscheidung gefällt werden sollte (meist immer nur Optimierung nach einem Kriterium möglich) |
| TOTAL LENGTH | Gesamtlänge des Datagramms in Byte (Feldlänge 16 bit → Datagrammlänge auf 64 kByte beschränkt) |
| IDENTIFI-CATION | eindeutige Nummer (2 Byte), die das Datagramm identifiziert. Ermöglicht nach Fragmentierung die Zuordnung der Fragmente zu dem ursprünglichen Datagramm. |
| FLAGS | 3 bit, dienen zur Steuerung von Fragmentierung und Reassembling |
| FRAG. OFFSET | Offset der im Fragment transportierten Daten im ursprünglichen Datagramm in Einheiten von 8 Byte |
| TIME TO LIVE (TTL) | TimeToLive, 1 Byte; wird bei jedem Hop (= jede Station, die das Datenpaket bis auf IP-Ebene verarbeitet und weiterleitet, z.B. Router) um 1 dekrementiert. Falls der Wert 0 erreicht, wird das Paket verworfen und eine Error-Message zurückgeschickt |
| PROTOCOL | kennzeichnet das auf den IP-Header folgende „Protokoll" (TCP, UDP, kann aber auch AH oder ESP sein). Die Kennung muss zentral vergeben werden, um Konsistenz zu gewährleisten. |
| HEADER CHECKSUM | einfache Prüfsumme über den Header; die Prüfsumme nur über den Header zu bilden hat den Vorteil, dass auf einem Router die Integrität recht schnell festgestellt werden kann, für die Integrität der Nutzdaten muss das übergeordnete Protokoll jedoch selbst sorgen. |
| SOURCE-/DEST.-ADDRESS | jeweils 4 Byte IP-Adresse des ursprünglichen Absenders und des endgültigen Empfängers; die IP-Adressen der zwischenliegenden Systeme spielen dabei keine Rolle. |
| IP-OPTIONS | optionale Felder, deren Vorhandensein jedoch getestet werden muss; dienen hauptsächlich Debuggingaufgaben |

| | |
|---|---|
| Record Route | Soweit genügend Platz reserviert ist, wird die IP-Adresse jeder Maschine, die das Paket bis auf IP-Ebene verarbeitet, in eine Liste im Datagramm eingetragen. Ein Router (der i.A. mehrere IP-Adressen besitzt) trägt die IP-Adresse ein, über welche das Paket *gesendet* wird. |
| Source Route | Ist diese Option gesetzt, kann eine bestimmte Route vorgegeben werden. Unterschieden wird dabei zwischen *Strict Source Routing* und *Loose Source Routing*. Im ersten Fall enthält eine anschließende Adressliste genau den Pfad des Paketes durch das Netzwerk, ohne Zwischenstationen zu erlauben. Im zweiten Fall sind die in der Liste aufgeführten Adressen zu passieren, können jedoch auch über weitere Zwischenstationen erreicht werden. |
| Time Stamp | Zusatzfeld zu Record Route-Option. Es wird der Zeitpunkt des Passierens des jeweiligen Systems aufgezeichnet. |
| Processing during Fragmentation | Diese Option legt fest, ob die einzelnen Optionsfelder bei Fragmentierung in die Fragment-Header kopiert werden sollen. Z.B. macht die Record-Route-Option in Fragmenten keinen Sinn, da die Fragmente über unterschiedliche Pfade geleitet werden können. Es könnte am Endpunkt keine sinnvolle Route ausgewertet werden. |

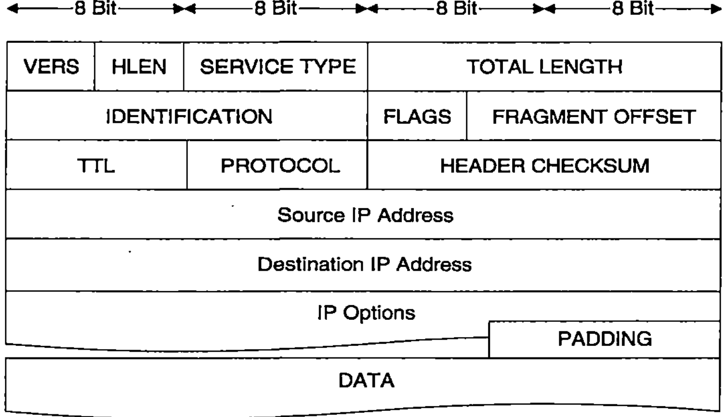


*Abbildung 13 - IP-Header*

### *Adressierung*

Die IP-Adressen müssen unabhängig vom unterliegenden Medium sein. Die bei IP gewählten Adressen ermöglichen eine strukturierte Adressierung unabhängig von den Hardware- (z.B. Ethernet-) Adressen und damit auch unabhängig von der zu Grunde liegenden Netztopologie.

Um eine effektive Entscheidung treffen zu können, ob die entsprechende Adresse im eigenen Netz liegt bzw. um schnell das Zielnetz zu extrahieren, ist eine Unterteilung der gesamten Adresse in einen Hostteil und einen Netzwerkteil vorgenommen worden. Insgesamt stehen in der aktuellen IP-Version (V4) 4 Byte zur Verfügung. Welcher Teil Hostadresse und welcher Teil Netzwerkadresse ist, bestimmt die *Netzwerkmaske*. Die entstehenden logischen Netzwerke werden als IP-Subnetze bezeichnet. Die Endsysteme eines IP-Subnetzes können in einem einzigen physischen Segment oder in verschiedenen physischen Segmenten liegen, die mittels Koppeleinrichtungen bis OSI-Schicht 2 (Repeater, Bridges, Switches) verbunden sind. Vordefiniert sind folgende Klassen von Netzen:

| | 0 1 2 3 4 | 8 | 16 | 24 | 31 |
|---|---|---|---|---|---|
| Class A | 0 | Netz | | Host | |
| Class B | 1 0 | | Netz | Host | |
| Class C | 1 1 0 | | Netz | | Host |
| Class D | 1 1 1 0 | | Multicast Address | | |
| Class E | 1 1 1 0 1 0 | | reserved | | |

*Abbildung 14 - IPv4-Adressklassen*

Natürlich müssen auch die IP-Adressen netzweit eindeutig sein. Innerhalb eines abgeschlossenen Netzes (Intranet) können beliebige Adressen zugewiesen werden. Ist jedoch der Anschluss an das Internet vorgesehen, muss der Adressbereich von einer zentralen Instanz zugewiesen werden.

### Subnetze / Routing

Neben den fest definierten Netzklassen kann durch die Festlegung der *Subnetzmaske* eine weitere Unterteilung des Hostbereiches in Subnetze vorgenommen werden. Damit können administrativ zugeteilte IP-Adressbereiche besser den Anforderungen der eigenen Netzstruktur angepasst werden.

Die Verbindung zwischen den Subnetzen (und dem eigentlichen Internet) wird durch *Router* realisiert. Die Router sind Vermittlungsstellen für IP-Pakete, die ihr Ziel nicht im eigenen Subnetz haben. Ist das Zielnetz eines zu routenden IP-Paketes nicht direkt am Router angeschlossen, muss dieser einen Weg zu dem Zielnetz finden. Für kleinere Unternehmensnetze kann dabei mit *statischem Routing* gearbeitet werden, bei dem die eigenen Netze „fest verdrahtet" werden und nach außen ein *default Router* angegeben wird. Dieses statische Routing bietet zudem noch einen enormen Sicherheitsvorteil, da Routen nicht automatisch geändert werden können.

Ist statisches Routing wegen des hohen Administrationsaufwandes nicht möglich, kommt *dynamisches Routing* zum Einsatz. In diesem Falle tauschen die Router Informationen über die erreichbaren Subnetze über Routingprotokolle, wie RIP (Routing Information Protocol) oder OSPF (Open Shortest Path First), untereinander aus.

### Encapsulation / Fragmentierung / Defragmentierung

IP-Pakete können über verschiedene physische Medien, z.B. Ethernet, Token Ring oder ISDN verschickt werden. Auch in diesen Medien werden die Daten in Form von Paketen (hier Frames genannt) übertragen. Diese haben jedoch i.A. ein anderes „Fassungsvermögen" für Daten als die IP-Pakete. Damit werden die IP-Pakete in entsprechende Pakete der darunter liegenden Übertragungsschicht „eingepackt" (Encapsulation). Der Absender stellt die IP-Pakete entsprechend des Mediums zusammen, das er benutzt, z.B. Ethernet. Dadurch passt hier ein ganzes IP-Paket in den Datenteil des Paketes des genutzten Mediums. Über den Parameter *MTU* (Maximum Transfer Unit) von IP kann die maximale IP-Paketgröße festgelegt werden. Um bereits hier eine Fragmentierung zu vermeiden, ist diese MTU nicht größer zu wählen als die maximale Größe des Datenfeldes des unterliegenden Mediums.

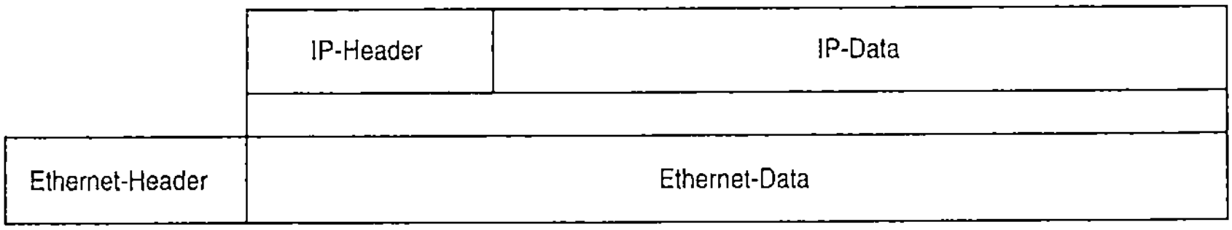

*Abbildung 15 - Encapsulation eines IP-Paketes in einen Ethernet-Frame*

Auf dem Weg zum Empfänger können jedoch Strecken dazwischen liegen, die nur eine kleinere MTU zulassen, als beim Absender. Deshalb muss hier eine *Fragmentierung* der IP-Pakete auf dem Router, der die Verbindung zu dem neuen Medium bedient, erfolgen. Der IP-Header wird jedem neu erzeugten, kleineren Paket mit Modifikationen erneut angefügt, die Daten werden über die Pakete verteilt. Geht jedoch eines der kleineren Pakete verloren, muss das gesamte Paket vom Absender erneut ausgesandt werden.

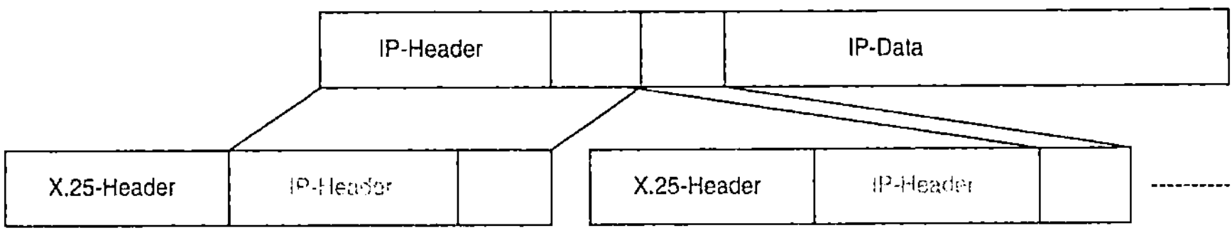

*Abbildung 16 - Fragmentierung eines IP-Paketes in mehrere X.25-Frames*

Gehen die Pakete wieder auf ein Medium mit größerer MTU, werden sie jedoch nicht wieder zusammengeführt. Diese Aufgabe übernimmt erst der Empfänger! Die Effizienz der gesamten Übertragung leidet dadurch.

### *Sicherheitsrisiken*

Da keine Authentisierung oder Integritätsprüfungen stattfinden, kann den Daten im Header grundsätzlich nicht vertraut werden (Die Header-Checksumme ist ein Schutz vor übertragungstechnischen Fehlern und kann durch einen Angreifer leicht angepasst werden). Das gilt insbesondere für die Adressangaben, hier speziell für die Source-Adresse. Allein an Hand dieser Adresse sollten deshalb keine sicherheitsrelevanten Entscheidungen getroffen werden. Eine adressbasierte Authentisierung *muss* mit anderen Maßnahmen gekoppelt werden. Ansonsten führt der folgende Angriff zum Erfolg:

Ein Angreifer könnte seine Source-Adresse gegen eine Adresse austauschen, die bei dem anzugreifenden System als vertrauenswürdig gilt (*IP-Spoofing*, [Phrack 48-1] [Bellovin 1989]). Bei einem System, das keine Nutzerpriviligierung kennt (DOS / Windows) ist es ohne weiteres möglich, die IP-Adresse zu ändern. Unter UNIX muss man dazu i.A. Administrator-Rechte besitzen.

Befinden sich Angreifer und anzugreifender Rechner in einem Subnetz, sind keine weiteren Maßnahmen durch den Angreifenden zu treffen, die das Routing beeinflussen. Eine Abwehr von Angriffen aus dem eigenen Netz ist damit i.A. recht schwierig. In jedem Fall müssen noch weitere Authentisierungsschritte erfolgen, es darf nicht nur eine adressbasierte Authentisierung durchgeführt werden.

Befindet sich der Angreifer außerhalb des eigenen Subnetzes, muss er noch Vorsorge treffen, dass das gefälschte Paket den richtigen Weg durch das Netzwerk findet. In Verbindung mit der Source-Route-Option[2] und damit einer fest vorgebbaren Route ist das möglich. Router zu einem externen Netz, speziell zum Internet, sollten deshalb 2 Voraussetzungen erfüllen:

- Pakete mit Source-Route-Option dürfen nicht verarbeitet werden. Wenn zu Testzwecken unbedingt die Notwendigkeit besteht, sollte ein anderer Testrouter verwendet werden.
- Router müssen überprüfen können, über welches Interface ein Datenpaket eingetroffen ist. Kommt ein Paket mit einer Source-Adresse von Subnetz B über Interface A, muss es verworfen werden. Anfangs waren Router dazu noch nicht in der Lage, da Routingentscheidungen nur an Hand der Destination-IP-Adresse gefällt wurden.

Angenommen, Host 1.2.3.4 vertraut Host 1.2.3.5. Kann der Angreifer ein Paket mit der Absender-Adresse 1.2.3.5 an Host 1.2.3.4 schicken und führt Host 1.2.3.4 keine weiteren Authentisierungsmaßnahmen durch, kann der Angreifer damit alle Privilegien von Host 1.2.3.5 bei Host 1.2.3.4 nutzen. Deshalb muss der Router erkennen, dass das Paket 1.2.3.5* „von der falschen Seite" kommt und es verwerfen!

---

[2] Die Source-Route-Option ermöglicht die explizite Vorgabe einer Route durch das IP-Netz an Hand einer Liste von IP-Adressen von Routern. Diese ursprünglich für Debugging-Zwecke vorgesehene Option erlaubt es jedoch auch Angreifern, Pakete gezielt über von ihnen kontrollierte Systeme umzuleiten und damit Man-in-the-Middle-Angriffe durchzuführen.

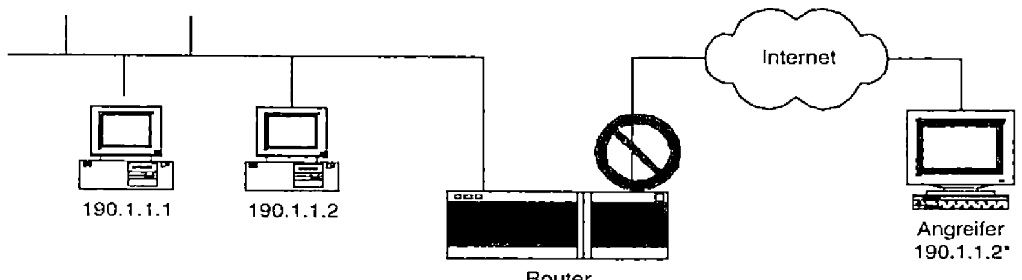


*Abbildung 17 - IP-Spoofing*

Wird dynamisches Routing eingesetzt, besteht potentiell die Gefahr, dass ein Angreifer Manipulationen mit Hilfe des eingesetzten Routing-Protokolls durchführen kann. Er könnte z.B. alle Pakete über eine eigene Maschine umleiten und als „Man-in-the-Middle" Angriffe starten.

## 2.2.1.3   ICMP (Internet Control Message Protocol)

### Aufgabe

ICMP dient dazu, Fehlermeldungen, Steuerinformationen oder Statusmeldungen zu übertragen. Kein System arbeitet 100%ig korrekt. Zustände, wie

- Überlastung eines Routers,
- Nichtverfügbarkeit eines Zielsystems ,
- Ablauf des Time-To-Life-Feldes im IP-Header,
- notwendige, aber nicht zugelassene Fragmentierung

können Ursache für eine Fehlermeldung sein. Der Sender würde ohne Rückmeldung bis zu einem möglichen Timeout seine Sendung ständig wiederholen und so z.B. eine Überlastsituation weiter verschärfen. Die folgende Tabelle gibt eine Übersicht über die ICMP-Fehlermeldungen.

| TYPE | Aufgabe |
|---|---|
| 0 | Echo Reply:<br>Antwort auf einen *Echo Request.* Beinhaltet weiterhin IDENTIFIER und SEQUENCE NUMBER, um auf einen Bezug zum Request herzustellen. Außerdem werden exakt die Daten des Requestes zurückgesandt. |
| 3 | Destination Unreachable<br>In Verbindung mit der Unreachable-Nachricht kommt zur genaueren Spezifizierung der CODE-Value zum Einsatz. |
| 4 | Source quench:<br>Wird ein Router oder Host mit Paketen eines Senders „überflutet", wird diese ICMP-Message gesendet, damit der Sender seine Datenrate verringert. |

| | |
|---|---|
| 5 | Redirect (change a route):<br>Der Sinn dieser Nachricht ist, dass ein Endgerät nach dem Starten nur eine Default Route kennen muss. Sendet es ein Paket zu einem Ziel, dass über einen anderen Router an dem Subnetz besser zu erreichen ist, sendet der Default Router eine solche Nachricht mit der Adresse dieses Routers zurück. Router untereinander tauschen Routinginformationen jedoch über spezielle Routingprotokolle aus. Der CODE-Value bestimmt, in welchem Umfang diese neue Route angewandt werden kann. (Netz, Host ...) |
| 8 | Echo Request (s. 0) |
| 11 | Time Exceeded for a Datagram:<br>Wenn das TTL-Feld den Wert 0 erreicht hat, wird diese Nachricht gesendet. Damit werden z.B. Routingschleifen erkannt. |
| 12 | Parameter Problem on a datagram: Allgemeine, nicht näher spezifizierte Fehler |
| 13 | Timestamp Request:<br>Dient zur Bestimmung der Übertragungszeit in Verbindung mit Timestamp Reply |
| 14 | Timestamp Reply (s. 13) |
| 15, 16 | (obsolete) |
| 17 | Address Mask Request:<br>Die Einteilung der IP-Adressen in die in Punkt 2.2.1.2 beschriebenen Klassen kann durch die *Subnetzmaske* weiter unterteilt werden. Zur bestimmung der geltenden Subnetzmaske kann diese Nachricht verwendet werden. |
| 18 | Address Mask Reply: Antwort auf 17 |

ICMP ist selbst kein eigenständiges Transportprotokoll, sondern nutzt das Datenfeld von IP zur Übertragung. Damit ist es möglich, dass sich die IP-Software auf verschiedenen Systemen (Endsysteme oder Router) auf diesem Weg Nachrichten übermittelt. Höhere Protokolle und Anwendungen können damit über Fehlerzustände **informiert** werden. Das bedeutet, dass Maßnahmen zur Fehlerbeseitigung erst durch die Auswertung der ICMP-Messages von den höheren Protokollen ergriffen werden können. ICMP-Messages werden wie alle anderen IP-Datagramme behandelt, haben also keine besondere Priorität. In Überlastsituationen können dabei zusätzliche Probleme auftreten. Eine Ausnahme ist die Reaktion auf fehlerverursachende IP-Pakete, die ICMP-Messages transportieren. Diese werden nicht mit einer Fehlermeldung beantwortet, um ein „Hochschaukeln" zu vermeiden.

ICMP-Messages können nur zum Absender des fehlerauslösenden Datagramms geschickt werden, obwohl dieser in bestimmten Fällen nicht die Ursache für die Fehlfunktion ist. Diese Einschränkung ist dadurch bedingt, dass das Datagramm i.A. keine Informationen über die Systeme enthält, die zwischen Sender und Fehlerstelle liegen.

*Sicherheitsrisiken*

Die mit ICMP-Messages ausgelösten Reaktionen können für Angriffe auf ein Netz oder einen Host genutzt werden. Die Messages beeinflussen das Verhalten darüberliegender Verbindungen (TCP, UDP). Sie sollten jedoch immer nur auf eine bestimmte Verbindung wirken, und nicht alle Verbindungen beeinflussen (ältere Implementierungen tun dies i.A. nicht).

Besonders sicherheitsrelevant ist die ICMP-Redirect-Message, da damit Routinginformationen geändert werden können. Deshalb dürfen nur Endsysteme diese Nachrichten auswerten, und auch nur, wenn sie von einem Router des selben Subnetzes stammen.

## 2.2.2 Transportprotokolle

*Das Port-Konzept*

Eine IP-Adresse beschreibt nur das Ziel „Host", nicht jedoch einzelne Prozesse auf einem Host. Um gleichzeitig mehrere (Netzwerk-) Dienste auf einem Host anbieten und nutzen zu können, ist eine Zuordnung der IP-Pakete zu dem jeweiligen Dienst notwendig. Dies geschieht bei TCP/IP über *Ports*. Ports sind vergleichbar mit einer Nebenstellennummer in Telefonanlagen, wobei die Einwahl die IP-Adresse darstellt.

Zur Vergabe der Port-Nummern existieren zwei Ansätze: Zum einen kann sie dynamisch erfolgen, wobei ein Prozess eine Art Auskunftsdienst übernehmen muss, auf welchem Port welcher Service angeboten wird (z.B. `portmapper` unter UNIX). Ein zweiter Ansatz geht von einer zentralen Vergabe der Portnummern aus, an die sich jeder zu halten hat.

Im Internet, d.h. bereits bei der Entwicklung von TCP/IP, ist eine hybride Form gewählt worden, wobei es eine Anzahl sog. *wellknown Ports* gibt, die fast ausschließlich unter der Portnummer 1024 liegen. Die sog. *high-numbered Ports* sind zum größten Teil verfügbar und dynamisch zuzuweisen.

*Sicherheitsrisiken*

Die Einteilung der Ports in *low-numbered* und *high-numbered Ports* hatte noch eine andere Intention: Den Daten von den low-numbered Ports sollte „mehr vertraut" werden können, als denen der restlichen Ports, weil diese Ports nur Applikationen bedienen können, die entsprechende Rechte (meist Administrator-Rechte) auf der entsprechenden Maschine haben. Diese Ports werden deshalb auch *privilegierte Ports* genannt. Nur: Auf einer Maschine, die keine Nutzerpriviligierung kennt (DOS/Windows), kann jeder diese Ports benutzen! Und: Ist der Administrator einer beliebigen Maschine vertrauenswürdig? Somit lässt sich keine sichere Kommunikation auf dieser Basis aufbauen.

### 2.2.2.1 UDP (User Datagram Protocol)

**Aufgabe**

UDP ist prinzipiell als eine Erweiterung des IP-Protokolles zu sehen. Die Erweiterung besteht in der Übermittlung von Source- und Destination-Port, über die eine Zuordnung zu den Prozessen geschieht. UDP-Pakete werden im Datenfeld von IP-Paketen übertragen. UDP enthält keine weiteren Maßnahmen zur Verbindungssteuerung, ist damit also ebenfalls ein verbindungsloser und ungesicherter Übertragungsdienst.

Die UDP-Checksumme im UDP-Header ist optional, sollte aber unbedingt vorgesehen werden, da auch im IP-Paket keine Checksumme über den Datenteil gebildet wird. Die Checksumme wird dann über einen sog. Pseudo-Header gebildet, in den zusätzlich zum Source-/Destination-Port auch die IP-Source- und -Destination-Adressen eingehen. Das erlaubt dem Empfänger, das UDP-Paket auf korrekte Zustellung zu prüfen. UDP ist zwar auf der Transportschicht im OSI-Modell angesiedelt, durch diesen Bezug zur IP-Adresse aber sehr eng verbunden mit IP auf der Netzwerkschicht.

**Sicherheitsrisiken**

Da UDP weder Sequenznummern noch eine Verbindungsaufbauprozedur kennt, ist es viel einfacher, gefälschte UDP-Pakete erfolgreich zu versenden, als es bei TCP der Fall ist (Spoofing). Da zudem die Angabe des Source-Ports optional ist, lässt sich keine verlässliche Identifizierung des Absenders an Hand der IP-Adresse oder des Ports durchführen. Applikationen, die UDP nutzen, *müssen* geeignete Authentisierungsmechanismen selbst einbringen.

### 2.2.2.2 TCP (Transmission Control Protocol)

**Aufgabe**

Das *Transmission Control Protocol* stellt im Gegensatz zu UDP einen verbindungsorientierten, gesicherten Übertragungsdienst bereit, der auf IP als Transportschicht aufsetzt.

*Verbindungsorientierung:*

Wie bei UDP wird ein Port-Mechanismus genutzt, der die gleichzeitige Aktivität mehrerer Applikationen zulässt. Eine TCP-Verbindung ist gekennzeichnet durch den Vektor (`localhost, localport, remotehost, remoteport`). Dadurch ist es möglich, dass der einzelne Port einer Server-Applikation verschiedene Clients bedienen kann, denn durch die verschiedenen Remote-Adressen und -Ports wird von TCP jeweils eine separate Verbindung verwaltet. Soll beispielsweise eine Serveranwendung ihre Dienste auf einem bestimmten Port bereitstellen, so besteht zu diesem Zeitpunkt aus der Sicht von TCP noch keine Verbindung. Man spricht hier von einem *passive open*, die Verbindung ist sozusagen nur halbgeöffnet (`localhost, localport, x, x`). Demgegenüber wird bei einem *active open* ein eigener Verbindungswunsch (i.A. der einer Client-Applikation) an eine entfernte Ressource gestellt. An dieser Stelle erfolgt ein TCP-Verbindungsaufbau durch eine dreistufige Handshake-Prozedur.

*Verbindungsaufbauphase:*

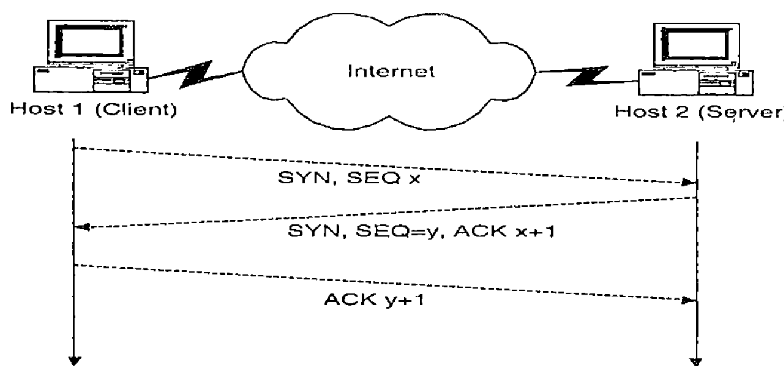


## Abbildung 18 - TCP-Verbindungsaufbau

Ein initiales TCP-Paket mit der gesetzten SYN-Option zeigt den Verbindungsaufbau-wunsch von Host 1 an. Auf die Aufgaben von Sequenznummer und Acknowledgement wird im Abschnitt *Flusskontrolle* genauer eingegangen. Nachdem ein SYN-Paket von Host 2 durch Host 1 bestätigt wurde, gilt die Verbindung als aufgebaut.

## Flusskontrolle

Die Flusskontrolle hat zum einen die Aufgabe, die vollständige Übertragung der Daten zu gewährleisten, zum anderen soll eine bestmögliche (d.h. i.A. schnellstmögliche) Übertragung ermöglicht werden.

Die Sicherung der Verbindung funktioniert nach dem Verfahren „positive acknowledgement with retransmission". Das bedeutet, dass vor der Übertragung eines neuen Paketes die korrekte Zustellung vom Empfänger bestätigt werden muss. Die Zuordnung des Acknowledgements zu einem bestimmten Paket erfolgt über die Sequenznummer. Um diesen Ansatz zu realisieren, werden die TCP-Pakete mit Sequenznummmern versehen. Die erste Sequenznummer ist dabei zufällig gewählt. Die folgenden Sequenznummmern bestimmen relativ zu dieser ersten Nummer die Position im Bytestrom (Initiale Sequenz-nummer + Anzahl der gesendeten Bytes = neue Sequenznummer).

Als Acknowledge-Nummer wird die **nächste erwartete** Sequenznummer gesendet. Dies hat den Vorteil, dass ein verloren gegangenes ACK-Paket keine erneute Übertragung bewirkt, wenn das folgende ACK-Paket innerhalb des Timeouts eingeht. Erfolgt innerhalb eines Timeouts keine Bestätigung, wird das Paket erneut übertragen. Die Berechnung der Timeout-Zeit ist sehr komplex. Da keine bestimmte Übertragungszeit garantiert wird, diese sich vielmehr jederzeit ändern kann, ist eine ständige Neuberechnung des Timeouts notwendig.

Da durch lange Übertragungszeiten evtl. die Bestätigung eines Paketes sehr lange dauern kann, wird das Netzwerk u.U. sehr schlecht ausgelastet. Deshalb existieren zu diesem Ansatz verschiedene Optimierungen, die eine Übertragung mehrerer Pakete hintereinan-der erlauben, ohne auf die Bestätigung jedes einzelnen Paketes warten zu müssen. Die

Größe dieses *Sliding Window* bestimmt dabei, wie viel Pakete ohne Bestätigung übertragen werden können. Letztendlich muss jedoch für jedes Paket nach einer gewissen Zeit eine Empfangsbestätigung eingehen. Dazu muss für jedes gesendete Paket ein separater Timer gestartet werden, nach dessen Ablauf das Paket erneut übertragen wird.

TCP nutzt nun eine etwas abgewandelte Form dieses Sliding-Window-Mechanismus'. Die Übertragungseinheit bei TCP ist das Segment, die maximale Segmentgröße ist durch den Parameter MSS (Maximum Segment Size) im TCP-Header bestimmt. Die Größe des Sliding Windows wird jedoch nicht in Segmenten gemessen, sondern in Oktetts (== Bytes), um die Fenstergröße bis auf Byteniveau variieren zu können. Zur Verwaltung dieses Fensters werden 3 Pointer eingeführt:

1. alle „links" dieses Pointers im Datenstrom liegenden Oktetts sind gesendet und bestätigt.

2. der 2. Pointer zeigt auf die aktuell zu sendende Oktett (im Fenster).

3. der 3. Pointer zeigt auf das letzte Oktett, das gesendet werden kann, bevor die nächste Empfangsbestätigung eingeht.

Zwischen 1. und 3. Pointer ist somit die Fenstergröße festgelegt. Diese Fenstergröße ist variabel. Sie wird in erster Linie durch den verfügbaren Puffer des Empfängers bestimmt.

*Verbindungsabbau*

Der geordnete Verbindungsabbau erfolgt durch eine modifizierte dreistufige Handshakeprozedur. Durch die Verständigung der Applikation (Client oder Server) kann diese geordnet abschließen.

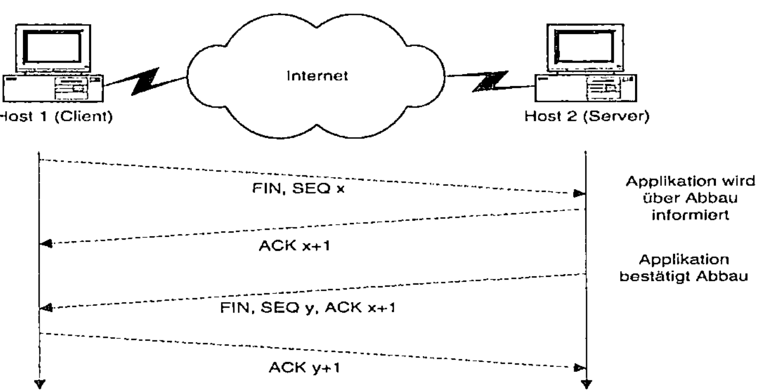


*Abbildung 19 - TCP-Verbindungsabbau*

Es besteht jedoch noch eine „harte" Möglichkeit des Verbindungsabbaues: der Verbindungs-Reset. Dies geschieht über eine gesetzte RST-Option im TCP-Header, die den sofortigen Verbindungsabbruch zur Folge hat.

## Sicherheitsrisiken

### Privileged Ports

Oftmals werden Zugriffskontrollmechanismen gesteuert, indem Entscheidungen an Hand der Source-IP-Adresse in Verbindung mit dem Source-Port gefällt werden, wobei Daten von Ports unter 1024 größeres Vertrauen geschenkt wird. Dieser Vertrauen ist jedoch nicht gerechtfertigt: Obwohl normalerweise nur der Administrator (bzw. von ihm angestoßene Prozesse) Ports unter 1024 öffnen, ist

a)   diese Zuordnung nicht von der Protokollspezifikation vorgeschrieben,
b)   diese Unterscheidung bedeutungslos, wenn die entsprechende Maschine keine Nutzerpriviligierung kennt (DOS),
c)   der Administrator auch nicht immer vertrauenswürdig.

### SYN Flooding

Die eingangs beschriebene Verbindungaufbauprozedur kann von einem Angreifer einfach genutzt werden, um ein System zu überlasten (Denial-of-Service) [CERT 96.21] [Bellovin 1996]. Der Angreifer muss das Zielsystem nur durch eine Vielzahl von Verbindungsaufbauwünschen „bombardieren", die Empfangsbestätigung des Zielsystems jedoch unbeantwortet lassen. Da der angegriffene Host nicht unterscheiden kann, ob die ausbleibende Antwort durch Verzögerungen des Transportmediums bedingt ist oder einem bösartigen Angreifer, werden die Verbindungsanforderungen für eine gewisse Zeit offen gehalten.

Jede neu aufzubauende Verbindung bindet jedoch Ressourcen auf diesem System. Werden genügend solcher „halboffener" Verbindungen initiiert, gehen die Ressourcen des Hosts aus und reguläre Anfragen können nicht mehr beantwortet werden.

Das Besondere dieses Angriffs ist, dass kein Implementierungsfehler, sondern ein Designkriterium des Protokolls ausgenutzt wird – die Akzeptanz von Verzögerungen auf dem Transportmedium. Da ein einfacher Verbindungswunsch noch nicht auf einen Angriff schließen lassen kann, muss er zunächst beantwortet werden. Dieser Art Angriff ist sehr schwer beizukommen – einzig der sehr sparsame Verbrauch von Systemressourcen bis zu einer vorläufigen Identifizierung und Authentisierung des Zugriffes scheint hier dem Problem entgegenzuwirken (s. Cookie-Ansatz in Photuris und ISAKMP/Oakley, Abschnitt 3.5.2). TCP bietet einen solchen Mechanismus nicht. In Reaktion auf die SYN-Flooding-Angriffe sind bei einigen Betriebssystemen Modifikationen der Behandlung von Verbindungsanfragen erfolgt, die jedoch vorwiegend auf eine kürzere Wartezeit auf den Handshake und eine Erhöhung der bereitzustellenden Systemressourcen orientieren.

### Sequence Number Attack

Durch das Handshake-Protokoll beim Aufbau einer TCP-Verbindung ist es nicht trivial, diese Verbindung mit einer gefälschten Source-Adresse zu etablieren – sendet ein Angreifer den initialen SYN-Request mit einer IP-Adresse eines gegenüber dem anzugreifenden Host vertrauenswürdigen Systems, wird dieser die Bestätigung dieses Requests und seine initiale Sequenznummer natürlich an die gefälschte Source-Adresse zurückschicken, und nicht zurück an den Angreifer. Dies bringt für den Angreifer 2 Probleme mit sich:

1. Er muss den wahren Inhaber der gefälschten IP-Adresse davon abhalten, das SYN-ACK-Paket zu erhalten, weil dieser sonst die Verbindung sofort zurücksetzt (da er diese nicht selbst initiiert hat). Das kann beispielsweise durch o.g. SYN-Flooding geschehen.

2. Der Angreifer muss das SYN-ACK-Paket selbst durch ein Acknowledge bestätigen (3. Nachricht im TCP-Verbindungsaufbau). Dazu benötigt er jedoch die Sequenznummer des SYN-ACK-Paketes. Kann er diese nicht durch Abhören des Übertragungsweges herausfinden, weil er sich bspw. nicht im gleichen Subnetz wie der Angegriffene befindet (das Paket damit einen völlig anderen Weg durch das Netz nehmen kann), muss er diese Sequenznummer „erraten".

Ältere Implementierungen von TCP wählten neue Sequenznummern jedoch nicht wirklich zufällig, sondern erhielten diese durch Inkrementieren einer vorher verwendeten [Morris 1985]. Der Angreifer musste also nur eine reguläre Verbindung zum Zielsystem aufbauen, diese Sequenznummer inkrementieren und den Angriff starten – erfolgte dies schnell genug (d.h. erreichten mittlerweile keine weiteren Verbindungsanforderungen das Zielsystem) führte das mit hoher Wahrscheinlichkeit zum Erfolg.

*TCP-Hijacking*

Eine Erweiterung des o.g. Angriffes stellt die Übernahme einer TCP-Verbindung dar, wobei ein Angreifer zu beliebiger Zeit in eine bestehende Verbindung „einsteigen" und den rechtmässigen Teilnehmer „abhängen" kann. Der Angreifer kann nun Daten an das angegriffene System absenden, die für dieses von dem ursprünglichen Kommunikationspartner zu kommen scheinen. Werden nicht sämtliche Daten durch kryptographische Verfahren geschützt (authentisiert), sondern nur eine initiale Authentisierung durchgeführt (wie z.B. bei Telnet per Name/Passwort), können mit der Übernahme einer solchen Verbindung sämtliche Rechte des ursprünglichen Kommunikationspartners ohne erneute Authentisierung übernommen werden [Joncheray 1995] [Schmidt 1997] .

## 2.2.3   Anwendungsprotokolle

Die verschiedensten Anwendungen und Dienste setzen auf die im vorigen Abschnitt beschriebenen verbindungslosen (UDP) und verbindungsorientierten (TCP) Protokollen auf. Da durch die verwendeten Transportprotokolle TCP und besonders UDP vielerlei Sicherheitsrisiken bestehen, sind die darauf aufsetzenden Anwendungen natürlich diesen Bedrohungen gleichermaßen ausgesetzt und müssen geeignete Vorkehrungen treffen, dass die geforderten Sicherheitskriterien erfüllt werden. Daneben bergen Anwendungsprozesse natürlich auch Gefahren, besonders durch Programm- und Implementierungsfehler. Je größer die Zahl der Dienste ist, desto größer ist jedoch auch die Gefahr, dass ein Dienst Sicherheitslücken enthält. Folgende Probleme sind bei den herkömmlichen, jedoch weit verbreiteten, Anwendungen dabei besonders zu beachten:

- Sicherheit war bei der Entwicklung in den wenigsten Fällen ein Designkriterium. Viele Anwendungen können deshalb nur durch eine Art Zusatzdienst sicher gestaltet werden.

- In umfangreichen Applikationen können eine Menge Implementierungsfehler auftreten (z.B. `sendmail`). Insbesondere unnötige Privilegien und ungenügende Prüfungen von Eingaben sind ein großes Sicherheitsproblem.

- In vielen bestehenden Umgebungen herrscht eine Art „Web-of-Trust", d.h. hat man sich gegenüber einem Service auf Host A identifiziert, braucht man sich für diesen Service auf weiteren Hosts, die Host A vertrauen, nicht mehr zu authentisieren. Damit ist bei einem Einbruch in Host A sofort der Zugang zu den Hosts gegeben, die Host A vertrauen. Und diesen Hosts vertrauen möglicherweise weitere Hosts...

Im Folgenden soll auf die wichtigsten Dienste und deren Sicherheitsprobleme eingegangen werden.

## 2.2.3.1 DNS (Domain Name System)

Das *Domain Name System* ist eine Art verteilte Datenbank, die eine Zuordnung numerischer IP-Adressen zu leichter verwendbaren logischen Namen beinhaltet.

Jedem Host muss dazu die numerische Adresse eines DNS-Servers bekannt sein. Der Port ist ein *wellknown Port* und wird automatisch genutzt. Eine Anfrage wird per UDP-Paket an diesen Server / Port gesendet, die Anwort kommt ebenfalls per UDP mit IP / Hostname-Paar. Kann der lokale Nameserver die Anfrage nicht beantworten, führt er seinerseits weitere Anfragen an übergeordnete Nameserver durch.

DNS-Server untereinander nutzen eine TCP-Verbindung für sog. Zone Transfers, d.h. für einen Datenbankabgleich.

Der DNS-Server unterhält zwei Datenbanken − eine ordnet symbolischen Namen die entsprechenden IP-Adressen zu und enthält Spezialdatensätze, die auf Netzressourcen, wie Mailserver oder andere Nameserver, verweisen. Der zweite Teil enthält das *Reverse-Mapping*, wo IP-Adressen wieder symbolische Namen zugewiesen werden. Es besteht zunächst keine Verbindung zwischen diesen beiden Datenbanken bei DNS-Anfragen. Die Daten werden auch nicht automatisch abgeglichen! Viele DNS-Implementationen tätigen jedoch das Reverse-Mapping (als eine Art „Sicherheits-Rückruf" an DNS) automatisch, so dass ein Angreifer beide Mappings kontrollieren müsste.

*Sicherheitsrisiken*

*Cache-Poisoning / DNS-Spoofing*

Eine einfache Angriffsmöglichkeit besteht in der Manipulation des *DNS-Caches*. DNS-Server sind im Internet hierarchisch angeordnet und für bestimmte *Domains* zuständig. Kann ein Server die Anfrage nicht auflösen, wird diese an die nächste Hierarchieebene weitergereicht, bis die entsprechende Domain gefunden ist. Die Antwort wird dann von den Servern zwischengespeichert, um bei erneuten Anfragen sofort reagieren zu können. Die Lebenszeit der Cacheeinträge ist konfigurierbar, beträgt aber i.A. mehrere Stunden. Die DNS-Anfragen selbst werden per UDP übertragen, so dass deren Integrität sowieso nicht getraut werden könnte. Statt nun aber diese UDP-Pakete abfangen und manipulieren zu müssen, kann sich ein Angreifer folgende Eigenschaft einiger älterer DNS-Implementierungen zu nutze machen:

Einige dieser Implementierungen speichern *alle* erhaltenen Datensätze im Cache ab – egal ob sie angefordert wurden oder nicht [CERT 97.22]. Ein Angreifer braucht nun bei einer Anfrage eines zu „vergiftenden" DNS-Servers an eine übergeordnete Instanz nur selbst die Anwort zurückschicken und (gefälschte) Datensätze seiner Wahl anfügen. Trifft seine Antwort eher ein, ist der Cache „vergiftet" – die reguläre Antwort wird ignoriert.

Sämtliche Anfragen bzgl. der symbolischen Namen der gefälschten Datensätze werden nun mit den vom Angreifer gewählten, falschen IP-Adressen beantwortet und die Daten gelangen, ohne dass der Client Einfluss darauf nehmen könnte, zum falschen Server.

*DNS als Dienst an sich*

Das wenig beachtete „Sicherheitsloch" von DNS ist der Dienst an sich: Er bildet eine detaillierte Struktur des Netzwerkes ab (Adressen, Hostnamen etc.), was an sich schon ein Angriffspunkt ist. So können Informationen über die Unternehmensstruktur, vorhandene Hosts etc. nach außen gelangen.

Zusammenfassend ist festzustellen: trotz weiterer Verbesserungen am DNS ist eine adressbasierende Authentisierung sehr viel sicherer (wenn selbst auch nicht besonders sicher). DNS-Antworten kann nur bedingt getraut werden.

## 2.2.3.2   SMTP (Simple Mail Transfer Protocol)

Das *Simple Mail Transfer Protocol* ist das Übertragungsprotokoll für EMail im Internet. Es ist ein sehr einfaches, auf einem ASCII-Befehlssatz basierendes Protokoll. Ein Mailserver (SMTP-Server) versteht dabei nur einen geringen Befehlssatz, wie z.B. MAIL FROM, DATA, RCPT (Recipient) etc.. Diese einfachen ASCII-Befehle können aber nicht nur von Programmen (Mail-Clients) an den Server gesendet werden, sondern per Terminal auch von jedem, der mit einem Terminalprogramm Zugang zu einem SMTP-Server hat.

Mit diesen Kommandos kann man selbst eine Mail erzeugen – incl. Empfänger- und *Absenderadresse*. Den Adressen, dabei insbesondere der Herkunftsadresse, kann also nicht vertraut werden. Für eine integere Nachrichtenübermittlung muss der Anwender durch Zusatztools selbst Sorge tragen (z.B. PGP, Abschnitt 3.2.4).

Neben diesen Fälschungsmöglichkeiten der Nachrichten sind die SMTP-Befehle selbst relativ harmlos. Denkbar wäre zunächst ein Denial-of-Service-Angriff, indem Megabytes an Mail geschickt werden und der Mailserver damit praktisch unbenutzbar wird. In den aktuellen Implementierungen der Mailer ist jedoch ohne weiteres eine maximale Mailgröße einstellbar. Einige „nützliche" Informationen (ähnlich den Strukturdaten über DNS) könnten über Aliases erhalten werden (VRFY postmaster).

Das größte Problem ist jedoch die *Implementierung* von SMTP auf den gängigen UNIX-Systemen: das Programm `sendmail` [CERT 96.20]. Dieses Programm kann schon auf Grund seiner Größe nicht fehlerfrei sein. Die Konfiguration gestaltet sich derart schwierig, dass Bücher allein zu diesem Programm leicht 700 Seiten und mehr enthalten. Eine *Fehlkonfiguration* ist aber in den wenigsten Fällen für Sicherheitslöcher verantwortlich, in diesem Falle treten oft nur Probleme mit der korrekten Mailzustellung auf.

Weitaus kritischer ist in vielen älteren (und immer noch verwendeten!) Versionen die Ausführung wichtiger Programmteile mit root-Rechten (Administrator-Rechten), und damit verbunden die Möglichkeit, durch geschickte Ausnutzung von Programmierfehlern Kommandointerpreter (Shells) mit eben diesen root-Rechten zu starten. Deshalb sollte sendmail nicht als root und möglichst nicht im Daemon-Mode laufen (Der Daemon-Mode bezeichnet einen Serverprozess, der immer aktiv ist und bei eingehenden Anfragen an „seinem" Port sofort reagieren kann). Im Daemon-Mode sollte nur ein kleines (verifizierbares) Programm laufen, das die Mail zunächst zwischenlagert (spoolt) und dann per sendmail verschickt.

Ein weiteres Problem den Inhalt von Mails betreffend sind die sog. MIME-Extensions (Multipurpose Internet Mail Extensions). Das sind Erweiterungen, die den Inhalt einer Mail beschreiben, und es ermöglichen, über Hilfsprogramme z.B. Sounds, Bilder oder Postscriptdokumente darzustellen. Da es sich teilweise auch um ausführbare Programme handeln kann, sollten die MIME-Extensions nicht automatisch ausgeführt werden.

### 2.2.3.3 Telnet

Telnet bietet die Möglichkeit, sich über das Netz an einem beliebigen entfernten Host anzumelden und über ein Terminal Befehle auszuführen. Am entsprechenden Host muss natürlich ein Nutzer-Account vorhanden sein. Diese Betriebsart ist nur mit Multiuser- / Multitasking-Betriebssystemen nutzbar. Der eigentliche Terminalbetrieb ist nur an UNIX-Maschinen möglich (Windows NT bietet seit kurzem eine ähnliche Möglichkeit).

Der Nutzer muss sich nun gegenüber dem Host authentisieren, um eine entsprechende Shell (Kommadointerpreter) bereitgestellt zu bekommen. Dazu dient die Kombination Name / Passwort, die auch bei einem Konsolen-Login genutzt wird. Der Telnet-Daemon ruft dazu das übliche LOGIN auf, das diese Abfrage übernimmt und den Zutritt gewährt (oder ablehnt).

Äußerst problematisch ist dabei die Übertragung der Kombination Name / Passwort *im Klartext* über das Netz. Es kann leicht abgehört und vom Angreifer zu einem anderen Zeitpunkt wieder genutzt werden. Telnet in seiner ursprünglichen Form sollte deshalb nur innerhalb eines vertrauenswürdigen Netzwerkes genutzt werden, nicht jedoch von und nach außen.

Ist ein Telnetzugriff von außen auf einen internen Host notwendig, müssen unbedingt Zusatzmaßnahmen ergriffen werden. Das könnten z.B. sein:

- Einmalpasswörter (One-Time-Passwordschemata), wie z.B. S/Key. Dabei gilt ein Passwort nur für eine Sitzung, ein abgehörtes Passwort nutzt also nichts.

- Gesicherte Telnetversion (z.B. Secure Shell SSH, Abschnitt 3.2.2). Diese verschlüsseln die Verbindung vollständig, nachdem eine auf sicheren kryptographischen Verfahren basierende Authentisierungsphase erfolgreich durchlaufen wurde. Es ist gewissermaßen eine Schicht zwischen Anwendung (Telnet) und Übertragungsdienst (TCP) geschaltet worden.

### 2.2.3.4 NTP (Network Time Protocol)

Das **Network Time Protocol** stellt Zeitinformationen netzweit zur Verfügung. Besonders für Logging-Mechanismen ist eine einheitliche Systemzeit wichtig. Auch für kryptographische Verfahren, die mit Zeitstempeln arbeiten, kann die Verwendung einer einheitlichen Systemzeit notwendig sein.

Um derartige zeitbasierende Verfahren zu unterlaufen, kann das NTP selbst Angriffspunkt sein. Bezieht ein Host also seine Systemzeit von einem Server via NTP, sollte vorher ein Authentisierungsmechanismus greifen. Weiterhin sollte der NTP-Server selbst vertrauenswürdig sein.

### 2.2.3.5 Auskunftsdienste

Auskunftsdienste wurden entwickelt, um netzweit Informationen über die hinter Account-Namen verborgenen realen Personen verbreiten zu können. In der Pionierphase des Netzes mag dies noch recht nützlich gewesen sein, heute ist in der Bereitstellung dieser Dienste kaum mehr ein Sinn zu sehen.

***finger, whois***

Mit diesen Diensten kann in unterschiedlichem Umfang die Nutzerinformation abgefragt werden. Dabei liefert finger u.U. sehr detaillierte Informationen, die zur Beobachtung von Accounts, Nutzerverhalten etc. genutzt werden können. Diese persönlichen Informationen sind ebenfalls ein guter Ausgangspunkt zum Erraten von Passwörtern.

Muss dieser Dienst unbedingt bereitgestellt werden, sollten wirklich nur die notwendigsten Informationen preisgegeben werden. Eine abgerüstete Finger-Version kann das z.B. tun. Erfolgt die Anbindung an das äußere Netz über einen Firewall, dann muss dieser die gewünschten Informationen ausgeben, da die Maschinen hinter dem Firewall nicht erreichbar sind.

### 2.2.3.6 RPC (Remote Procedure Calls)

Die *Remote Procedure Calls* wurden von SUN MICROSYSTEMS entwickelt, um eine weitere Abstraktion des Client/Server-Modelles zwischen Transport- und Anwendungsebene zu schaffen. Das Prinzip beruht darauf, dass ein Network-Service mit Hilfe einer speziellen Programmiersprache geschrieben wird und ein Precompiler daraus RPC-basierende Client- und Servermodule generiert. Im bisher beschriebenen Schichtenmodell stellen sich diese Client- und Servermodule als **Anwendungen** dar. Diese können sowohl auf TCP als auch UDP aufsetzen, wobei deren Spezifika weiterhin gelten.

RPC-Messages enthalten ebenfalls einen Header, der folgende Felder enthält:

- program number, procedure number
  Damit lässt sich (ähnlich dem Port-Prinzip bei UDP und TCP) ein Multiplexing / Demultiplexing zwischen mehreren Anwendungen bzw. Prozessen in Anwendungen realisieren.

- version numbers (Version des RPC-Protokolls)

- sequence number
  Bezugspunkt, um Query-Reply-Mechanismen zu implementieren, d.h. auf Anforderungen eine Antwort zu schicken.

- Authentikations-Feld: Null-Authentication für anonymous-Services, i.A. wird UNIX-Authentisierung mit User-, Group-ID und Maschinen-Namen verwendet.

RPC-Dienste liegen i.A. auf einem nichtprivilegierten Port – den Daten kann also auch aus dieser Sicht nicht vertraut werden. Werden die RPC-Messages per UDP verschickt, gelten zusätzlich noch die Schwachstellen von diesem verbindungslosen Protokoll.

Da auf RPC einige weit verbreitete Dienste basieren, sind einige sicherheitstechnische Verbesserungen erfolgt. So nutzt z.B. *Secure RPC* DES zur Nachrichtenverschlüsselung mit einem nach dem Diffie-Hellman Schlüsselaustauschprotokoll vereinbarten Session-Key. SUN's Version basiert jedoch auf einer schwachen Implementierung dieser Verfahren. Diese Verschlüsselung ist dabei als Ende-zu-Ende-Verschlüsselung auf Anwendungsebene anzusehen!

DCE (Distributed Computing Environment) basiert ebenfalls auf einem RPC-Mechanismus, nutzt aber *Kerberos* als Schlüsselaustausch-Mechanismus und bietet zudem access control lists.

Die Portnummern von RPC-Diensten sind nicht festgelegt, sondern lassen sich vom Betriebssystem zuweisen und über den *Portmapper* registrieren. *Portmapper* ist ein Programm, das zwischen Client und Server liegt. Es stellt auf Anfrage Port und Protokoll für registrierte Services bereit.

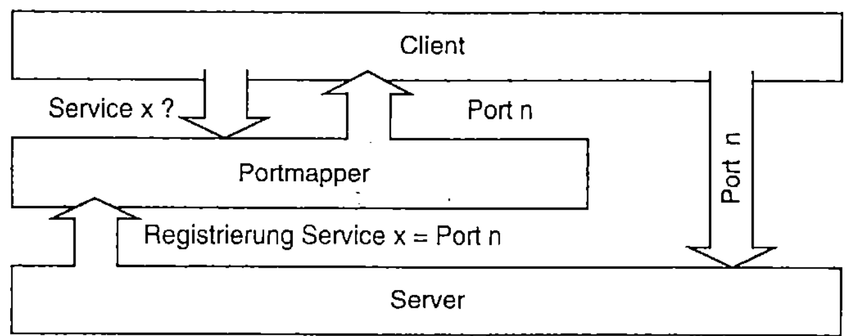


*Abbildung 20 - Portmapper-Mechanismus*

Kann jeder diesen Portmapper (unauthentisiert) nutzen, sind folgende Angriffspunkte zu beachten:

- Er bietet einen „guten" Auskunftsdienst, d.h. es werden Informationen preisgegeben, die eigentlich nicht jeder bekommen sollte (bereitgestellte Services und zugehörige Portnummern)

- Ein Deregistrierungs-Aufruf kann ein Ansatz für Denial-of-Service-Attacks sein.

Ein weiteres Problem besteht darin, dass der *Portmapper* indirekte Serveraufrufe außenden kann (mit Portmapper-Adresse und -Port), d.h. der Portmapper agiert statt des hinter ihm liegenden Serverprozesses gegenüber dem Client. Eine Authentisierung des Clients gegenüber der Serveranwendung ist damit nicht mehr möglich.

Aus all den genannten Gründen sollten RPC-Calls von außen durch einen Firewall unterbunden werden. Es wird beispielsweise kaum notwendig sein, NFS als RPC-basierende Anwendung (s.u.) über Organisationsgrenzen hinweg bereitzustellen. Im Folgenden soll auf einige RPC-basierende Dienste eingegangen werden.

### NIS (Network Information Service)

Der *Network Information Service* wurde entwickelt, um netzweit verschiedene Informationen über Nutzer bereitzustellen, die sich sonst verteilt und möglicherweise redundant auf mehreren Hosts befinden. Das betrifft z.B. IP-Adressen, Hostnamen sowie *Passwort- und Keyfiles* für Secure RPC. Allein diese Aufzählung verdeutlicht bereits die Brisanz der Informationen. In jedem Fall ist die zentrale Bereitstellung solcher Informationen ein großes Sicherheitsproblem, wenn geheime Informationen in diesem Verzeichnis gehalten werden.

Da netzweite Informations- und Verzeichnisdienste jedoch unabdingbar sind, sollten alternativ sicherere Varianten genutzt werden. Die *Network Directory Services* - NDS - entwickelt von der Firma NOVELL, sind ein solcher Verzeichnisdienst, der bereits umfangreiche Sicherheitsmerkmale aufweist. NDS stammt aus dem NetWare-Umfeld, wird zunehmend aber auch für andere Plattformen verfügbar gemacht. Eine andere Entwicklung im Rahmen des Distributed Computing Environments (DCE) der OSF sind die Cell Directory Services (CDS) bzw. die Global Directory Services (GDS), die ihrerseits die DCE Security Services nutzen können. Der GDS basiert auf den X.500-Directory Services [Schill 1997]. Auf diese neueren Verzeichnisdienste soll an dieser Stelle zunächst nicht näher eingegangen werden. In Abschnitt 3.1.2 werden einige Ansätze von sicheren Verzeichnisdiensten diskutiert.

### NFS (Network File System)

Das ebenfalls von SUN MICROSYSTEMS stammende *Network File System* ist ein sehr populärer Dienst, da mit seiner Hilfe Massenspeicherressourcen anderer Hosts (prinzipiell beliebiger Hosts im Internet, die NFS-Services anbieten) bequem genutzt werden können. Praktisch funktioniert NFS so, dass unter UNIX ein NFS-Verzeichnis wie jede andere lokale Ressource in das eigene Filesystem *gemountet* (eingebunden) werden kann. Unter DOS/Windows würde z.B. der entfernte Massenspeicher als zusätzliches Laufwerk erscheinen.

NFS selbst ist ein zustandsloser Dienst, der auf RPC / UDP aufsetzt. Das bedeutet, dass im Server keine Zustände einer Verbindung gespeichert werden. Jede Clientoperation muss daher erneut authentisiert werden. NFS liegt i.A. auf dem nichtprivilegierten Port 2049, manchmal auch auf zufälligen Ports, die über *Portmapper* bekannt gegeben werden.

Die grundlegende Komponente für den Zugriff auf entfernte Ressourcen sind File-Handles für Dateien und Verzeichnisse, die vom NFS-Server zugewiesen werden. Dabei prüft der *NFS-Mount-Daemon* genannte Serverprozess den Client-Hostnamen und das gewünschtes File / Verzeichnis mit einer vom Administrator erstellten Liste, ob der Zugreifende die grundsätzliche Berechtigung hat, auf das Verzeichnis zuzugreifen, und wenn ja, mit welchen Rechten. Das Problem stellen Root-Filehandles zum Boot-Zeitpunkt dar. Jeder, der ein Root-Filehandle erhält, hat permanenten Zugriff auf das Filesystem und kann auch zur Laufzeit nicht mehr entfernt werden. Die File-Handles werden beim Erstellen über Pseudo-Zufallsgeneratoren erzeugt und zugewiesen. Ist dieser Zufallsgenerator schlecht implementiert, können Vorhersagen über die File-Handles getroffen und zum Angriff genutzt werden.

Ein weiteres Risiko für Clients kann darin bestehen, dass auf dem Server oft genutzte Programme manipuliert sein könnten, denn das Serververzeichnis wird transparent in das eigene Filesystem eingebunden (z.B. könnte `/usr/bin` ein NFS-Verzeichnis sein und ein manipuliertes Programm `card` enthalten, dass eine PIN-Eingabe abfängt. Ist dann die $PATH-Variable „richtig" gesetzt, werden diese manipulierten Programme zuerst gefunden und ausgeführt (das korrekte Programm befindet sich als `/usr/local/bin/card` auf der Platte des Clients; wenn nun jedoch die Pfadvariable `... /usr/bin;/usr/local/bin ...` gesetzt ist, wird das manipulierte Programm zuerst gefunden und ausgeführt, obwohl auf der Clientmaschine keine Manipulation stattgefunden hat).

Eine in Entwicklung befindliche Version 3 von NFS wird auf TCP basieren, was eine Authentisierung leichter macht.

***TFTP (Trivial File Transfer Protocol)***

Das *Trivial File Transfer Protocol* funktioniert ähnlich dem eigentlichen File Transfer Protocol (FTP), basiert jedoch auf RPC-Funktionen, die serverseitig zustandslos sind. Vorteilhaft dabei ist, dass auch bei einer besonders schlechten Verbindung die Übertragung ohne Abbruch stattfindet, da serverseitig keine Timeout-Mechanismen greifen.

Ein korrekt konfigurierter TFTP-Server erlaubt nur den Zugriff auf sehr wenige Directories. Es wurden jedoch auch schon Rechner ausgeliefert, deren TFTP-Server unbeschränkten Zugriff zuließen (Konfigurationsproblem). Da die möglichen Authentisierungsmechanismen gegenüber dem üblichen FTP eingeschränkt sind, FTP jedoch alle Funktionen bietet, die auch TFTP hat, sollte TFTP nur im Ausnahmefall eingesetzt werden.

Router ohne eigenen Massenspeicher laden oft Konfigurationsfiles über TFTP - dies kann gefährlich sein, da in diesen Konfigurationsfiles oft Passwortinformationen enthalten sind oder manipulierte Konfigurationsfiles eingespielt werden können (wegen der geringen Authentisierungsmöglichkeiten des TFTP-Protokolls).

## 2.2.3.7 FTP (File Transfer Protocol)

Das *File Transfer Protocol* bietet ebenfalls die Möglichkeit, Daten zwischen einem FTP-Server und einem FTP-Client zu übertragen. Je nach zugewiesenen Rechten können nur Daten abgerufen werden oder auch geschrieben werden.

Die Daten werden dabei über einen separaten Datenkanal übertragen. Ein FTP-Server bietet seine Dienste standardmässig über Port 20 (Daten) und Port 21 (Steuerkanal) an. Diese Ports gehören zu den *wellknown Ports*.

Eine FTP-Sitzung läuft nun folgendermaßen ab:

Der Client schickt eine Anfrage an den Steuerkanal des Servers. Nach der Authentisierungsprozedur (Nutzernamen und Passwort *im Klartext*), die über den Steuerkanal abläuft, teilt der Client über das PORT-Kommando mit, an welchem Port er die Daten erwartet. Die Port-Nummer ist dabei zufällig gewählt. Sie liegt über 1024, da ein Client (von einem beliebigen Systembenutzer bedient), keine privilegierten Ports öffnen kann. Der Server baut dann eine Verbindung zu diesem Port auf und schickt die Daten dorthin, agiert also im Grunde wie ein Client. Die meisten FTP-Implementierungen öffnen für jedes neue File einen neuen Datenkanal.

Über das PASV-Kommando (passiv, der Client verhält sich bezüglich der Portwahl passiv) kann die Portwahl dem Server überlassen werden. Damit wird auch die Datenverbindung vom Client zum Server hin aufgebaut. Die vom Server gewählte Port-Nummer ist jedoch ebenfalls zufällig gewählt und liegt über 1024.

***anonymous ftp***

Dieser sehr beliebte Dienst im Internet erlaubt es, allen Teilnehmern Daten bereitzustellen. Aus sicherheitstechnischer Sicht ist dies jedoch besonders gefährlich, da jedermann ohne Authentisierung diesen Dienst nutzen kann. Die übliche Passwortabfrage, bei der eine Mail-Adresse einzugeben ist, hat dabei eher eine Alibifunktion.

Größtmögliche Sicherheit bietet die Bereitstellung des Dienstes auf einem separaten Host, der nicht in ein Vertrauensgeflecht zu anderen Hosts eingebunden ist. Der zugängliche Verzeichnisbaum darf auf keinen Fall Schreibrechte haben. Weiterhin darf keine sicherheitsrelevante Datei in dem zugänglichen Verzeichnis sein (z.B. `/etc/passwd`-File unter UNIX). Unter UNIX bietet sich die Möglichkeit, dass der Server nach dem Start ein sog. `chroot` ausführt. Das bedeutet, dass das FTP-Verzeichnis für den Server zum root-Verzeichnis gemacht wird. Ein Zugriff auf übergeordnete Verzeichnisse (bis zum eigentlichen root-Verzeichnis) ist dann nicht mehr möglich.

Sollen Bereiche für das Ablegen von Daten freigegeben werden, dann ist möglichst ein Server zu verwenden, der zwischen externen und internen Nutzern unterscheiden kann (extern kann schreiben, aber nicht lesen). Da diese Verzeichnisse aber oft zum Verteilen von Crackertools und Raubkopien genutzt werden, ist anonymous ftp mit Schreibmöglichkeit nur einzuräumen, wenn es unbedingt benötigt wird.

## 2.2.3.8    FSP (File Service Protocol)

Das *File Service Protocol* bietet wiederum einen Dienst zum Übertragen von Dateien, nutzt jedoch den verbindungslosen, ungesicherten UDP-Übertragungsdienst. Oft wird für FSP-Dienste Port 21 verwendet. Cracker nutzen diesen Dienst oft zum Verteilen ihrer Tools, so dass die Beobachtung von FSP-Verkehr Aufmerksamkeit hervorrufen sollte.

### 2.2.3.9 r-Kommandos

Die r-Kommandos, wie `rlogin` und `rsh`, sind in der UNIX-Entwicklung der Berkley-University entstanden und nutzen deshalb auch BSD-Authentisierungsmechanismen. Sie sind aus einer Art Bequemlichkeit heraus entwickelt worden, wenn an vielen Hosts in einer abgegrenzten Umgebung gearbeitet werden muss. Damit erfolgt keine Passwort-Abfrage, wenn folgende Kriterien erfüllt sind:

- Der Aufruf kommt von einem privilegierten Port. (wie bereits erwähnt, macht die Unterscheidung in privilegierte und nicht privilegierte Ports wenig Sinn, insbesondere bei Systemen ohne Nutzerkontrolle. Deshalb sollten r-Kommandos nur von solchen Rechner zugelassen werden, die eine Zugangskontrolle implementieren, was jedoch schwer sicherzustellen ist)

- Eine Zugriffsliste (`/etc/hosts.equiv` bzw. `$HOME/.rhosts`) muss die rufende Maschine beinhalten, d.h. Name und IP-Adressmapping muss übereinstimmen (*Authentisierung an Hand der IP-Adresse!*). Damit ist der Aufbau eines Vertrauensgewebes (Web-of-Trust) möglich, in dem Daten von einigen als vertrauenswürdig eingestuften Maschinen ohne Authentisierung getraut wird.

Der Vorteil für Cracker liegt darin, dass der Einbruch in ein System Zugriffe auf alle diesem System vertrauenden Rechner zulässt. Dieser Angriffspunkt ist sehr oft ausgenutzt worden. Oft werden Systeme nur angegriffen, um von dort weitere Hosts zu „cracken". Um das Web-of-Trust zu erkunden, sind die genannten Files beliebter Angriffspunkt für Cracker.

Wie das Web-of-Trust aufgebaut ist und damit festlegt, welchen Hosts vertraut werden soll, sollte ausschließlich Entscheidung des Systemadministrators sein. Über die Datei `$HOME/.rhosts` ist dies aber in gewisser Weise auch dem Anwender möglich, indem er die in `.rhosts` genannten Hosts für vertrauenswürdig gegenüber seinem Account deklariert.

Die r-Kommandos sind für den Einsatz innerhalb einer definierten, lokalen Umgebung gedacht. Sie sollten deshalb weder auf noch über Gateway-Maschinen verfügbar sein.

### 2.2.3.10 WWW (World Wide Web)

Das World Wide Web, ein in letzter Zeit sehr populär gewordener Dienst, mit dem einfach und strukturiert Informationen in Hypertextform bereitgestellt werden können, nutzt zur Übertragung das *HyperText Transfer Protocol* (HTTP).

HTTP arbeitet ebenfalls auf Client-Server-Basis, wobei der HTTP-Server i.A. auf Port 80 seinen Dienst bereitstellt. Auf Anfragen von Clients hin überträgt der Server Dokumente und Bilddaten zum Client. Die Bereitstellung von freien Informationen mittels eines WWW-Servers und die Übertragung per HTTP-Protokoll an sich stellt zunächst noch kein

Sicherheitsrisiko dar, außer den Angriffsmöglichkeiten, die eine TCP-Verbindung bietet (HTTP nutzt TCP zur Datenübertragung)[3].

Sowohl server- als auch clientseitig können jedoch Sicherheitsrisiken durch die Nutzung zusätzlicher Funktionalität auftreten. Sollen Informationen nur einem eingeschränkten Nutzerkreis zugänglich gemacht werden, sind zudem Zugriffskontroll-Funktionen bereitzustellen, die HTTP zunächst nicht bietet.

### *Serverseitige Risiken*

- Der Server muss verifizieren, ob das angefragte File zum Transfer freigegeben ist. Wenn in Folge einer Anfrage an den Server dieser eine weitere Verbindung aufbaut, um angefragte Daten bereitstellen zu können, (z.B. gopher oder FTP), erscheint die Server-IP-Adresse als Quelle und alle Authentisierungsformen auf Basis der IP-Adresse versagen (Proxy-Funktion des Servers).

- Um eine dynamische Seitengestaltung zu ermöglichen und Interaktionen von Client-seite aus zuzulassen, ist ein Common Gateway Interface (CGI) auf den meisten Servern verfügbar, über das entsprechende Reaktionen ausgelöst werden können (Abarbeitung eines Shellscriptes). Dies stellt natürlich eine ganz besondere Gefahr dar, wenn die an das Script zu übergebenden Daten nicht korrekt geprüft werden. In der Vergangenheit haben fehlerhafte Implementierungen immer wieder dazu geführt, dass über diese CGI-Scripts unerwünschte Zugriffsrechte bis hin zu root-Rechten erlangt werden konnten. Der Web-Server konnte damit kompromittiert und evtl. als Ausgangspunkt für ein weiteres Eindringen ins Firmennetz genutzt werden [CERT 96.06].

- Eine sichere Nutzerauthentisierung wird durch HTTP nicht bereitgestellt. Einzig eine „Basic Authentication", bei der Nutzername und Passwort im Klartext übertragen werden, kann als einfache Zugriffskontrolle dienen. Um eine sichere Authentisierung durchzuführen, sind kryptographische Verfahren einzusetzen (s. S-HTTP, SSL Abschnitt 3.2.1 und 3.2.3).

### *Clientseitige Risiken*

Fast alle clientseitigen Risiken beruhen auf der Tatsache, dass der Client die Identität des Servers zunächst nicht zweifelsfrei feststellen kann. Damit könnte es sich um einen direkt von einem Angreifer kontrollierten Webserver oder das per *DNS-Spoofing* aufgestellte „Spiegelbild" eines Servers handeln (der wiederum von einem Angreifer kontrolliert ist).

- Es ist deshalb unsicher, sensible Daten (z.B. Kreditkarteninformationen) an einen „normalen" Server zu senden.

- WWW-Dokumente können aktive Komponenten enthalten, z.B.:

---

[3] Da die böswillige Veränderung von Webseiten einer Organisation durch Angreifer zu Imageverlusten führen kann, sind trotz der offenen Informationen auf einem Webserver die Seiten vor Veränderungen zu schützen, die der Angreifer bspw. durch einen ungesicherten Telnetzugang zu diesem Server vornehmen könnte.

- Formatinformationen, die bestimmen, mit welchem Programm das Dokument bearbeitet werden soll (z.B. uudecode, Postscript-Viewer).

- Java / Javascript / ActiveX (Programmcode, der im WWW-Browser ausgeführt wird)
  Diese Programme stellen immer ein hohes Sicherheitsrisiko dar, da sie automatisch im Browser ausgeführt werden. Die weitaus höchste Gefahr geht dabei von ActiveX-Komponenten aus, da diese keinen Zugriffsbeschränkungen auf das lokale System unterliegen. Per WWW-Request geladene Java- und JavaScript-Programme sind zunächst sicherer, da diese in einer definierten Umgebung ohne Zugriff auf das lokale System ausgeführt werden (sog. „Sandbox"). In der Vergangenheit führten jedoch Implementierungsfehler immer wieder dazu, dass auch solche Programme Schaden anrichten konnten – man sollte deshalb immer auf den Einsatz aktueller Versionen achten [CERT 96.05].

### 2.2.3.11 NNTP (NetNews Transfer Protocol)

Das *NetNews Transfer Protocol* ist ähnlich dem SMTP-Protokoll aufgebaut und erlaubt den Transfer der NetNews zwischen den Newsservern. Die NetNews sind in verschiedene Diskussionsgruppen unterschiedlichster Thematik eingeteilt. Die Beiträge werden in Form einer EMail an einen Newsserver geschickt, der den Beitrag seinerseits über NNTP an andere Newsserver verteilt. Clients können die Beiträge mit einem geeigneten Programm abrufen, auch dieser Abruf erfolgt über NNTP.

Die NNTP-Befehle haben ein ähnliches Format wie die SMTP-Befehle. Normalerweise sollten alle NNTP-Nachrichten wie normale Mails von einem Gateway behandelt werden. Das stellt jedoch ein großes Ressourcenproblem dar, da täglich mit einem Newsvolumen von mehreren Megabyte gerechnet werden muss. Werden die News zumindest für 1 bis 2 Wochen vorgehalten, ergibt sich damit leicht ein Datenvolumen im Gigabytebereich.

### 2.2.3.12 X11

X11 ist die graphische Bedieneroberfläche für UNIX-Systeme, die konsequent im Client-Server-Modell entwickelt wurde. Ein X-Server stellt dabei die Verbindung zum Betriebssystem her. Ein X-Client (z.B. ein Graphikprogramm) kann dessen Dienste nun entweder direkt (auf ein und derselben Hardware) oder sogar über das Netz in Anspruch nehmen. Der X-Server ist dabei für die Datenausgabe und (meist über ein Zwischenprogamm, den Windowmanager) für die Fensterverwaltung zuständig. Sinnvoll ist damit z.B. die Nutzung von Hochleistungsressourcen. Ein Graphikprogramm kann auf einem leistungsfähigen System ablaufen, nur die Ausgaben werden über den X-Server eines kleineren Hosts getätigt.

Der X-Server bietet seine Dienste auf einem nichtprivilegierten Port, meist 6000 plus eine kleine Zahl, an. Wenn ein Client seine Daten auf dem Display eines X-Servers darstellen will, muss er in einer Zugriffskontroll-Liste eingetragen sein (xhost). Allerdings erfolgt diese Zugriffssteuerung nur an Hand von IP-Adressen, nicht jedoch von Nutzern!

Ein zusätzlicher Mechanismus ist das Magic-Cookie-Verfahren, bei dem ein geheimer String (Magic-Cookie) zwischen Client und Server ausgetauscht wird. Ein Client ohne Magic-Cookie kann dabei keine Verbindung zum Server aufbauen. Der Mechanismus ist jedoch nichts weiter als ein einfaches, automatisiertes Passwortverfahren, da das Magic-Cookie im Klartext über das Netzwerk gesendet wird.

Die Zugriffsmöglichkeit sollte deshalb nur innerhalb einer definierten, möglichst lokalen Umgebung erlaubt sein. Aus dem eigenen Netz heraus oder von außen in das eigene Netz ist dieser Dienst i.A. nicht erforderlich.

## 2.2.4   Übersicht der Risiken

An Hand der beschriebenen Risiken, die von den einzelnen Protokollen und Diensten ausgehen, kann eine Verallgemeinerung der wichtigsten Probleme und Fehlerquellen vorgenommen werden. Es kann festgestellt werden, dass der Großteil der Risiken und Bedrohungen aus einigen wenigen prinzipiellen Designproblemen hervorgeht.

| *Anwendung* | *Verbindung* | *Netzwerk (Pakettransport)* |
|---|---|---|
| Authentisierung Zugreifender mit<br><br>■ ungesicherten Daten aus der Netzwerk- / Transportschicht (z.B. Adressinformationen)<br><br>■ schwachen Verfahren (z.B. Name / Passwort im Klartext) | Übernahme von authentisierten Verbindungen (Hijacking) | (absichtliche) Fehlleitung von Paketen |
| Anwendungen werden mit unnötigen Rechten ausgestattet, die bei Fehlfunktionen zur Beeinflussung des Gesamtsystems führen.<br><br>Dienst an sich (Abbildung von Strukturen etc.) | ■ Abhören der Daten, damit Informationen darüber<br><br>  - Wer kommuniziert (in jedem Fall, da Adressinformationen im Klartext vorliegen)<br><br>  - Was übertragen wird (wenn nicht die Anwendung durch Verschlüsselung vorsorgt)<br><br>■ Durch aktive Angreifer<br><br>  - Fälschen von Adressinformationen<br><br>  - Fälschen von Daten | |
| ■ Unkontrollierter Ressourcenverbrauch<br><br>■ Implementierungs- / Konzept- / Protokollfehler | | |

## *2.3 Aktuell eingesetzte Schutzmechanismen*

Basierend auf der derzeitigen Internet-Technologie sind in den letzten Jahren Verfahren, Programme und Konstrukte entwickelt worden, die bereits ein hohes Maß an Sicherheit gewährleisten. Bedingt durch das nachträgliche Aufsetzen von Sicherheit ist jedoch ein erhebliches Maß an Administrations-KnowHow notwendig, um die Funktionen korrekt zu installieren und fehlerfrei zu administrieren.

Im Folgenden werden die wichtigsten Regeln und verfügbaren Mechanismen zur Sicherung von einzelnen Computern, von Verbindungen zwischen diesen Computern und letztlich zur Sicherung des Zugriffes auf Netzwerke beschrieben und analysiert.

## 2.3.1   Hostabsicherung

Ein nicht vernetztes Computersystem kann relativ einfach abgesichert werden. Da der Zugriff nur am physisch vorhandenen System möglich ist, bietet die räumlich-organisatorische Absicherung bereits einen guten Schutz. Arbeiten mehrere Nutzer an einem System, muss dieses zudem noch über eine sichere Nutzerverwaltung verfügen, um definierte Zugriffsrechte auf die Daten im System verwalten zu können. Besondere Verantwortung kommt dem *Administrator* zu, der Zugang zu allen Daten (und damit zu Daten aller Nutzer) hat. Entscheidend für die Sicherheit eines einzelnen Systems sind dabei die Möglichkeiten, die das verwendete Betriebssystem bietet. Folgende Stufen können unterschieden werden:

1.   Keine Zugangskontrolle (z.B. DOS / Windows 3.x / Windows 95/98)

2.   Lokale Nutzerverwaltung mit einfachen Zugriffsrechten, evtl. einfache Log-Funktionen (UNIX, Windows NT). Dabei ist das Betriebssystem UNIX in den vielen Jahren seiner Existenz besonders detailliert untersucht worden, da teilweise auch der Sourcecode verfügbar ist [GarSpaf 1996].

3.   Systeme mit erhöhten Sicherheitsanforderungen, die z.B. erweiterte Log-Funktionen und Security Labels (Kennzeichnung von Daten mit einer gewissen Sicherheitsklasse) aufweisen müssen (aus dem militärischen Bereich stammende Klassifizierung nach dem Orange Book des US-amerikanischen Departement of Defense [DoD 1985]).

Ungleich schwieriger wird die Absicherung eines einzelnen Computers, wenn dieser über Netzwerkverbindungen verfügt und damit räumlich-organisatorischen Maßnahmen nicht mehr ausreichen. Zusätzlich muss der *Netzwerkzugang abgesichert* werden (Abschnitt 2.3.3.). Sämtliche Dienste und Verbindungsmöglichkeiten, die über die Netzverbindung bereitgestellt werden, bergen potentiell die Gefahr, dass unberechtigt auf das System zugegriffen wird und ein Angreifer schlimmstenfalls Administrator-Rechte erhält – er hat dann das System unter seiner vollständigen Kontrolle, auch wenn er sich „am anderen Ende der Welt" befindet.

## 2.3.2 Verbindungssicherung

Eine Vernetzung von Computersystemen impliziert, dass zwischen diesen Daten ausgetauscht werden sollen. Um diese Daten *während der Übertragung* zu sichern, muss die *Verbindung* zwischen den entsprechenden Computern gesichert werden. Angriffspunkt für die Verbindung ist zunächst die physische Verkabelung (Abhören) oder zwischengeschaltete Vermittlungssysteme (Router, Hubs, Switches, öffentliche Vermittlungsstellen).

Sind alle Kabel und Vermittlungseinrichtungen in einem kontrollierten, vertrauenswürdigen Bereich, kann dieser als Ganzes abgesichert werden. Im Normalfall (insbesondere im Hinblick auf das globale Internet) werden die Daten jedoch über öffentliche Leitungen und Vermittlungssysteme übertragen und sind somit dem unkontrollierten Zugriff ausgesetzt.

### 2.3.2.1 Physische Verbindungssicherung

Der Schutz dieser Daten auf einer physischen Verbindung gewährleistet die *Link-Verschlüsselung*. Dazu werden hauptsächlich „Kryptoboxen" eingesetzt, die eine für die Netzwerkschicht transparente Verschlüsselung, meist auf der Basis proprietärer Verfahren, bieten. Die Sicherheit wird nur zwischen den Kryptoboxen auf diesem einen Link gewährleistet. Vorteilhaft ist, dass Steuerinformationen aus der Netzwerkschicht protokollunabhängig mit gesichert werden. Es können damit sämtliche Netzwerkverbindungen, ob auf IPX, TCP/IP, AppleTalk oder proprietären Protokollen basierend, geschützt werden. Nachteilig ist, dass für jede physische Leitung jeweils zwei kompatible Geräte benötigt werden und der Aufwand für größere Netze entsprechend erhöht wird.

### 2.3.2.2 Logische Verbindungssicherung

Definiert man eine Verbindung nicht mit einer auf der OSI-Schicht 1 (physisch durchgeschaltetes Kabel, z.B. Telefonleitung) oder Schicht 2 (z.B. ISDN) bereitgestellten Transportstrecke, sondern als *virtuelle Verbindung* auf der Netzwerkschicht, ergeben sich damit einige neue Aspekte:

- Sicherheitsmechanismen können feiner gesteuert und bereits für Funktionen der *Netzwerksicherheit* genutzt werden.

- Sie sind unabhängig vom physikalischen Medium, meist ohne (teure) Zusatzhardware, realisierbar und bieten damit Flexibilität auch in größeren Netzwerkkonstellationen.

- Nachteilig ist jedoch, dass

    - diese virtuellen Verbindungen protokollspezifisch bereitgestellt werden und damit auch die Sicherheitsfunktionen protokollabhängig sind,
    - verbindungslose Transportdienste nicht (oder nur durch zusätzliche Maßnahmen) gesichert werden können,
    - Protokoll-Steuerinformationen ebenfalls zusätzlicher Sicherung bedürfen.

## 2.3.3 Netzabsicherung

Prinzipiell können die nachfolgend vorgestellten Verfahren zur *netzwerkseitigen* Absicherung eines einzelnen Hostsystems verwendet werden. Dies führt jedoch administrativen Problemen:

- Eine unternehmensweite Sicherheits-Policy ist nur mit enorm hohem Aufwand durchsetzbar.
- Die Administration wird sehr kompliziert, komplex und damit fehlerträchtig.
- Durch evtl. unter den Hosts bestehende „Vertrauensverhältnisse" (s. r-Kommandos, Abschnitt 2.2.3.9) kann dieses System leicht ausgehebelt werden.

Deshalb wurden *Firewalls* entwickelt, die das Sicherheitsmanagement zunächst für den eigentlichen Zugang zum Netzwerk auf ein oder sehr wenige spezialisierte Systeme konzentrieren [ChesBell 1994] [Ranum 1992] [Ranum 1993]. Mit ihnen können komplexe Zugangskontrollen ähnlich den räumlich-organisatorischen Maßnahmen umgesetzt werden. Damit kann für den Übergang aus einem Unternehmensnetz in ein offenes Netz (z.B. dem Internet) leicht eine einheitliche Sicherheits-Policy implementiert werden, die nur bestimmte Datenströme zulässt. Da die Prüf- und Kontrollmechanismen auf *Datenströme* angewandt werden sollen, müssen Mechanismen der Netzwerkprotokolle (Steuerinformationen) sowie die Daten selbst (Inhaltsinformationen, Anwendungsdaten) zur Auswertung herangezogen werden.

Ein kurzer Exkurs in die Technologie von Firewall-Systemen soll verdeutlichen, welche Möglichkeiten der Absicherung diese Gebilde auf der Grundlage der herkömmlichen Internet-Technologie bieten.

### 2.3.3.1 Paketfilternder Router (Packet Screen)

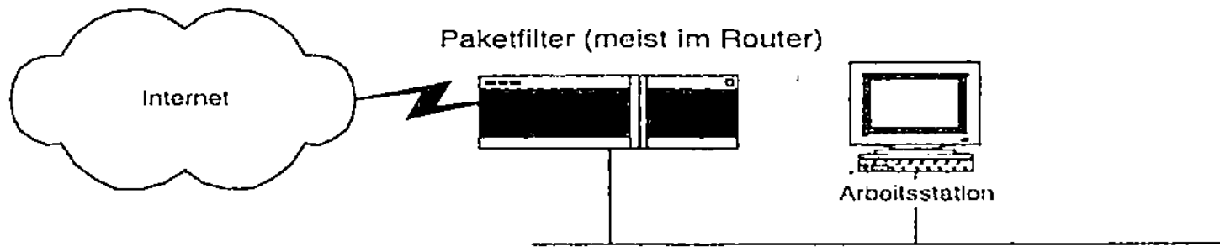


*Abbildung 21 - Einfacher Paketfilter*

Ein Paketfilter nutzt Steuerinformationen der Netzwerkebene (IP-Adressen und –Ports), um Entscheidungen über die Weiterleitung der Datenpakete zu treffen. Dies kann zusätzlich in Abhängigkeit von der Richtung des Datenverkehrs oder anderen Parametern erfolgen.

### Vorteil

(Fast) alle heute erhältlichen Router lassen die Filterung von Paketen auf Adress- und Portebene zu. Mit einer solchen Konfiguration lässt sich ein Minimum an Sicherheit erreichen, wenn man nur die Dienste (Ports) und Adressen erlaubt, ·die mit der eigenen Sicherheits-Policy korrespondieren.

## *Nachteil*

Ist die Anzahl der angeschlossenen Nutzer groß, wird die Konfiguration schwierig und fehlerträchtig, da die Filtertabellen schnell unübersichtlich werden. Die korrekte Filterung von IP-Verkehr ist zudem sehr schwierig zu administrieren, da eine sehr genaue Kenntnis der Portnutzung der einzelnen Dienste notwendig ist.

## *Filter-Platzierung*

Ein Filter kann am Eingang, am Ausgang[4] oder an beiden Seiten eines Routers wirksam werden. Die Filterung am Eingang verhindert Angriffe auf den Router selbst. Grundsätzlich sollte der Filtermechanismus so früh wie möglich greifen.

Um Adress-Spoofing zu verhindern, muss die Filterung (Netzwerk-)interfacebezogen (d.h. richtungsbezogen) durchgeführt werden können. Zusätzlich muss auch eine Filterung ohne Bezug auf das Interface eingestellt werden können, um allgemeine Filterregeln zu implementieren. Dabei darf die Reihenfolge der Filterregeln vom Router nicht selbständig verändert werden (eine Defaultregel, die eigentlich erst greifen soll, wenn andere Regeln nicht zutreffen, könnte sonst am Anfang der Tabelle stehen!) Diese Vorgabe ist i.A. schwierig zu kontrollieren, da man in die interne Verwaltung der Filtertabellen keinen Einblick hat. Die Überprüfung sollte deshalb durch Scannerprogramme erfolgen, womit über einen bestimmten Adress- und Portbereich die Filterfunktion überprüft werden kann.

Als „Sparform" (bzgl. einzusetzender Hardware) ist folgende Konfiguration möglich, die allerdings auch Nachteile mit sich bringt: Ein einziger Router wird für internes und externes Routing genutzt, d.h. der Router besitzt mehr als 2 Interfaces, wobei ein Interface zum Internet zeigt und mehrere Interfaces an ein internes Netz angeschlossen sind:

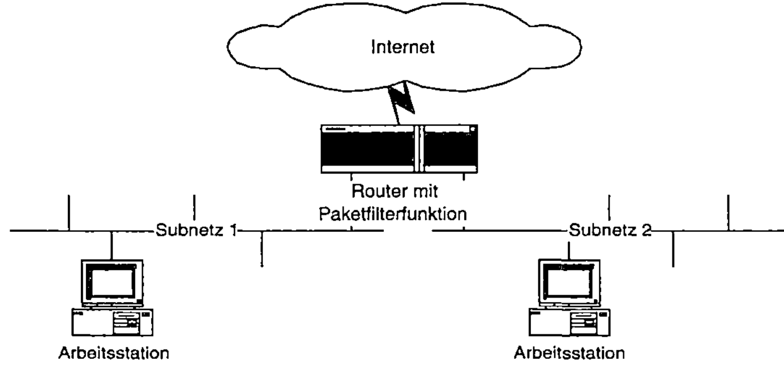


*Abbildung 22 - Router mit 3 Anschlüssen (Interfaces)*

---

[4] ‚Eingang' und ‚Ausgang' sind dabei abhängig von der Richtung, in der ein Datenpaket den Router überquert, in diesem Falle also noch nicht interfacebezogen. Eine zusätzliche Verkettung der Regeln für eingehende und ausgehende Datenpakete mit realen Interfaces bietet zusätzliche Sicherheit, bspw. gegen einige Formen der IP-Spoofing-Angriffe.

Weitere Vorsichtsmaßnahmen sind zu ergreifen, wenn die Routen des externen Routers nicht statisch konfiguriert werden können oder sollen. In diesem Fall ist darauf zu achten, dass eine Weitergabe der eigenen Routen nach außen durch Routingprotokolle, wie RIP, nur kontrolliert erfolgt.

Pakete mit Source-Routing-Option sollten verworfen werden, da sonst die Routingtabellen umgangen werden können. In der Vergangenheit sind dabei oft Bugs in der Routersoftware festgestellt worden. Routen, die von anderen, außerhalb des geschützten Netzes liegenden Routern gelernt werden, ist grundsätzlich nicht zu vertrauen, da sonst Routen eingeschleust werden können, die z.B. über die Angreifermaschine führen.

Einen gewissen Grad an Sicherheit bietet die Verwendung inoffizieller IP-Adressen [RFC 1597]. Das sind Adressen, die im Internet offiziell nicht vorkommen und deshalb auch nicht geroutet werden. Gefälschte Pakete für Maschinen mit derartigen Adressen werden die anzugreifende Maschine deshalb nicht erreichen. Dafür muss allerdings ein Circuit- / Application-Level-Gateway oder ein „IP-Translator" eingesetzt werden, der die Umsetzung der inoffiziellen Adressen in offizielle vornimmt (NAT – Network Address Translation). Problematisch kann der große Umstellungsaufwand bei Netzzusammenschlüssen oder -veränderungen sein.

Ein zusätzlich zum Routingmechanismus ablaufender Filtervorgang verringert natürlich die Performance des Routings, insbesondere bei großen Filtertabellen. Wenn jedoch nur ein relativ langsames WAN-Interface zu bedienen ist, stellt dies kein Problem dar. Für höhere Anforderungen muss entsprechend leistungsfähige Hardware eingesetzt werden.

## 2.3.3.2 Application / Circuit Level Gateway

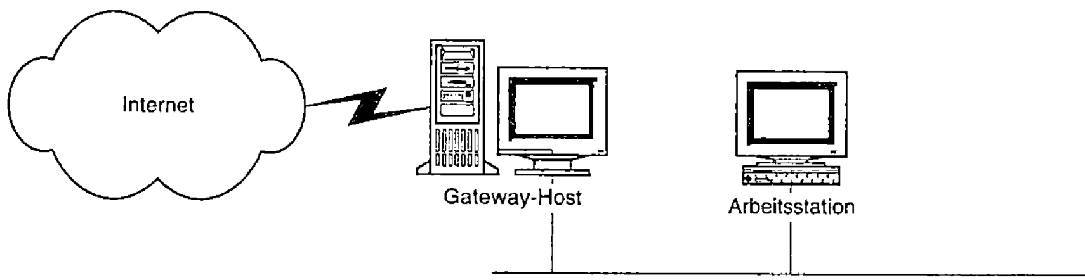


*Abbildung 23 - Gateway-Host*

Bei einer derartigen Lösung wird der Verkehr nicht mehr auf Paketebene überwacht, sondern auf Applikationsebene. Die Gateway-Maschine (auch Dual-Homed Host genannt, weil sie an zwei Netzen angeschlossen ist) muss mit einem WAN-Interface und einem lokalen Interface ausgestattet sein. Außerdem dürfen keine Routing-Funktionen auf dieser Ebene angeboten werden. Nunmehr können geeignete Prüfroutinen auf Applikationsebene zur Durchsetzung der Sicherheits-Policy dienen.

### *Vorteil*

Ein Application Level Gateway bildet den zentralen Übergang zum externen Netz. Auf diesem Host werden die Dienste bereitgestellt, die nach außen oder von außen genutzt werden sollen. Damit muss nur eine begrenzte Anzahl von Programmen sicher sein (gegenüber sehr viel freizügiger konfigurierten Hosts im inneren Netz). Außerdem ergeben sich sehr übersichtliche Filterregeln für die evtl. vorhandenen Paketfilter, die in einer der Kombinationsformen vorhanden sind. Da alle Dienste über diesen Weg genutzt werden, ist das Protokollieren der Zugriffe einfach möglich.

Bspw. kann ein auf diesem System bereitgestellter EMail-Gateway zentraler „Anlaufpunkt" für die EMail der gesamten Organisation sein, egal auf welchem Rechner der Nutzer arbeitet. Damit bleibt auch über die EMail-Adressen die interne Struktur verborgen.

Die Application-Level-Gateways lassen meist nur eine beschränkte Anzahl von Services zu, da für *jeden* zu nutzenden Dienst ein separater Proxy-Prozess notwendig ist. Aus diesem Grunde werden sie in Kombination mit *Circuit Level Gateways* eingesetzt. Diese führen die Verbindungskontrolle auf TCP-Niveau durch (Beachte: Das bedeutet wirklich eine verbindungsorientierte Filterung, da TCP virtuelle Verbindungen bereitstellt. Nicht so die Filterung auf Routern, die nur auf IP-Niveau arbeitet und damit nur eine Paketfilterung darstellt). Zugelassene Verbindungen werden per TCP durchgeschaltet. Nach einem Verbindungs-Request an einem Port des Gateways und einer (wie auch immer gearteten) Authentisierung wird die TCP-Verbindung zum Zielsystem (und dem entsprechenden Port) weitergeschaltet.

Ein Problem für die generelle Nutzung der Circuit-Level Gateways besteht darin, dass interne Nutzer Missbrauch betreiben könnten, indem sie nicht autorisierte Services anbieten (z.B. auf nicht standardisierten Ports). Die Authentisierung von Zugriffen muss deshalb sowohl nach innen als auch nach außen erfolgen.

Auf der Gateway-Maschine selbst sollten neben den Proxy-Prozessen keine weiteren Dienste, wie WWW- oder FTP-Server bereitgestellt werden, denn das widerspricht der Regel, so wenig Software wie möglich auf einer Gateway-Maschine zu installieren.

Als besonders sicherheitskritisch ist immer eine Login-Möglichkeit von außen auf Ressourcen im inneren (geschützten) Netz anzusehen, die in eine Kommando-Shell münden (Telnet). Da oftmals (unberechtigterweise) Angriffen von eigenen Mitarbeitern bei der Festlegung der Sicherheits-Policy wenig Beachtung geschenkt wird, kann eine solche Login-Möglichkeit von Angreifern einfach ausgenutzt werden, wenn sie nicht entsprechend gesichert ist. In jedem Falle sind Verfahren, bei denen länger gültige Passworte im Klartext übertragen werden, zu vermeiden und zusätzliche Authentication Server und/oder One-Time-Passwörter zu nutzen (Kerberos, S/Key). Noch besser ist der Einsatz speziell gesicherter Shells (Secure Shell SSH).

### *Nachteil*

Bei Application-Level-Gateways sind modifizierte Clientprogramme notwendig, da eine direkte Verbindung zum Server nicht möglich ist, sondern über den Gateway geleitet wird. Die Clientprogramme müssen darum vom Vorhandensein des Gateways Kenntnis haben und (evtl. in Verbindung mit entsprechenden Authentisierungsmaßnahmen) die Anfragen über diesen leiten. Eine Variante wäre, die Bibliotheken mit Netzwerkaufrufen durch modifizierte Versionen ersetzen, die das Port-Handling entsprechend dem verwendeten Gateway erledigen. Viele aktuelle Versionen der Clients für Standarddienste unterstützen jedoch bereits die Arbeit mit Proxies, so dass für den Anwender die Nutzung transparent erfolgt.

### 2.3.3.3 Kombinationsformen

Aus den genannten Nachteilen ergibt sich zwangsläufig, dass eine Kombination aus beiden Ansätzen den besten Schutz bieten müsste.

Mehrere Anordnungen sind damit realisierbar:

a)

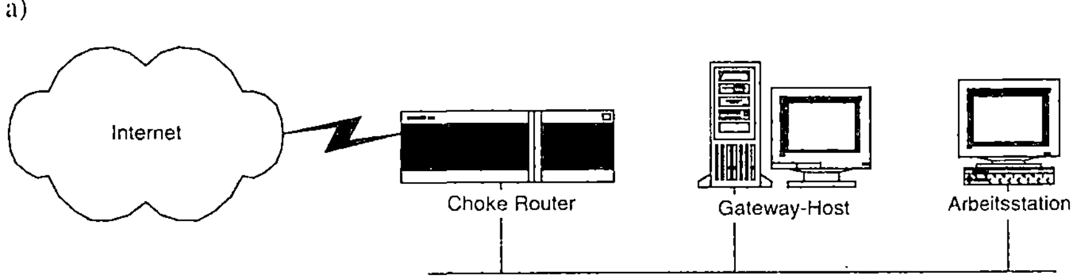


*Abbildung 24 - ein Paketfilter, ein Gateway*

Die entsprechenden Filtermechanismen sind auf dem „Choke-Router" implementiert. Dieser lässt nur Pakete mit der Adresse der Gateway-Maschine passieren, in Richtung des inneren Netzes muss die Gateway-Adresse der Zieladresse entsprechen, in Richtung des Internet der Sourceadresse. Zusätzlich dürfen nur bestimmte Dienste zugelassen werden, die auch wirklich nach außen oder von außen genutzt werden. Nach außen „vertritt" die Gateway-Maschine sämtliche Maschinen des internen Netzes – sie ist als einzige Maschine des Netzes „zu sehen". Auf der Gateway-Maschine laufen nur die Vermittlungsdienste auf Applikationsebene, jedoch keine weiteren Routing- oder Filterprogramme. Nachteilig an dieser Lösung ist,

- Der Router ist die einzige Schwelle zum inneren Netz. Ist der Router „gehackt", steht das Netz offen.

- Sollen selbst Dienste nach außen angeboten werden (z.B. ein WWW-Server, sind weitere Hosts im zu schützenden Netz nach außen „sichtbar" zu machen und damit zusätzliche Angriffspunkte gegeben.

- Ein oft übersehener, jedoch mit Abstand am häufigsten genutzter Angriffspfad ist der von *innen*. Dieser ist in keiner Weise gesichert. Der Gateway-Host liegt wie jeder andere Host direkt im gesicherten Netz.

b)

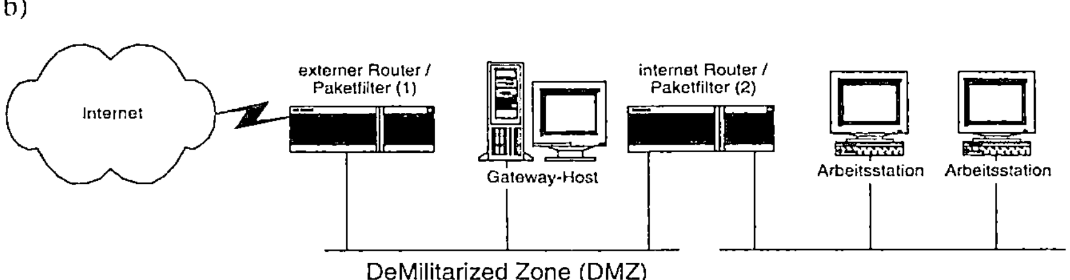



*Abbildung 25 - 2 Router, 1 Gateway*

Durch das mit der Anordnung in Abbildung 25 entstehende, abgeschirmte Subnetz (DMZ) sind nun Sicherheitsfunktionen auch nach *innen* implementierbar. Denn: in allen vorangehenden Lösungen war die Gateway-Maschine bzw. der Paketfilter nach innen ohne jeden Schutz. Nach außen ist eine zweistufige Absicherung realisiert. Ist der erste Router „gehackt", steht dem Eindringling nun auch noch ein zweiter Router im Weg, bevor er den Zugang zum geschützten Netz erlangen würde. Die Konfiguration sieht nun folgendermaßen aus:

- Die Filter von Router 1 werden so konfiguriert, dass nur Pakete von und zur Gateway-Maschine passieren können, d.h. nach außen werden nur Pakete mit der Source-Adresse des Gateways durchgelassen, nach innen nur Pakete mit der Zieladresse des Gateways. Die Filterung sollte natürlich nicht nur an Hand der Adresse, sondern zusätzlich nach erlaubten Diensten erfolgen.

- Die Filter des Routers 2 werden so konfiguriert, dass

  - in Richtung Netz → DMZ nur Pakete mit zugelassenen Source-Adressen aus dem geschützten Netz passieren können (Hosts, die den Übergang zum Internet nutzen dürfen). Als Zieladresse muss die Gateway-Maschine angegeben sein.

  - in Richtung DMZ → Netz nur Pakete der Gateway-Maschine (source) mit einer Zieladresse im geschützten Netz (destination) passieren können.

  - Zusätzlich müssen durch die Einstellungen bzgl. der nutzbaren Ports Einschränkungen hinsichtlich der erlaubten Dienste realisiert werden.

## 2.3.4    Authentisierungsmechanismen für Firewallsysteme

Um innerhalb eines Paketfilters oder Circuit- / Application Level Gateways entscheiden zu können, welche Regel der Sicherheits-Policy angewandt werden soll, ist eine möglichst sichere Identifizierung des Zugreifenden notwendig. Die Regeln der Sicherheits-Policy bestimmen die Wahl der entsprechenden Parameter, wobei diese jedoch von den technischen Möglichkeiten des eingesetzten Systems (Hardware/Software der Firewallkomponente) abhängig sind.

## 2.3.4.1  IP-Adressen und Ports

Am einfachsten (und auch bei weitem am häufigsten) werden Regeln an Hand von Source- und Destination-IP-Adressen und –Ports aufgestellt, damit basierend auf den Steuerinformationen der Netzwerkschicht, angewandt [Chapman 1992]. Diese Lösung hat folgende Nachteile:

- IP-Adressen können gefälscht werden. An Rechnern ohne abgestufte Zugriffsrechte (DOS, Windows) kann jeder die eigene IP-Adresse durch eine andere (bzgl. der Rechte auf dem Firewall höher priorisierte) IP-Adresse des eigenen Subnetzes ersetzen. Dies funktioniert problemlos, wenn der Computer, dem die IP-Adresse „gestohlen" wurde, nicht in Betrieb ist oder netzwerkseitig überlastet wird. Schwieriger, jedoch keinesfalls unmöglich wird dieser Angriff, wenn von außen ein Zugriff mit einer gefälschten IP-Adresse erfolgt, da dann die zwischenliegenden Router manipuliert werden müssen, sofern diese Router Pakete mit Source Routing (Vorgabe der Route im IP-Paket) nicht weiterleiten.

- Auf den *wellknown Ports* werden *normalerweise* fest definierte Dienste bereitgestellt, wie z.B. Port 23 für Telnet. Diese Zuordnung ist jedoch keinesfalls zwingend. Noch schwieriger gestaltet sich die Filterung bzgl. des Client-Ports. Diese sind bei vielen Diensten nicht vorher bestimmbar, da ein Client den eigenen Port meist zufällig auswählt. In den Filterregeln müssen dann ganze Bereiche freigeschalten werden.

- Bei der Verwendung dynamisch vergebener IP-Adressen versagt dieser Mechanismus fast vollständig, da eine bestimme Maschine irgendeine IP-Adresse aus einem vorgegebenen Bereich erhalten kann. Zum einen müsste dann eine enge Kopplung zwischen dem Host, der die IP-Adressen verteilt und den Filterregeln des Firewall-Systems bestehen. Zum anderen müssten Router und Application Level Gateways dynamische Filterregeln unterstützen, was heute bei fast keinem kommerziellen Produkt verfügbar ist.

Statt IP-Adressen können auch symbolische Namen eingesetzt werden, wobei dann durch einen DNS-Server die Zuordnung zu IP-Adressen erfolgt. Aber:

- Die Verwendung von DNS-Namen ist noch unsicherer, da der Angreifer nur den DNS-Server manipulieren muss, um eine falsche Zuordnung zwischen Namen und IP-Adresse zu erreichen (DNS-Spoofing). Er kann dann den Zugriff auf einen bestimmten Namen gezielt auf seinen Rechner lenken, ohne irgendwelche Routen manipulieren zu müssen [Bellovin 1995].

Die genannten Filterregeln können im Übrigen nur Hosts und Ports berücksichtigen, nicht jedoch einzelne Nutzer der entsprechenden Maschinen. Das wirkt sich besonders in einem Multiuser-System wie UNIX oder Windows NT aus, da nicht festgestellt werden kann, wer gerade den Dienst nutzt. Diese Unterscheidung ist gänzlich hinfällig, wenn es sich um DOS / Windows (≠ NT) oder Apple-Maschinen handelt, da diese nicht über eine Nutzerprivilegierung verfügen. Die Entscheidung über Zugriffsrechte an Hand von IP-Adressen und -Ports (auch wenn diese Daten als sicher angesehen werden könnten) ist wohl in verschiedenen Sicherheits-Policies wichtig und notwendig, in erster Linie dürften jedoch Zugriffsreglementierungen für *Nutzer* implementiert werden, und nicht für Computer.

## 2.3.4.2 Authentisierung auf Anwendungsebene

Erst auf Anwendungsebene ist eine Nutzeridentifikation bzw. Authentisierung möglich – diese kann (und soll) nicht von reinen Paketfiltern erfolgen. Firewall-Systeme stellen deshalb teilweise Mechanismen bereit, die eine Nutzerauthentisierung gegenüber dem Firewall-System ermöglichen. Diese erfordern jedoch auch einen administrativen Aufwand. Mehrere verschiedene Systeme sind heute üblich, die fast ausschließlich auf *Private-Key-Verfahren* beruhen.

Besitzen zwei Instanzen (Client-/Serverprozesse, Nutzer, Computer) ein gemeinsames Geheimnis (Private Key), so können sich diese gegenseitig authentisieren, indem sie den anderen davon überzeugen, selbst im Besitz des Geheimnisses zu sein. Das Problem dieses Verfahrens liegt darin, dass geheime Parameter vorher in geeigneter Weise zwischen diesen Instanzen ausgetauscht werden müssen. Desweiteren müssen diese geheimen Daten derart gespeichert werden, dass kein unerlaubter Zugriff darauf möglich ist.

Verschiedene Verfahren können eingesetzt werden, um den Besitz des gemeinsamen Geheimnisses zu verifizieren, ohne dieses selbst übertragen zu müssen (auf den trivialen, äußerst unsicheren Fall der Klartext-Übertragung des Geheimnisses, wie bei Telnet, soll an dieser Stelle nicht eingegangen werden). Am verbreitetsten sind sog. *Challenge-Response-Protokolle.* Bei dieser Art Protokoll wird von einem Teilnehmer (Initiatior) ein Zufallswert (Challenge) an den zu authentisierenden Partner geschickt. Dieser verarbeitet den Zufallswert mit einem Algorithmus, in den der geheime Parameter (Private Key) eingeht. Das Berechnungsergebnis (Response) wird zurückgeschickt[5]. Der Initiatior führt seinerseits die gleiche Kalkulation durch. Bei Gleichheit der Ergebnisse kann mit sehr hoher Wahrscheinlichkeit davon ausgegangen werden, dass beide im Besitz des gleichen Geheimnisses sind. Der Algorithmus muss so gestaltet sein, dass seine Inverse praktisch unmöglich zu berechnen ist, da sonst das Geheimnis von einem Angreifer wieder regeneriert werden kann. Hash-Algorithmen bieten sich hier geradezu an.

Als Beispiel für ein Private-Key-Verfahren kann das am MIT entwickelte *Kerberos-System* gelten. Dessen Einsatz ist nicht nur auf die Authentisierung in Firewallsystemen beschränkt, dies ist vielmehr nur ein kleiner Teilbereich. Hauptsächlich kommt Kerberos zur zentralen Authentisierung in internen Netzwerken zum Einsatz. Mittlerweile ist auch eine Public-Key-basierte Variante von Kerberos entwickelt worden. Das Protokoll beruht auf dem Client-Server-Prinzip. Den Kern bildet ein vertrauenswürdiger Kerberos-Server (Trusted Third Party), der eine Datenbank mit den Clients (Nutzern oder Dienste) und deren *geheimen* Schlüsseln unterhält (für einen „menschlichen" Nutzer wäre der geheime Schlüssel ein - verschlüsseltes - Passwort). Auf den Protokollablauf soll an dieser Stelle nicht im Detail eingegangen werden – dazu sei auf [Schneier 1996] verwiesen. Die grundlegenden Sicherheitsprobleme von Kerberos sollen jedoch zusammengefasst dargestellt werden (s. auch [Schneier 1996] und [BellMerr 1991]):

---

[5] Genaugenommen findet damit nur eine Authentisierung des Responders (serverseitige Authentisierung) statt, will dieser den Initiator selbst authentisieren (clientseitige Authentisierung), muss das Protokoll erweitert werden.

- Während der Gültigkeitsdauer eines sog. Tickets (Zulassung eines Clients für einen bestimmten Service), die i.A. 8 Stunden (!) beträgt, können diese durch einen Angreifer wieder eingespielt werden (Replay-Attack), soweit durch den Server keine Vorkehrungen durch Zwischenspeicherung bereits „gebrauchter" Tickets erfolgt.

- Die Sicherheit von Kerberos hängt durch die Verwendung von Zeitstempeln stark von einer synchronisierten, sicheren Zeit zwischen Clients, Servern und dem Kerberos-Server ab, da ansonsten auch abgelaufene Tickets wiedereingespielt werden könnten. Durch das nicht besonders sichere Network Time Protocol, über das Systemzeiten synchronisiert werden, ist es einem Angreifer relativ einfach möglich, die Zeit zu fälschen.

- Einige Tickets werden ohne Zufallsanteil erstellt. Das macht Password-Guessing-Attacks möglich, wenn genügend solcher Tickets durch einen Angreifer gesammelt wurden.

- Der Kerberos-Server und seine Software sind ein Single Point of Failure, ein herausragender Angriffspunkt für Angreifer. Insbesondere die Abspeicherung geheimer Schlüssel macht sie verwundbar.

*Public-Key-Verfahren* zur Authentisierung   sind wesentlich flexibler und bei richtigem Einsatz auch sicherer als Private-Key-Verfahren. Leider ist deren Einsatz im Umfeld von Firewallsystemen noch nicht verbreitet.

Auch bei Public-Key-Verfahren muss der Besitz des geheimen (privaten) Schlüsselteils nachgewiesen werden. Dazu werden ebenfalls Authentisierungsprotokolle eingesetzt, wobei entweder Zufallsdaten gesendet, signiert und die Signatur anschließend verifiziert wird oder Zufallsdaten mit dem öffentlichen Schlüssel verschlüsselt und  die mit dem passenden geheimen Schlüssel decodierten Daten wieder zurückgesendet werden. Anforderungen und Designkriterien an derartige Protokolle sind in Abschnitt 4.6 ausführlich beschrieben.

Herausragender Vorteil ist, dass nur der jeweilige Inhaber des geheimen Schlüssels für dessen sichere Verwahrung sorgen muss – es werden keine „Sammlungen" geheimer Informationen benötigt. Weiterhin müssen im Vorfeld keine Geheimnisse ausgetauscht werden, eine sichere Kommunikation kann aufgebaut werden, ohne jemals vorher Kontakt aufgenommen zu haben.

Der Einsatz von Public-Key-Verfahren erfordert für den öffentlichen Schlüssel eines Nutzers, dass dieser sicher (d.h. authentisch) verteilt und untrennbar mit diesem Nutzer verknüpft wird. Diese Aufgabe übernehmen *Zertifikate*, die einen signierten Datensatz darstellen, der noch weitere Informationen enthält, bspw. über die Gültigkeitsdauer dieses Zertifikates und den Aussteller. An Hand der Signatur des Ausstellers kann nun die Integrität des Zertifikates geprüft werden. Vertraut man als Anwender des Zertifikates diesem Aussteller, kann auch die korrekte Bindung zum entsprechenden Inhaber als gültig angesehen werden.

Der zur Prüfung der Signatur notwendige öffentliche Schlüssel des Ausstellers muss nun wiederum in einem Zertifikat vorliegen, das seinerseits von einem weiteren Aussteller signiert sein kann – damit ergeben sich für die Bereitstellung und Prüfung von Zertifikaten zwei Möglichkeiten:

- Flache Struktur
  Ein Zertifikat erhält mehrere Signaturen, wobei nur ein Signierer dem Anwender dieses Zertifikates vertrauenswürdig sein muss.

- (streng) Hierarchische Struktur
  Hierbei bieten öffentliche Zertifizierungsinstanzen einen Dienst zur Ausstellung von Zertifikaten an (evtl. begleitet durch gesetzliche Rahmenbedingungen). Durch den Status als (staatliche) Behörde oder Unternehmensinstanz wird ihnen bereits eine gewisse Vertrauenswürdigkeit unterstellt.

Zertifizierungsinstanzen sind eine Infrastrukturkomponente, die für die Nutzung von Public-Key-Verfahren bereitgestellt werden müssen. Erste Ansätze zu Public-Key-Infrastrukturen (PKIX) bzw. die Bereitstellung von Zertifikaten in vorhandenen Systemen (Secure-DNS) werden in Kapitel 1 beschrieben. Zertifikate sind letztlich jedoch die flexibelste und sichere Lösung, eine Instanz zu authentisieren, sei es ein Nutzer, ein Server (DNS-Namen) oder ein Host.

Ein *„generischer" Authentisierungsdienst,* der auch Public-Key-Authentisierungsprotokolle bereitstellen kann, wird mit SOCKS bereitgestellt. Die IETF unterhält in ihrer Security Area eine Arbeitsgruppe „Authenticated Firewall Traversal". Dort wurde bereits vor einiger Zeit ein Protokoll als RFC standardisiert [Leech et al 1996]. Der eigentliche Mechanismus wird dabei nicht spezifiziert, es wird nur ein Rahmen bereitgestellt. Alle SOCKS nutzenden Dienste werden über diesen SOCKS-Host vermittelt. Er stellt damit einen (je nach implementiertem Protokoll) sicheren Proxy dar, der meist neben anderen „normalen" Proxies laufen wird. Die Authentisierung findet nur auf Anwendungsschicht statt.

## 2.3.5  (klassische) Remote-Access-Sicherheit

Die in den vorangegangenen Abschnitten beschriebenen Firewallsysteme und deren Authentisierungsmechanismen sollen Sicherheit für die Kopplung von Netzen mit gleichem logischen Transportprotokoll, z.B. IP, bieten. Das klassische Remote-Access-Szenario stellt dagegen eine Zugangsmöglichkeit in ein Unternehmensnetz über öffentliche *vermittelte* Netze bereit, also z.B. das analoge Telefonnetz oder ISDN. Als Einwahlknoten werden Modem-Pools oder ISDN-Router (allgemein als *RAS-Server* oder *Access-Server* bezeichnet) installiert[6]. Leitungsnetz und Zugangsknoten sind zunächst protokollunabhängig. Außerdem haben die Remote-Stationen zumeist noch keine logische Adresse aus dem eigenen Netz, diese wird vom RAS-Server i.A. erst dynamisch zugewiesen. Außer bei öffentlichen Zugängen darf die Zuweisung der Adresse (und damit die Einbindung in das eigene Netz) aber erst nach erfolgreicher Authentisierung erfolgen.

---

[6] Erst seit auf Netzwerkebene adäquate Sicherheitsmechanismen bereitstehen, wird der Begriff „Remote-Access" zunehmend auch für den direkten Zugang aus dem Internet in ein „privates" Netz verwendet. Für den mobilen Arbeitsplatz ist jedoch irgendwo immer das „klassische" Remote-Access-Szenario vorhanden – wenn er sich über einen lokalen Provider ins Internet begibt.

Klassische Firewallmechanismen, insbesondere Paketfilter, sind damit an dieser Stelle nicht mehr zu gebrauchen! Im RAS-Server müssen zunächst andere Sicherheitsmechanismen wirken. In einem ersten Schritt können Funktionen genutzt werden, die in Firewallsystemen gar nicht eingesetzt werden: Informationen aus der OSI-Schicht 2, auf der jeweils das Zugangsnetz (ISDN etc.) endet. Erste Mechanismen zur Remote-Access-Sicherheit sind damit:

- Rufnummernüberprüfung
- Dienstmerkmale im ISDN
- Callback-Funktionen

Mit diesen Informationen identifiziert man natürlich nicht einen Nutzer, sondern einen Telefonanschluss. Für feste Heimarbeitsplätze ist dies durchaus eine zusätzliche Sicherheitsstufe, ein mobiler Außendienstmitarbeiter würde mit diesen Funktionen jedoch zusätzlich eingeschränkt! Es ist damit vom Einsatzfall abhängig, ob diese Sicherheitsfunktionen aktiviert werden.

Zur *Nutzerauthentisierung im Remote-Access* haben sich einige Protokolle und Mechanismen etabliert:

### 2.3.5.1 Token-Systeme

Token-Systeme authentisieren einen Nutzer (oder ein System) durch den Besitz eines „Gerätes" (Token) in Zusammenhang mit einem in diesem Token gespeicherten Geheimnis. Oft werden diese Systeme zusammen mit Challenge-Response-Protokollen eingesetzt, um den Besitz des Geheimnisses zu verifizieren. Das Token führt dabei selbsttätig die Berechnung auf der Basis eines einzugebenden Wertes (Challenge) aus. Es entlastet den Nutzer zunächst vom Ausführen des Algorithmus und insbesondere von der Notwendigkeit, das Geheimnis sicher zu verwahren – dies ist auf dem Token realisiert. Das Token selbst sollte noch durch eine PIN oder andere Zugangskontrollmechanismen gesichert sein, um es bei Verlust vor Missbrauch zu schützen.

Da nur geheime Parameter zur Authentisierung dienen, muss auch bei diesem Verfahren ein Server geheime Daten speichern, was ihn gegen Angriffe besonders verwundbar macht. Desweiteren sind diese Token-Systeme recht unhandlich, wenn keine direkte Kommunikation zwischen Token und Computer möglich ist. Dann nämlich muss der Anwender die erhaltene Zufallszahl (Challenge) selbst in das Token und den berechneten Wert wieder am Computer eingeben.

#### SecurID

Ein konkretes, sehr weit verbreitetes Token-System ist SecurID von SECURITY DYNAMICS. SecurID ist im Grunde ein an Hardware gebundenes, dynamisches Einmal-Passwortsystem. Die Bindung an ein Gerät (Hardware) sowie zusätzlich die Verknüpfung mit einer PIN führten zu dem Begriff „Zwei-Faktor-Authentisierung" – Beide Faktoren „Wissen" und „Besitz" müssen vorhanden sein, um eine erfolgreiche Authentisierung durchführen zu können. Dazu wird vom Nutzer zum Login die Eingabe der auf dem SecurID-Token aktuell angezeigten Ziffernfolge sowie seiner PIN gefordert. Beide Werte werden kombiniert und zum SecurID-Authentisierungsserver („ACE-Server") übertragen.

Der ACE-Server kennt sowohl die aktuell gültige Ziffernfolge des einem Nutzer zugeordneten Tokens sowie dessen PIN und kann damit den erhaltenen Wert mit seinem selbst errechneten vergleichen. Technisch steckt dahinter ein relativ einfaches System:

Jedes Token ist mit einem einmaligen Schlüssel versehen, der als Initialwert für einen Pseudo-Zufallszahlengenerator dient. Der konkrete Aufbau des Generators ist zwar nicht öffentlich bekannt, kann aber nicht als Geheimnis im Sinne eines Schlüssels angesehen werden. Das Token generiert nun jede Minute einen neuen Zufallswert. Deterministische *Pseudo*-Zufallszahlengeneratoren haben nun leider die Eigenschaft, dass sich die von ihnen generierte Zahlenfolge mit einer bestimmten Periode wiederholt. Da diese jedoch i.A. sehr groß ist, wird es im Laufe der Lebensdauer nicht zu einer solchen Wiederholung kommen.

Zum Zeitpunkt der Anmeldung wird zusätzlich zur aktuellen Ausgabe des Zufallszahlengeneratores die PIN des Nutzers benötigt und mittels einer Hash-Funktion mit dem aktuellen „Schlüssel" verarbeitet. Einige Ausführungen von SecurID-Token haben eine kleine Tastatur, auf der die PIN eingegeben werden kann und das Token selbst die Hashwert-Berechnung durchführt. Das hat den Vorteil, dass die PIN nicht am Computer eingegeben werden muss und damit nicht von manipulierter Software ausgelesen werden kann. Nach einer erfolgreichen Anmeldung wird sofort der nächste Zufallswert generiert, um einem Lauscher kein gültiges Anmelde-Token zu hinterlassen.

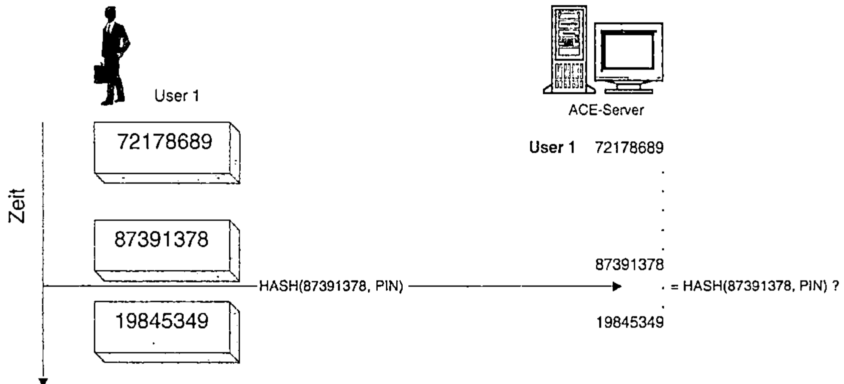


*Abbildung 26 - Prinzip von SecurID*

Offensichtlich ist das System sehr einfach in Aufbau und Bedienung (sieht man davon ab, dass eine mehrstellige Ziffernfolge fehlerlos vom Token abgelesen und eingegeben werden muss). Das ist sicher ein Grund für die relativ weite Verbreitung. Das System hat jedoch auch einige Schwächen:

- Symmetrisches System:
  Wie bei jedem symmetrischen System müssen zentral (ACE-Server) geheime Schlüssel gespeichert werden. Der Server muss damit sehr gut geschützt werden.

- Timing-Problem:
  Die Synchronisation zwischen Token und ACE-Server muss jederzeit in gewissen Grenzen gegeben sein, da ansonsten am Token angezeigte Werte am ACE-Server nicht mehr oder noch nicht akzeptiert werden. In der Praxis kann ein „Sliding Window" eingestellt werden, in dem eine Anzahl vorangegangener bzw. künftig gültiger Werte akzeptiert werden (meist verbunden mit einer zusätzlichen Abfrage des nächsten Wertes)

- Implementierungs- / Anwendungsproblem:
  [Peiter 1996] beschreibt einen sehr einfachen Angriff, bei dem der Angreifer letztlich nur noch die letzte Stelle des aktuellen Zufallswertes erraten muss, um sich zu authentisieren. Der Angriff ist jedoch nur möglich, wenn durch die Anwendung jede Ziffer einzeln übertragen wird, anstatt die gesamte Ziffernfolge auf einmal (bei älteren Terminal-Programmen ohne Linebuffer ist das durchaus üblich).

Kürzlich brachte SECURITY DYNAMICS eine „SmartCard-basierte" Variante von SecurID heraus. Im Grunde stellt das jedoch nur eine andere „Verpackung" dar – mit Kryptographie auf der Chipkarte, wie hierzulande eigentlich der Begriff SmartCard assoziiert wird, hat dieses System nichts zu tun.

## 2.3.5.2   PAP/CHAP

Im Internet-Umfeld haben sich insbesondere zwei Protokolle etabliert, die als Authentisierungsmechanismus innerhalb von **PPP** eingesetzt werden. PPP ist ein Punkt-zu-Punkt-Protokoll (Point-to-Point-Protocol), das, wie der Name bereits aussagt, eine Verbindung zwischen genau zwei Netzwerkknoten realisiert. Dabei wird die Verbindungssteuerung (Auf- und Abbau Schicht 2), eine (optionale) Authentisierung sowie der Transport der Schicht-3-Protokolle realisiert. PPP ist damit nicht nur für IP einsetzbar!

Wird innerhalb von PPP eine Authentisierung gefordert, wird dazu meist PAP (Password Authentication Protocol) oder CHAP (PPP Challenge Handshake Authentication Protocol) eingesetzt.

### PAP

PAP verdient es eigentlich nicht, als Protokoll bezeichnet zu werden – zumindest nicht aus kryptographischer Sicht. Denn PAP überträgt im Grunde nur die Anmeldeinformation (Nutzername, Passwort) *im Klartext* ohne weitere Sicherung zum Server, der die Daten mit seinen lokal gespeicherten Accounts vergleicht und die Verbindung entsprechend zulässt oder ablehnt. Das Protokoll bietet offensichtlich keinen Schutz gegen Abhören, Wiedereinspielen von Authentisierungsinformationen, Fälschen dieser etc.

### CHAP

CHAP [Simpson 1996] führt einen 3-Wege-„Handshake" durch, um den Partner zu authentisieren. Dabei wird zunächst nur eine einseitige Authentisierung durchgeführt, grundsätzlich kann das Protokoll jedoch für eine gegenseitige Authentisierung genutzt werden. CHAP ist sehr einfach gehalten, im Grunde wird nur ein vom RAS-Server bereitgestellter Zufallswert und ein Passwort mit einer Hash-Funktion verarbeitet. Letztere garantiert, dass das geheime Passwort aus den übertragenen Daten nicht mehr zurückgewonnen werden kann. Der RAS-Server führt seinerseits diese Hash-Funktion aus und vergleicht das Ergebnis mit dem vom Client erhaltenen.

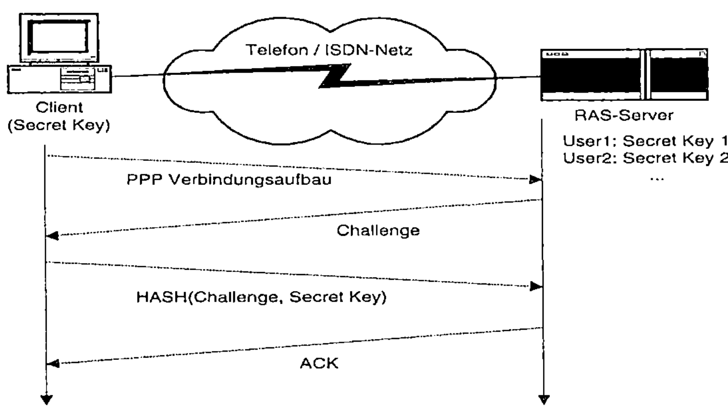


*Abbildung 27 - CHAP*

Vorteile

- Passwort wird nur als Hashwert übertragen, nicht im Klartext
- Abgefangene Nachrichten können nicht weiter verwendet werden, wenn sich die Challenge jedesmal ändert
- Kann einfach für gegenseitige Authentisierung erweitert werden

Nachteil

- Die Passworte müssen auf beiden Seiten im Klartext vorliegen, speziell auf dem RAS-Server bedeutet das, das diese auch so *gespeichert* werden müssen.

Im Vergleich zu PAP ist CHAP jedoch wesentlich sicherer, da das Passwort nicht mehr im Klartext übertragen wird.

## 2.3.5.3    RADIUS / TACACS+

Mit der Zunahme der Nutzung von Remote-Access-Zugängen (z.B. den Einwahlknoten von großen Internet Service Providern) musste die Zahl der „Leitungen", d.h. der gleichzeitig nutzbaren Verbindungen, drastisch erhöht werden. Einige tausend Einwahlleitungen in einem Knoten sind heute keine Seltenheit mehr. Diese Anzahl ist kaum mehr von einem einzigen Zugangsserver (RAS-Server) bereitzustellen. Auch bei räumlich verteilten Zugangspunkten kommen mehrere RAS-Server zum Einsatz.

Die beschriebenen Authentisierungsmechanismen erforderten andererseits jedoch die Bereitstellung der Authentisierungsinformation (Username / Passwort) am RAS-Punkt. Das hätte bei einer Vielzahl von RAS-Servern einen nicht mehr zu bewältigenden Administrationsaufwand zur Folge, da Accounts mehrfach eingerichtet werden müssten.

Aus diesem Grunde wurde ein Mechanismus entwickelt, der eine zentrale Administration von Nutzeraccounts für eine beliebige Anzahl (auch räumlich verteilter) RAS-Server ermöglicht. Dazu wird im Grunde die Authentisierung selbst an einen zentralen Authentisierungsserver ausgelagert, der RAS-Server ist nur noch ein „dummes" Gerät, das die Informationen zwischen Client und Authentisierungsserver vermittelt. Zwischen RAS-Server und Client sollte jedoch weiterhin die Nutzung verschiedener Authentisierungsprotokolle möglich sein, insbesondere darf der Client keinen Unterschied bemerken, ob nun der RAS-Server selbst oder ein zentraler Authentisierungsserver die Authentisierung vornimmt.

Zur Lösung dieser Anforderung werden im Wesentlichen zwei standardisierte Protokolle eingesetzt, die zwischen RAS-Server und Authentisierungsserver Informationen austauschen: RADIUS und TACACS+. Zusätzlich zur Authentisierung ist auch eine Autorisierung (Was darf jemand nutzen) und Accounting (Abrechnungsfunktion) möglich: Auf dem Authentisierungsserver können nun zentral Zugriffsrechte für Nutzer erstellt und verwaltet werden.

Die Nutzung standardisierter Protokolle ermöglicht die Verwendung von RAS-Servern unterschiedlicher Hersteller, die dann mit einem zentralen Authentisierungsserver zusammenarbeiten können. Allerdings ermöglichen beide Protokolle auch herstellerspezifische Erweiterungen, die dann natürlich nur mit einem Authentisierungsserver des gleichen Herstellers genutzt werden können. Eine grundlegende Funktionalität ist jedoch mit dem Standard abgedeckt.

RADIUS [Rigney et al 1997] und TACACS+ [Finseth 1993] [CarrelGrant 1997] sind vom Konzept her sehr ähnlich. RADIUS wird von allen bedeutenden Herstellern von Remote-Access-Produkten unterstützt, während TACACS+ vorwiegend von LIVINGSTON und CISCO *zusätzlich* bereitgestellt wird. Meist bietet jeder Hersteller einen eigenen Authentisierungsserver an (z.B. CISCOSECURE ACS), der mit oftmals vorhandenen herstellerspezifischen Erweiterungen zurecht kommt.

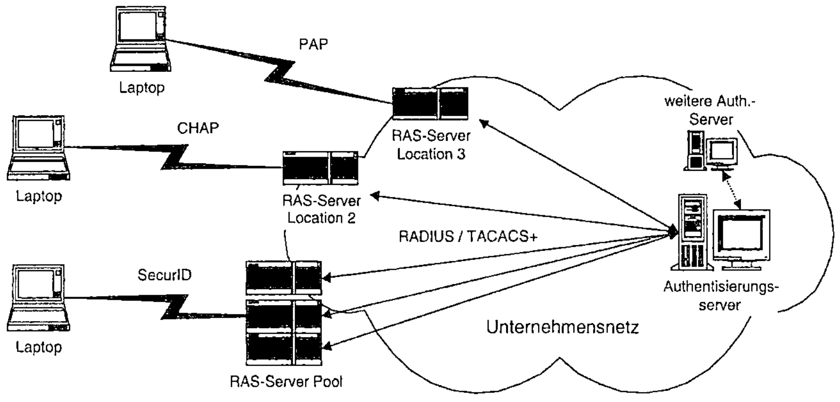


*Abbildung 28 - RADIUS-Konfiguration*

Interessant ist, dass die Remote-Clients weiterhin verschiedene (vom Authentisierungs-server unterstützte) Protokolle zur Authentisierung nutzen können. Für sie ist der Einsatz von RADIUS völlig transparent.

In Folgenden sollen stichpunktartig einige wichtige Aspekte zu den Eigenschaften und Unterschieden von RADIUS und TACACS+ aufgezeigt werden:

| RADIUS | TACACS+ |
|---|---|
| ▪ Authentisisierungs- und Autorisie-rungs- und Konfigurationsinformatio-nen werden als gleichberechtigte *Attri-bute* übertragen | ▪ Klare Trennung von Authentisierung, Autorisierung und Accounting in 3 „Sub-Protokollen" |
| ▪ Accounting über Zusatzfunktionen [Rigney 1997] | ▪ Accounting bereits im Grundprotokoll enthalten |
| ▪ Authentisierung der RADIUS-Nachrichten mit Hashwert, in den ein gemeinsames Geheimnis zwischen RAS-Server und RADIUS-Server ein-geht (Shared Secret, symmetrisches Verfahren)<br><br>Passworte werden als Hashwert, in den das Shared Secret und ein Zufallswert eingehen, übertragen | ▪ TACACS+-Nachrichten können kom-plett verschlüsselt übertragen werden |

| | |
|---|---|
| ■ Protokoll zwischen RAS-Server und RADIUS-Server: UDP (verbindungslos)<br>Vorteile:<br><br>- Bessere Steuerung von Timern möglich<br>- Vereinfacht die Nutzung von „secondary" RADIUS-Servern | ■ Protokoll zwischen RAS-Server und RADIUS-Server: TCP (verbindungsorientiert)<br>Vorteil:<br><br>- Vereinfachte Implementierung in Bezug auf Retransmission-Timer |
| ■ Standardmässig Unterstützung eines „Proxy-Modes" zur Nutzung von weiteren Authentisierungsservern | ■ Zunächst keine Secondary-Server (Backup, getrennte Accountverwaltung) oder Unterstützung anderer Authentisierungsserver vorgesehen |

Zusammenfassend kann festgestellt werden, dass RADIUS durch die breitere Unterstützung und die Möglichkeiten des Protokolls selbst die flexiblere und ausgereiftere Lösung ist. Nicht zuletzt ist der Trend zu RADIUS auch in der Weiterentwicklung der entsprechenden RFCs zu erkennen – zu TACACS+ gibt es keinen neuen RFC, der letzte Internet-Draft ist abgelaufen. RADIUS hat zudem in seiner Weiterentwicklung einige Sicherheitsfunktionen erhalten, die vorher von TACACS+ besser umgesetzt waren, hier insbesondere die Verschlüsselung der User-Passworte bei der Übertragung zwischen RAS-Server und Authentisierungsserver. Beim Einsatz in heterogenen Umgebungen ist darauf zu achten, dass einige herstellerspezifische „Features" evtl. nicht genutzt werden können.

## 2.4 Fazit

Firewallsysteme bieten, basierend auf den Möglichkeiten der „Standard-TCP/IP-Protokolle", verschiedene Schutzmechanismen an und sind durch die modulare Struktur für unterschiedliche Einsatzfälle skalierbar. Insbesondere die Möglichkeiten der Inhaltskontrolle (Virenchecks, URL-Restriktionen etc.) sind nur durch Application-Level-Gateways realisierbar.

Zur Umsetzung einer sicheren Zugriffskontrolle sind jedoch gravierende Nachteile zu verzeichnen: Die bisher eingesetzten Verfahren, die zur Entscheidungsfindung über die Behandlung von Datenpaketen dienen, basieren überwiegend auf *ungesicherten Daten*, wie z.B. IP-Adressen. Zusätzlich angebotene Authentisierungs-Schemata basieren überwiegend auf symmetrischen Kryptosystemen, mit deren Nachteilen:

- Geheimnisse müssen an einer zentralen Stelle gespeichert werden,
- Die Systeme sind relativ inflexibel bzgl. Erweiterung um zusätzliche Nutzer,
- Eine verteilte Lösung ist kaum realisierbar, da geheime Daten zwischen mehreren Authentisierungsservern ausgetauscht werden müssten.
- Angebotene Token-Systeme sind meist proprietär und / oder unpraktisch.

Es existiert keine Lösung, die Sicherheit auf allen beteiligten Ebenen bietet.

Wünschenswert wäre dagegen ein System, das

- sichere und flexible Authentisierung auf allen beteiligten Ebenen,
- ein möglichst einheitliches, einfaches und schichtenübergreifendes Key-Management,
- verschiedene Sicherheitsstufen bezüglich der Anforderungen an Vertraulichkeit, Authentizität und Integrität.

bieten würde

## 2.5 Beispielszenario

Ein einfaches Remote-Access-Szenario soll als erstes konkretes Anwendungsszenario dienen, das zunächst einer herkömmlichen Kommunikationsinfrastruktur (Abbildung 2) aus Abschnitt 1.3.1 zugeordnet werden kann. Als zusätzlicher „Schwierigkeitsgrad" soll jedoch die Kommunikation mit zwei Bereichen unterschiedlicher Sicherheitsanforderungen angenommen werden.

Bestimmte Anwendergruppen müssen sich häufig von wechselnden Standorten in ein Firmennetz einwählen[7], bspw. Außendienstmitarbeiter. Aber auch für den Zugriff auf Unternehmens-Ressourcen vom „Home-Office" aus entsteht durch Telearbeitsplätze zunehmend Bedarf. Dabei können Ressourcen mit verschiedenen Sicherheitsanforderungen benötigt werden, z.B. nicht öffentliche, aber wenig sicherheitskritische Produktinformationen auf der einen Seite, zum anderen aber auch sehr sensitive Daten z.B. aus dem Finanzbereich. Entsprechend den gerade angeforderten Ressourcen sind dann verschiedene Sicherheitsmechanismen einzusetzen, die durch die Sicherheits-Policies der beteiligten Systeme festgelegt werden.

---

[7] „Einwählen" soll an dieser Stelle eine Verbindung aus dem offenen Internet bedeuten. Eine Einwahl über herkömmliche Telefonleitungen stellt zwar ähnliche Anforderungen an die Authentisierung Zugreifender, das Angriffspotential ist jedoch geringer als bei einem Direktanschluss an das Internet.

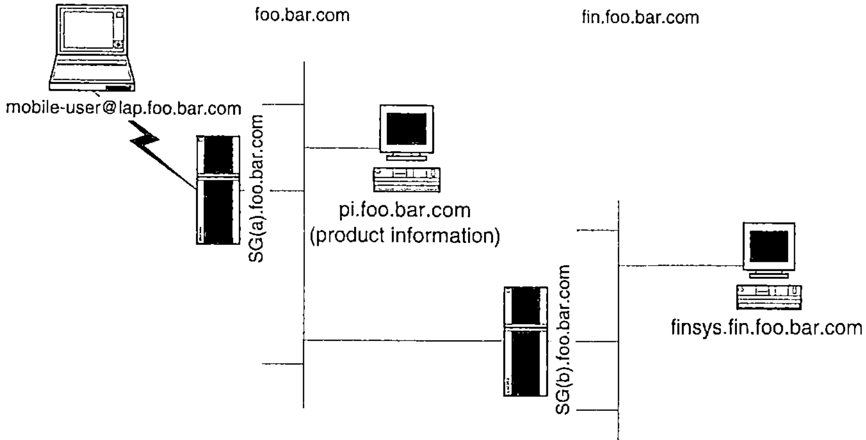


*Abbildung 29 - Remote Access Szenario*

Für den genannten Einsatzfall könnten akzeptable Sicherheitsparameter für die beteiligten Hosts folgendermaßen definiert werden:

### Mobile-User

- Ausgehender Datenverkehr *muss* mindestens verschlüsselt sein
- Eingehender Datenverkehr *muss* mindestens authentisiert sein
- Vertrauen zu SG(a)

### SG(a)

- Jeglicher Datenverkehr von „außen" *muss* zumindest authentisiert sein
- Datenverkehr von „innen" nach „außen" *kann* SG(a) verschlüsselt überqueren, wenn er von SG(b) kommt (d.h. SG(a) vertraut SG(b) in der Weise, dass dieser selbständig adäquate Inhaltskontrolle der Daten, die nach außen gehen, durchführt)
- Ausgehender Datenverkehr aus dem Teilnetz foo.bar.com *muss* verschlüsselt sein; (ist dieser noch nicht verschlüsselt, nimmt SG(a) eigenständig dessen Verschlüsselung vor)

### SG(b)

- Sämtlicher Verkehr nach außen *muss* verschlüsselt und authentisiert sein (AH + ESP)
- Sämtlicher überquerender Verkehr *darf nicht* verschlüsselt sein (Inhaltskontrolle)

### finsys

- Eingehender Verkehr *muss* Ende-zu-Ende authentisiert sein
- Interner Verkehr *kann* verschlüsselt und / oder authentisiert sein

Ausgehend von diesen Policies muss für eine Verbindung zwischen dem mobilen Nutzer und dem „Informations-Server" `pi.foo.bar.com` erfolgen:

- gegenseitige Authentisierung mit SG(a)
- Verschlüsselung bis SG(a)

Für die Kommunikation mit dem „Finanzserver" `finsys.fin.foo.bar.com` sind durchzuführen:

- Authentisierung an SG(a)
- Authentisierung an SG(b)
- Authentisierung an finsys
- Verschlüsselung vom mobilen Nutzer bis SG(b)
- Authentisierung bis SG(a) (gegenseitig), SG(b) (einseitig Client→SG(b)) und Ende-zu-Ende (einseitig Client→finsys)

Für dieses Szenario soll nun untersucht werden, mit welchen (herkömmlichen) Mitteln eine Erfüllung der Anforderungen möglich ist und welche Einschränkungen und Probleme diese mit sich bringen würde. Zunächst könnte die Kommunikation mit dem wenig zu schützenden Server zur Bereitstellung von Produktinformationen „pi" derartig abgesichert werden:

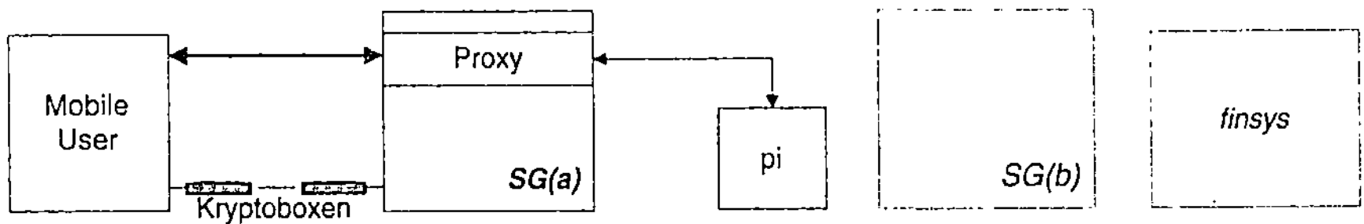


*Abbildung 30 - Beispielszenario (1)*

- Implizite Authentisierung sowie Verschlüsselung an SG(a) mittels (proprietärer) Kryptoboxen
- Zwischen SG(a) und Server „pi" keine Sicherung

→ Mit den Kryptoboxen wird sämtlicher Verkehr zwischen mobilen Nutzern und dem Gateway *anwendungsunabhängig* gesichert, wobei je nach Ausführung der Geräte ein zusätzliches Hardwaretoken (Chipkarte) zur Aktivierung der Box genutzt wird.

*Nachteile*

- Zusätzliche Hardware (teuer bei vielen Anwendern)
- Medienabhängigkeit (ISDN, analog, Netzwerk...) auf Seiten des mobilen Nutzers
- SG(a) nur mit diesen Boxen nutzbar, Gateway selbst hat jedoch keine Möglichkeit, auf Authentisierungsinformationen der Box zurückzugreifen → evtl. eigene (nutzerbezogene) Authentisierung mit Username/Password
- Keine anwendungsbezogene Verschlüsselung / Authentisierung

→ geringe Flexibilität

Ungleich schwieriger wird die Erfüllung der Sicherheitsanforderungen für den Fall des Zugriffes auf den Finanzserver „finsys". Folgende Konfiguration wäre denkbar:

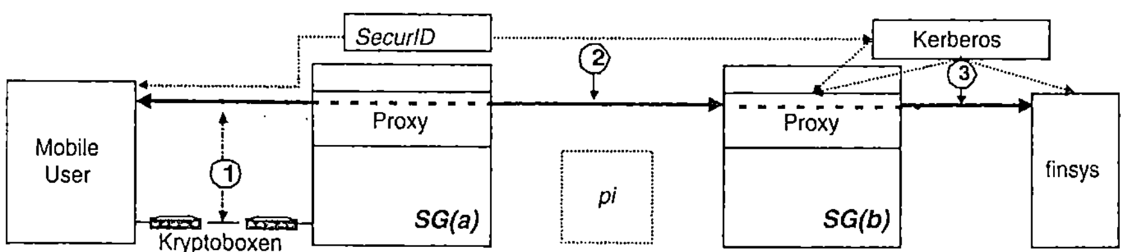


*Abbildung 31 - Beispielszenario (2)*

- (1) Implizite Authentisierung und Verschlüsselung mit Kryptoboxen (s.o.) → Sicherer Tunnel bis SG(a)
- (2) Zugang zum Kerberos-Authentisierungsserver, Authentisierung für SG(b) z.B. mit SecurID, Schlüsselaustausch mittels Kerberos-Protokoll
- (3) Authentisierung zwischen Server „finsys" und mobilen Nutzer ebenfalls mittels Kerberos

*Nachteile und Angriffspunkte*

- eingeschränkte Flexibilität Kryptoboxen s.o.
- Relativ hoher Overhead zum Verbindungsaufbau (Kryptoboxen, 2x Kerberos)
- Doppelte Verschlüsselung (Redundanz) zwischen SG(a) und Remote Client
- Nachteile von Kerberos und SecurID (s. Abschnitt 2.3.4)
- SG(b) auf Netzebene nicht gesichert
- Sicherung des Kerberos-Servers ?

Für umfangreichere Policies bzw. komplexere Strukturen wird die Realisierung immer aufwendiger bzw. gänzlich unmöglich.

# 3 Neue Entwicklungen im Internet-Umfeld

In diesem Kapitel werden die aktuellen Entwicklungen und Protokollvorschläge vorgestellt und analysiert, die in Anbetracht der Sicherheitsprobleme der ursprünglichen Basisprotokolle (s. Kapitel 2) entstanden sind. Dabei werden Sicherheitsprotokolle sozusagen auf allen Ebenen (bzgl. des OSI-Schichtenmodells) ausgearbeitet und teilweise als Internet-Standards (RFC's) von der IETF (Internet Engineering Task Force) verabschiedet.

Da für eine flexible und sichere Bereitstellung von Sicherheitsfunktionen im Internet zunehmend Public-Key-Verfahren eingesetzt werden, kommt der Definition einer geeigneten Infrastruktur zur Bereitstellung der benötigten Zertifikate eine große Bedeutung zu. Ansätze zur Definition einer solchen Infrastruktur werden zu Beginn dieses Kapitels dargestellt.

Anschließend wird auf die Sicherheitsmechanismen eingegangen, die oberhalb der Netzwerkschicht einzuordnen sind. Diese Protokolle sind teilweise speziell für bestimmte Anwendungen entwickelt worden (S-HTTP für den Dienst WorldWideWeb). Einige Entwicklungen (SSL) sind jedoch in Ermangelung von Sicherheitsfunktionen tieferer Schichten entstanden, da die IPSec-Spezifikationen einige Zeit in Anspruch genommen haben, bestimmte Anwendungen aber schnell brauchbare Sicherheitsmechanismen benötigten.

Die künftig wohl entscheidende Rolle werden die Sicherheitserweiterungen zu IP – IPSec – sowie das entsprechende Key-Management-Protokoll einnehmen, denn mit diesen bereits auf Netzwerkschicht angebotenen Sicherheitsfunktionen kann fast allen heute aktuellen Bedrohungen begegnet werden. Der Darstellung und Analyse dieser Technologie wird besonders breiter Raum eingeräumt, da darauf aufbauend der eigene Protokollentwurf erarbeitet wird.

Die Nutzung der vorgestellten Protokollentwicklungen zur Verbesserung des Sicherheitsmanagements im Beispielszenario wird verdeutlichen, dass nunmehr bereits ein hohes Maß an Sicherheit erreicht werden kann, die Flexibilität und Administrierbarkeit jedoch noch nicht ausreicht, um notwendige Sicherheitsfunktionen in komplexen Netzstrukturen einfach bereitstellen zu können.

Eine Zusammenfassung zu den Entwicklungen des Key Managements und deren Einfluss auf den eigenen, in Kapitel 4 beschriebenen Protokollentwurf MIKE ist in Abschnitt 3.5.7, Seite 139 gegeben. Eine Übersicht in Form eines Arbeitsblattes zu Eigenschaften und Einsatzmöglichkeiten der vorgestellten Protokolle findet sich auf Seite 147.

Ein Beispielszenario mit und ohne IPSec-Funktionen ist in Abschnitt 3.6, Seite 140 zu finden.

## 3.1 Infrastrukturkomponenten

Mit Infrastrukturkomponenten sind in Bezug auf eine Sicherheitsinfrastruktur insbesondere Dienste gemeint, die

- öffentliche Informationen netzweit bereitstellen (*Verzeichnisdienste*)
  „Netzweit" kann einerseits auf ein Intranet beschränkt sein, im globalen Internet sind jedoch auch globale Verzeichnisdienste notwendig. Ein solcher Dienst wurde bereits in Abschnitt 2.2.3.1 mit dem Domain Name System (DNS) beschrieben.

- Beglaubigungsdienste erbringen (*Zertifizierungsinstanzen*)
  Diese Dienste werden benötigt, um öffentliche Schlüssel durch **Zertifikate** an ihren Inhaber zu binden. Der Inhaber kann eine natürliche Person, aber auch ein Host oder nur ein Service sein. Evtl. können diese Dienste auch Timestamping-Services umfassen, die zur Bereitstellung authentischer Zeitinformationen benötigt werden.

In begrenzten Umgebungen, beispielsweise für Testzwecke oder zu Beginn des Aufbaues von Sicherheitsdiensten, kann u.U. auf diese Infrastrukturkomponenten verzichtet werden, da zu deren Etablierung und Anerkennung gewisse Rahmenbedingungen notwendig sind[8]. Ein Verzicht auf geeignete Infrastrukturkomponenten kann damit zwar einerseits die schnelle Nutzung des Protokolls ermöglichen, ohne auf die Verfügbarkeit dieser Infrastruktur warten zu müssen. Andererseits werden damit jedoch Kompromisse bzgl. der Sicherheit eingegangen. Wenn nicht ausdrücklich auf Risiken bestimmter Verfahren des Schlüsselaustausches seitens der Anbieter von Software hingewiesen wird, können sich Anwender leicht in Sicherheit wiegen, die nicht existiert.[9]

---

[8] Um öffentliche Zertifizierungsinstanzen zu etablieren, sind insbesondere auch politische und gesetzgeberische Entscheidungen notwendig, die oftmals langwierig sind. Diese Rahmenbedingungen müssen geschaffen werden, da eine Zertifizierungsinstanz mit dem ausgestellten Zertifikat die Identität eines Nutzers bestätigt. Letzlich soll mit diesem Zertifikat die Prüfung rechtsverbindlicher Signaturen möglich sein. In Deutschland besteht mit dem Signaturgesetz [IuKDG 1997] bereits ein rechtliches Rahmenwerk für die Anerkennung der Digitalen Signatur als ein Beweismittel und damit verbunden rechtskräftige Anforderungen an eine öffentliche Zertifizierungs-Infrastruktur.

[9] Die Möglichkeit der Nutzung im Vorfeld ausgetauschter (geheimer) Schlüssel („Pre-Shared Key") für das Internet Key Management-Protokoll (IKE) verdeutlicht diesen Aspekt. Damit kann das Protokoll auch ohne die aufwendige Etablierung dieser Infrastrukturdienste in zunächst begrenzten Umgebungen eingesetzt werden.

## 3.1.1   Zertifizierungsinstanzen (CAs) und Zertifikate

Bei der Verwendung von Public-Key-Verfahren muss das Problem gelöst werden, den öffentlichen Schlüssel eines Nutzers (o.a. Inhabers) authentisch zu verteilen. Ansonsten kann ein Angreifer einen falschen öffentlichen Schlüssel in das System einbringen, zu dem er den passenden geheimen Schlüssel besitzt. Wird *Vertraulichkeit* mit einem Public-Key-Verfahren realisiert, und tritt der Angreifer als Man-in-the-Middle auf, kann keiner der rechtmässigen Kommunikationspartner den Angriff bemerken. Bei *Signaturverfahren (Authentizität / Integrität)* findet oftmals zwischen dem Signierer und dem Prüfer der Signatur keine direkte Kommunikation statt (bspw. im Falle einer Signatur zu einem Dokument und deren Prüfung zu einem beliebigen späteren Zeitpunkt), so dass der Angreifer nicht einmal mehr als Man-in-the-Middle agieren muss!

Um diese Angriffsmöglichkeit zu verhindern und den öffentlichen Schlüssel an seinen Inhaber zu binden, werden *Zertifikate* benutzt. Diese Bindung wird realisiert, indem ein Dritter (Zertifizierungsinstanz, Certification Authority / CA) den öffentlichen Schlüssel, den Inhaber und einige andere Daten (z.B. die Gültigkeitsdauer des Zertifikates) signiert und damit bestätigt, dass der öffentliche Schlüssel zum vorgeblichen Inhaber gehört. Um dieses Zertifikat zu prüfen, ist wiederum der öffentliche Schlüssel dieses Dritten nötig, dessen Identität ebenfalls in das Zertifikat eingeht.

Auch dieser Prüfschlüssel muss wiederum durch ein Zertifikat geschützt sein, dass von einer weiteren Zertifizierungsinstanz ausgegeben wird. Es ergibt sich somit eine Kette von Zertifizierungsinstanzen, die auch eine „Vertrauenskette" bildet. Innerhalb dieser Vertrauenskette muss für den Prüfer eines Zertifikates

- eine vertrauenswürdige Instanz auftreten, d.h. er muss sich sicher sein, dass diese Instanz korrekte Zertifikate ausstellt (bspw. kann er dies durch die Kenntnisnahme der Policies der CA sowie der Zertifizierung dieser durch eine *Policy Certification Authority (PCA)*.),

- der öffentliche Prüfschlüssel der CA gesichert vorliegen.
  Eine sog. Root-CA hat keine ihr übergeordnete Instanz mehr, die ihren öffentlichen Schlüssel zertifiziert. Ein gewisser Schutz kann durch ein selbstsigniertes Zertifikat geboten werden, besser ist jedoch, den öffentlichen Schlüssel (bzw. seinen Hashwert oder „Fingerabdruck") geeignet zu publizieren.[10]

Diese Vertrauenskette kann nun beliebig vermascht (sog. „Web of Trust") oder hierarchisch geordnet sein. Ersteres wird von PGP unterstützt, indem Nutzer ihre Schlüssel gegenseitig signieren (=zertifizieren). Ein gerade benötigter Schlüssel kann dabei von einem Unbekannten signiert sein, dessen Schlüssel jedoch von einer vertrauenswürdigen Person signiert wurde. *Jeder Teilnehmer* kann dabei Schlüssel signieren, gleichgültig mit welcher Sorgfalt er dies tut. Das bedeutet natürlich ein gewisses Risiko, wenn ein „schlechter" Signierer in der Vertrauenskette auftaucht! Da jeder Teilnehmer Schlüssel signieren kann, ist keine hierarchische Struktur gegeben. Werden jedoch nur bestimmte

---

[10] Die Firma PGP, Inc. (jetzt zu Network Associates), die eine auf Public-Key-Verfahren basierende EMail-Verschlüsselungs-Software anbietet, publiziert diesen Fingerprint ihres öffentlichen Schlüsses bspw. in verschiedener Literatur und auf der Webseite.

Signierer zugelassen, kann auch mit diesem System eine hierarchische Zertifizierungs-Struktur aufgebaut werden.

Eine hierarchische, durch gesetzliche Rahmenbedingungen begleitete Zertifizierungsinfrastruktur ist insbesondere immer dann notwendig, wenn:

- vorwiegend mit unbekannten Personen kommuniziert werden soll,
- rechtsverbindliche Sicherheit hergestellt werden muss,
- organisatorische Strukturen (bspw. in Unternehmen) dies vorgeben.

Eine künftige, bundesweite Zertifizierungsinfrastruktur könnte wie in der folgenden Abbildung aussehen.

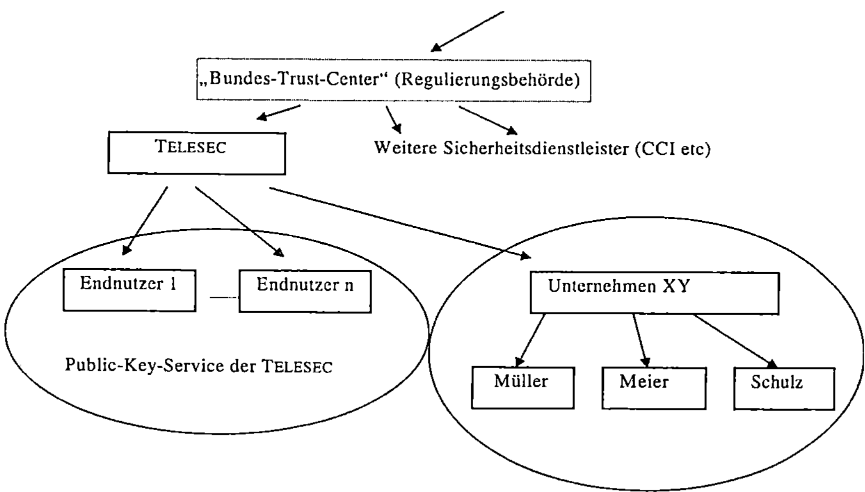


*Abbildung 32 - Zertifizierungshierarchie*

Durch die immense Verbreitung Public-Key-basierter Verfahren in Internet-Protokollen haben sich bereits unabhängig von den genannten notwendigen Rahmenbedingungen einzelne kommerzielle Zertifizierungsinstanzen etabliert (Verisign, RSA, Thawte etc.), die jedoch als einzelne, nicht von einer übergeordneten Instanz zertifizierte CAs agieren. Die öffentlichen Schlüssel dieser CAs werden oftmals über selbstsignierte Zertifikate lokal bereitgestellt (z.B. im Netscape Communicator). Zudem können diese „Online-CAs" schwerlich eine korrekte Identifizierung eines Nutzers vornehmen, die natürlich notwendig ist, um vertrauenswürdige Zertifikate bereitzustellen[11].

---

[11] Bei Verisign z.B. wird in einer ersten Stufe nur die EMail-Adresse überprüft (die natürlich sehr einfach gefälscht werden kann, s. Abschnitt 2.2.3.2). So konnte bereits jemand ein Zertifikat für root@localhost erhalten...

### *Schlüsselgenerierung*

Oftmals werden Zertifizierungsinstanzen gleichzeitig die Erzeugung des Schlüsselpaares übernehmen. Dies hat Vor- und Nachteile:

| Vorteile | Nachteile |
|---|---|
| ■ Generierung kann in physisch gut geschützter Umgebung mit geprüfter Technik stattfinden.<br>Insbesondere ist wichtig, dass ein guter Zufallsgenerator verwendet wird und der geheime Schlüssel nicht von extern (bspw. durch Abstrahlung) abgehört werden kann.<br><br>■ Es brauchen keine Daten (öffentliche Schlüssel) von extern in die CA eingebracht werden, die evtl. auch trojanische Pferde enthalten könnten. | ■ Größeres Vertrauen in die CA notwendig, da diese den geheimen Schlüssel prinzipiell abspeichern und damit Kommunikation / Signaturen kompromittieren könnte. |

### *Weitere Anforderungen an CAs*

Für den sicheren Betrieb einer CA sind u.a. notwendig:

- Technische und organisatorische Sicherheit der Einrichtung
- Aufstellung einer Policy zum Betrieb der CA, z.B. [DFN-PCA 1997] [ChokFord 1999] [Kent 1993]
- Zertifizierung der Policy durch eine PCA (Policy Certification Authority)
- (Online-) Bereitstellung von Certificate Revocation Lists (CRLs) zur Bekanntgabe vorzeitig ungültiger Zertifikate

Optional kann eine CA weitere Dienste anbieten, wie:

- Online-Bereitstellung der Zertifikate selbst
- sog. Cross-Zertifizierungen mit anderen „gleichberechtigten" CAs
  Damit wird zwar die „reine" Hierarchie von CAs aufgegeben und eine Vermaschung auf CA-Ebene eingeführt, die Kunden einer CA können dann jedoch auch die Zertifikate der Kunden der cross-zertifizierten CAs prüfen, da Ihnen der öffentliche Prüfschlüssel dieser CAs, signiert durch ihre CA, bereitsteht.

### *Zertifikatsstruktur*

Um Zertifikate an beliebigen Stellen lesen, prüfen und relevante Informationen extrahieren zu können, müssen diese einen standardisierten Aufbau besitzen. Zwar könnte innerhalb einer Organisation oder geschlossenen Gruppe ein proprietäres Format genutzt werden, damit könnten sich diese Zertifikatsinhaber jedoch nirgendwo sonst ausweisen.

Auf die speziellen PGP-Zertifikate [Atkins et al 1996] soll an dieser Stelle nicht weiter eingegangen werden, da diese momentan nur im Zusammenhang mit dem PGP-Web-of-Trust eingesetzt werden. Die wohl am weitesten verbreitete Form von Zertifikaten basiert auf dem ISO-Standard X.509 [ISO 1997].

X.509-Zertifikate bilden auch die Basis der für das Internet vorgesehene *Public-Key-Infrastructure* [Housley et al 1999]. Diese definiert sehr detailliert die Anforderungen an die im Internet zu verwendenden Zertifikate sowie das gesamte Zertifikat-Management.

## 3.1.2    Verzeichnisdienste

Oftmals werden sich kommunizierende Parteien vorher nie persönlich treffen (was gerade ein Grund für öffentliche CAs ist) oder die Anzahl der Kommunikationspartner ist so groß, dass die lokale Bereitstellung aller benötigten Zertifikate nicht möglich ist. Zudem müssen Möglichkeiten gegeben sein, sich zum aktuellen Status des gerade benötigten Zertifikates zu informieren, da ein Inhaber dieses evtl. schon vor dem eigentlichen Ablaufzeitpunkt für ungültig erklären kann (Certificate Revocation Lists).

Um diesen Anforderungen gerecht zu werden, sind als eine weitere Infrastrukturkomponente öffentliche Verzeichnisdienste notwendig, die diese Informationen netzweit bereitstellen. Ein solcher Verzeichnisdienst kann in kleineren Umgebungen speziell für diesen Zweck eingerichtet werden; aus Effizienzgründen wird jedoch bspw. ein Internet-weiter Dienst für die Bereitstellung der Zertifikate nicht auf einer völlig neuen Infrastruktur aufbauen, sondern vorhandene Services, wie das DNS, erweitern. Auch weit verbreitete Verzeichnisdienste aus der ISO-Welt (X.400) eignen sich für die Bereitstellung der erforderlichen Informationen. Auf beide Ansätze soll im Folgenden etwas näher eingegangen werden.

## 3.1.2.1    Secure DNS (S-DNS oder DNSSec)

Das Domain Name System [Mockapetris 1987] bietet die Möglichkeit der Verwendung symbolischer Namen für Hosts, die technisch gesehen nur über eine IP-Adresse erreichbar sind. Ein Domain Name Server kann über eine Datenbank einen solchen Namen in eine IP-Adresse umsetzen. Die Sicherheitsprobleme, die DNS mit seinem herkömmlichen Design hervorruft, wurden bereits in Abschnitt 2.2.3.1 aufgezeigt. Das Hauptproblem liegt darin, dass weder die Datensätze selbst noch die Übertragung gesichert ist. Damit kann man diesen Antworten bisher nur bedingt trauen. Secure DNS (S-DNS oder DNSSec in Anlehnung an IPSec) [Eastlake 1998] [Martius 1999-1] ist ein Ansatz, mit dem der ursprüngliche DNS um 3 Sicherheitsfunktionen erweitert werden kann[12]. Die für S-DNS wichtigsten zu schützenden Datensätze (Records) sind:

---

[12] Da es sich bei DNS zunächst um eine öffentliche Datenbasis handelt, sind keine Optionen für Zugangsschutz und Vertraulichkeit vorgesehen. Der Dienst bildete jedoch detailliert die intere Struktur eines Netzes / Domäne ab, die evtl. verborgen werden soll. Damit können Zugriffsbeschränkungen auf diesen Dienst notwendig werden, die durch vorgeschaltete Filter (Firewalls) realisiert werden können. Eine andere Möglichkeit ist die strikte Trennung zwischen internem und „externem" DNS.

A            Adressrecord; setzt einen symbolischen Namen in eine IP-Adresse um

PTR          Pointer; setzt IP-Adressen in symbolische Namen um. I.A. sollten A- und
             PTR-Records ein genau inverses Mapping darstellen. Das inverse Mapping
             wird im herkömmlichen DNS oft für eine Art Sicherheitsabfrage genutzt.

MX           Mail-Exchange; Angabe des für die jeweilige Domain zuständigen Mailser-
             vers. Über Prioritäten-Attribute können weitere (sekundäre) Mailserver ange-
             geben werden, die bei Nichterreichbarkeit des primären Servers angesprochen
             werden sollen.

NS           Nameserver einer bestimmten Domain

Als Beispiel seien die notwendigen DNS-Einträge für den Host g48hp1.imib.med.tu-
dresden.de mit der IP-Adresse 141.76.142.30 gezeigt, der gleichzeitig Mailserver und
Nameserver für diese Domain darstellt.

```
imib.med.tu-dresden.de.    IN   MX   10      g48hp1.imib.med.tu-dresden.de.
g48hp1                     IN   A            141.76.142.30
30                         IN   PTR          g48hp1.imib.med.tu-dresden.de.
                           IN   NS           g48hp1.imib.med.tu-dresden.de.
```

### 1.   Integrität / Authentizität der DNS-Daten selbst

DNS-Datensätze können bei S-DNS durch Signaturen gesichert werden. Damit ist an
beliebigen Stellen im Netz die Integrität und Authentizität der entsprechenden Datensätze
(Records) nachprüfbar. Das erforderliche Schlüsselpaar ist dabei *zonengebunden*, d.h. es
gibt ein solches Schlüsselpaar für eine Zone[13], unabhängig von der Anzahl der DNS-
Server in dieser Zone. Zur Realisierung der Signatur wird ein neuer *SIG-Record* definiert,
der folgenden Aufbau besitzt:

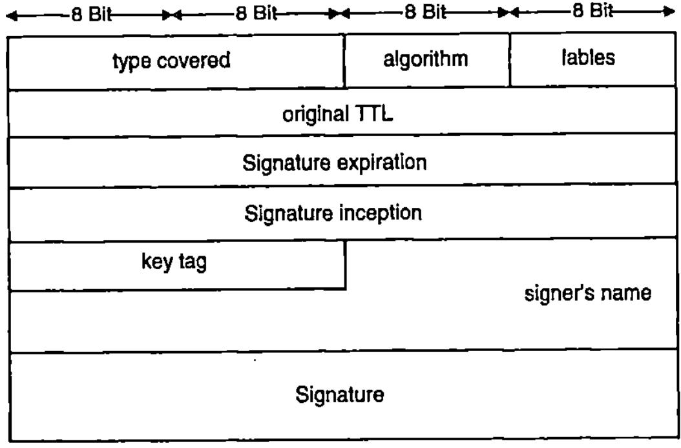


*Abbildung 33 - SIG-Record Format*

---

[13] Die Begriffe „Zone" und „Domain" (Domäne) werden an dieser Stelle im Zusammenhang mit dem DNS synoym verwendet. Eine
Domäne / Zone könnte z.B. bar.com sein, eine untergeordnete Domäne (Sub-Domäne) foo.bar.com.

Wie in Abbildung 33 zu erkennen, besitzt der SIG-Record schon einen zertifikatsähnlichen Aufbau. Die Funktion der wichtigsten Felder ist:

- `type covered` beschreibt die Ressource Records (RRs), die durch die Signatur abgedeckt werden
- `algorithm`: kryptographischer Algorithmus, mit dem die Signatur erzeugt wurde
- `signature inception` / `sig. expiration`: Zeit der Erstellung / des Ablaufes der Signatur
- `signer's name`: Name der signierenden Domain

Der zur Erstellung der Signatur notwendige geheime Zonenschlüssel sollte, wenn möglich, offline gehalten werden. Im einfachsten Fall kann mit diesem Mechanismus *eine* Zone gesichert werden, ohne eine weitere Schlüsselverteilung und / oder Zertifikats-Infrastruktur zu benötigen. Beispielsweise könnte ein interner DNS mit *einem* Zonenschlüssel gesichert werden. Zur  Prüfung der SIG-Records muss der *Resolver*[14] den öffentlichen Zonenschlüssel statisch konfiguriert haben. Mit dieser statischen Konfiguration ergeben sich jedoch einige administrative und sicherheitskritische Probleme, außerdem können nur DNS-Queries der eigenen Zone geprüft werden - in einer realen Umgebung wird jedoch dringender die Prüfung der Antworten fremder DNS-Server notwendig sein, so dass sofort ein Schlüsselverteilproblem entsteht. Dieses kann jedoch ebenfalls mit S-DNS gelöst werden:

## 2.  Schlüsselverteilung

Eine weitere neue Funktion von S-DNS stellt die Möglichkeit der Schlüsselverteilung dar. Dazu wird ein weiterer Record-Type, der *KEY-Record*, definiert.

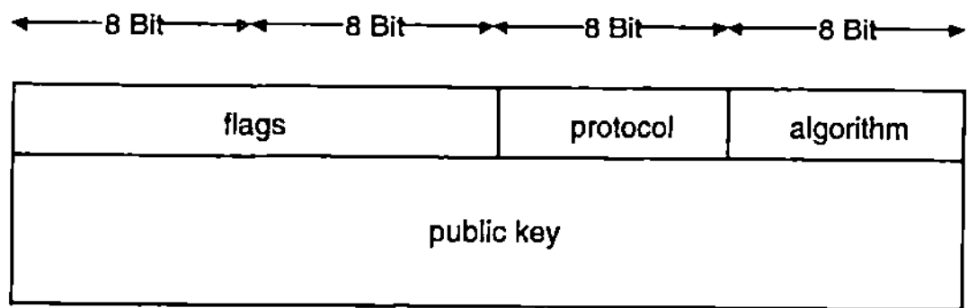


*Abbildung 34 - Key-Record Format*

Die Funktionen der einzelnen Felder sind:

- `protocol`: spezifiziert das Protokoll, mit dem der Schlüssel Verwendung finden kann. Definiert sind dazu: TLS (SSL), EMail, S-DNS, IPSec und „All".
- `Key algorithm`: kryptographischer Algorithmus, mit dem dieser Schlüssel genutzt werden kann, bspw. RSA, DSA etc.
- `Public Key`: öffentlicher Schlüssel selbst

---

[14] Als Resolver wird bei DNS der Mechanismus auf einem Client genannt, der bei Bedarf die DNS-Anfrage durchführt und an die Applikation die IP-Adresse (o.a. angefragte Daten) zurückliefert.

Für sich allein ist dieser KEY-Record zunächst nicht sinnvoll nutzbar, da noch keine Bindung zu dem Inhaber des Schlüssels besteht. Dieser Inhaber ist in der DNS-Datenbank zunächst nur durch das Label des KEY-Records gegeben. Eine echte kryptographische Bindung entsteht erst durch die Einbeziehung des KEY-Records in den o.g. SIG-Record.

KEY- und SIG-Record gemeinsam bilden bereits ein Zertifikat, signiert durch den Zonenschlüssel, ausgestellt letztlich von einem Zonenadministrator. **Damit kann mit S-DNS selbst eine Zertifizierungshierarchie in die DNS-Hierarchie abgebildet werden.** Das bietet eine gute Migrationsmöglichkeit, die vorhandenen Infrastrukturkomponenten um neue Funktionalität zu erweitern, die im Zusammenhang mit Sicherheitsfunktionen benötigt wird. Die Lösung bietet jedoch einige Nachteile:

- Es werden damit keine Standardzertifikate (PGP oder X.509) bereitgestellt, sondern „nur" eine Art „DNS-Zertifikat"

- Die DNS-Struktur ist teilweise recht tief verschachtelt, so dass eine große Anzahl von Zertifizierungsinstanzen notwendig ist (jeweils für jede Zone). Die zweite Hierarchieebene unter `root` ist zudem jedoch sehr breit ausgeprägt, insbesondere durch die große Anzahl der `xxx.com`-Domains.

- Eine DNS-Zertifizierungsinstanz kann oftmals nicht die Sicherheitsanforderungen erfüllen, wenn bspw. in einer Zone nicht das entsprechende Know-How vorhanden ist.

- Die DNS-Hierarchie entspricht voraussichtlich nicht den Anforderungen, die an eine durch gesetzliche Rahmenbedingungen begleitete, öffentliche Zertifizierungshierarchie gestellt werden. Z.B. kann der DNS trotz vorhandener Top-Level-Länderdomains keine geographische Struktur abbilden, da ohne weiteres einem Server in Deutschland die Adresse `www.firma.com` im DNS zugeordnet werden kann (.com, .org etc. sind überhaupt nicht geographisch zuordnungsfähig) – der DNS kann unabhängig von Geographie, IP-Adressen und Netzstruktur virtuelle Domains schaffen! Staatlich geregelte Infrastrukturen werden jedoch aller Voraussicht nach auch staatlich gebundene Hierarchien fordern.

Aus diesen Gründen wurde auch eine Möglichkeit definiert, S-DNS als einen reinen Verzeichnisdienst zu nutzen, der Zertifikate einer von DNS unabhängigen Zertifizierungshierarchie verteilen kann [EastGud 1999]. Hohe Flexibilität bietet dabei die Möglichkeit, eine Mischform zu nutzen, z.B. den öffentlichen Zonenschlüssel und extern zugängliche DNS-Daten von einer „standardkonformen" Instanz zertifizieren zu lassen, interne DNS-Daten jedoch mit der DNS-Hierarchie zu zertifizieren.

Zur Verteilung von Zertifikaten wird ein weiterer Record (*CERT-RR*) definiert.

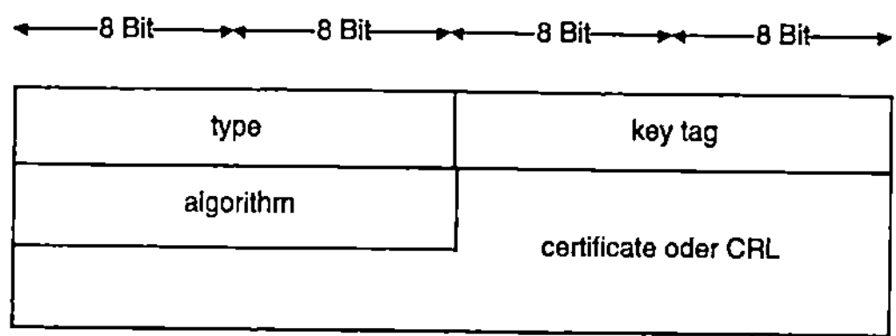



*Abbildung 35 - CERT Ressource Record*

Damit können Zertifikate zu einem beliebigen, im DNS gespeicherten Objekt verteilt werden (z.B. für Server). Da der entsprechende Name bereits im Zertifikat „eingebaut" und damit geschützt ist, braucht der CERT-Record nicht zwingend in die Signatur eines evtl. vorhandenen SIG-Records eingehen.

### 3. Anfrage- und Transaktionsauthentisierung

Mit den SIG-Records werden die DNS-Daten *zonengebunden* authentisiert. Sie bieten jedoch keine Transaktionssicherung zwischen dem Client (Resolver) und DNS-Server. Insbesondere für die sog. Zone-Transfers, die zum Abgleich der DNS-Datenbanken dienen, ist eine Transaktionssicherung jedoch unerlässlich. In diesem Falle werden die Transaktionen durch modifizierte SIG-Records gesichert, die eine Signatur über die Resolver-Anfrage und die Server-Antwort bilden. Im Gegensatz zu den oben beschriebenen SIG-Records wird jedoch *hostbezogen* signiert. Außerdem muss der geheime Signaturschlüssel online gehalten werden, da diese Signaturen dynamisch zu erstellen sind. Der öffentliche Prüfschlüssel des Nameservers kann über die in Pkt. 2 beschriebenen Key-Distribution-Mechanismen erhalten werden.

Prinzipiell ist diese Funktionalität auch mit IPSec-Mechanismen erreichbar, indem eine Security Association zwischen Resolver und DNS-Server die Authentisierung der Daten übernimmt (s. IPSec, Abschnitt 3.4).

### Secure DNS zur Lokalisierung weiterer (sicherheitsrelevanter) Ressourcen

Mit S-DNS können auch Informationen bereitgestellt werden, die für die Lokalisierung sicherheitsrelevanter Ressourcen notwendig sind. Insbesondere die Problematik des Auffindens von Security Gateways kann durch die Definition eines weiteren Record Types unterstützt werden. Das automatische (und sichere) Auffinden eines Security Gateways für eine bestimmte Zone ist eine Kernfrage für ein flexibles, skalierbares Key Management Protocol.

Ein erster Ansatz ist der KX-Record [Atkinson 1997], der zunächst nur für die „Delegation" des Key Exchanges gedacht war. Grundidee dazu ist, für nicht-IPSec-fähige Hosts die Authentisierung und Schlüsseletablierung, sowie das dann erforderliche IPSec-Tunneling, an eine IPSec-fähige Instanz (Security Gateway) zu *delegieren*, d.h. den Gateway als IPSec-Gateway zu „ermächtigen", für alle nicht-IPSec-Hosts „hinter" dem Gateway zu handeln.

Dieser Ansatz ist ohne weiteres dahingehend umsetzbar, auf diese *Delegation* von Sicherheit zu verzichten und nur die *Existenz* des Security Gateways für die entsprechende Zone zu propagieren. Durch die Äquivalenz zum MX-Record können durch eine Präferenzliste auch mehrere Gateways zu einer Zone (z.B. für ein Backupkonzept) existieren. Für o.g. Beispiel soll der Host `g48hp1.imib.med.tu-dresden.de` als primärer Security Gateway der Zone imib.med.tu-dresden.de im DNS auftauchen. `g48hp2.imib.med.tu-dresden.de` wird als Backup-Gateway vorgesehen.

```
imib.med.tu-dresden.de.    IN   KX   5      g48hp1.imib.med.tu-dresden.de.
imib.med.tu-dresden.de.    IN   KX   10     g48hp2.imib.med.tu-dresden.de.
```

Die Hostnamen müssen letztendlich wieder in IP-Adressen aufgelöst werden.

Da die KX-Records ebenfalls sicherheitsrelevante Informationen enthalten, deren Fälschung zu einem Denial-of-Service-Angriff genutzt werden kann, müssen diese durch den oben beschrieben SIG-Record im Secure DNS gesichert werden.

### 3.1.2.2 X.500-basierte Directories

#### Vergleich zu DNS

Während der DNS zunächst nur für das Umsetzen (Mapping) von Hostnamen in IP-Adressen sowie das Auffinden bestimmter Ressourcen, wie Mail- oder Nameserver entwickelt wurde, ist der X.500-Directory-Ansatz ein globaler. Mit X.500-Directories können beliebige Ressourcen und Nutzer in ein Verzeichnis aufgenommen und damit auch aufgefunden werden. Im Grunde sind die ursprünglichen Zielrichtungen beider Systeme unterschiedlich:

- DNS ist eine Datenbank zur Verwaltung logischer Domains und deren Abbildung auf die IP-Adressstruktur des Internet
- X.500 ist ein komplexer Directory Service zur Ressourcenverwaltung in einem (oder übergreifend über mehrere) physische(n) Netz(e).

Mit X.500 werden Namensattribute sowie deren Nutzung zur Bezeichnung einer Instanz festgelegt. Die Attribute, und damit letztlich das Directory, sind hierarchisch angeordnet. Die Hierarchie sieht die Abbildung geographischer Strukturen vor (eine Ursache dafür ist die Herkunft aus der „Telecom-Welt"). Einem Directory-Endpunkt (*Leaf Node*) kann durch ein zusätzliches Attribut direkt ein Zertifikat zugeordnet werden. Mit dem Auffinden eines Directory Objects kann damit sofort das zugehörige Zertifikat bereitgestellt werden.

#### Directory-Zugriff

Ein X.500-Directory ist durch sein Design für einen globalen Einsatz vorgesehen und hat damit eine sehr hohe Komplexität. Zum Zugriff auf dieses Directory und damit zum Auffinden eines bestimmten Objektes ist von der ISO ein spezielles Protokoll - das Directory Access Protocol (DAP) - entwickelt worden. Dieses Protokoll ist selbst sehr komplex. Im Internet-Umfeld hat sich deshalb das Protokoll LDAP (Lightweight Directory Access Protocol) durchgesetzt, das ausreichend Funktionalität bietet, auf einen X.500-Directory Service zuzugreifen.

## 3.2 Protokolle und Dienste auf Transport- und Anwendungsschicht

Nach der Definition notwendiger Infrastrukturkomponenten, die zwar notwendig sind, für sich genommen jedoch noch keine Sicherheitsfunktionen für eine Datenübertragungen bieten, sollen im Folgenden Protokolle vorgestellt und analysiert werden, die direkt zum Schutz virtueller Verbindungen (die jedoch explizit von einer Applikation genutzt werden müssen) oder auch nur spezieller Applikationen vorgestellt werden. Die Protokolle sind damit auf Transport- (Verbindungs-) oder Anwendungsebene einzuordnen.

Das Kapitel ist zum einen für das allgemeine Verständnis dieser mittlerweile sehr verbreiteten Protokolle interessant, zum anderen erfolgt hiermit auch eine Abgrenzung gegenüber den später beschriebenen, auf Netzwerkschicht wirkenden IPSec-Mechanismen. Diese werden ab Seite 96 beschrieben.

### 3.2.1 SSL (Secure Socket Layer)

SSL bietet einen recht allgemeinen Ansatz für die Absicherung von *virtuellen Verbindungen* (TCP-Verbindungen) im Internet auf *Transportebene*. Die Entwicklung von SSL wurde insbesondere von der Firma NETSCAPE COMMUNICATIONS vorangetrieben. Es liegt mittlerweile ein Internet-Draft in der Version 3 vor [Freier et al 1996]. Da SSL den Kern der Standardisierungsbemühungen einer eigenen Arbeitsgruppe *Transport Layer Security* der IETF-Security-Area bildet, ist damit zu rechnen, dass es schnell zu einem anerkannten Standard für gesicherte Verbindungen im Internet avancieren wird [DierAlle 1999]. Eine ausführliche Vorstellung des Protokolls ist in [EsslMülle 1997] zu finden. Analysen zur Sicherheit der aktuellen Version 3.0 finden sich in [WagnSchn 1996].

SSL kann im OSI-Schichtenmodell über der Transportschicht eingeordnet werden. Im TCP/IP-Stack liegt es dann zwischen TCP und der Anwendungsschicht, wie in Abbildung 36 gezeigt.

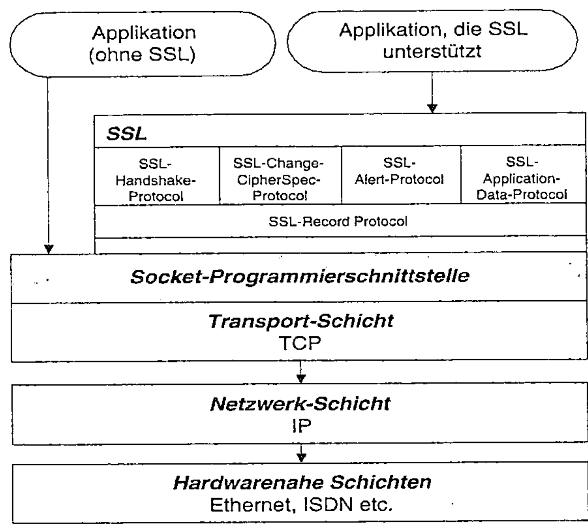


*Abbildung 36 - Einordnung von SSL*

Die meisten Anwendungen (sowohl client- als auch serverseitig) nutzen die *Socket-Schnittstelle* als (programmiertechnischen) Zugang zu einem TCP/IP-Netzwerk. Auch SSL bedient sich dieser Schnittstelle u.a. zur Übertragung der verschlüsselten Daten. Aus der Sicht dieser Socket-Schnittstelle zeigt sich damit SSL wie jede andere Anwendung, z.B. Netscape Navigator. Um die SSL-Sicherheitsfunktionen nutzen zu können, muss nun eine Anwendung explizit die SSL-Funktionen statt der Socket-Aufrufe ansprechen. Die SSL-Schicht baut dann selbständig eine TCP-Verbindung zum Server auf (konkret zur SSL-Schicht des Servers) und führt zunächst eine Handshake-Prozedur nach

Abbildung 37 durch.

Während der Handshake-Prozedur werden folgende Schritte ausgeführt:

1.  **Client_Hello**: Nach einem erfolgreichen TCP-Verbindungsaufbau werden in der CLIENT_HELLO-Message zunächst die vom Client unterstützten kryptographischen Verfahren in einer geordneten Liste übermittelt (Verschlüsselung z.B. DES oder RC4, symmetrische Nachrichtenauthentisierung z.B. HMAC-SHA, HMAC-MD5 - parametrisierte Hashfunktionen [Krawczyk et al 1997]).

2.  **Server_Hello:** Der Server antwortet mit einem von ihm selektierten Verfahren. Standardmässig wird dabei das erste in der Liste vorkommende Verfahren gewählt, das der Server selbst unterstützt. Da sich ein „modifizierter" Server jedoch nicht an diese Regel halten muss, sollte ein sicherheitsbewusster Client nur starke kryptographische Verfahren vorschlagen bzw. ein sicherheitsbewusster Server nur diese akzeptieren.

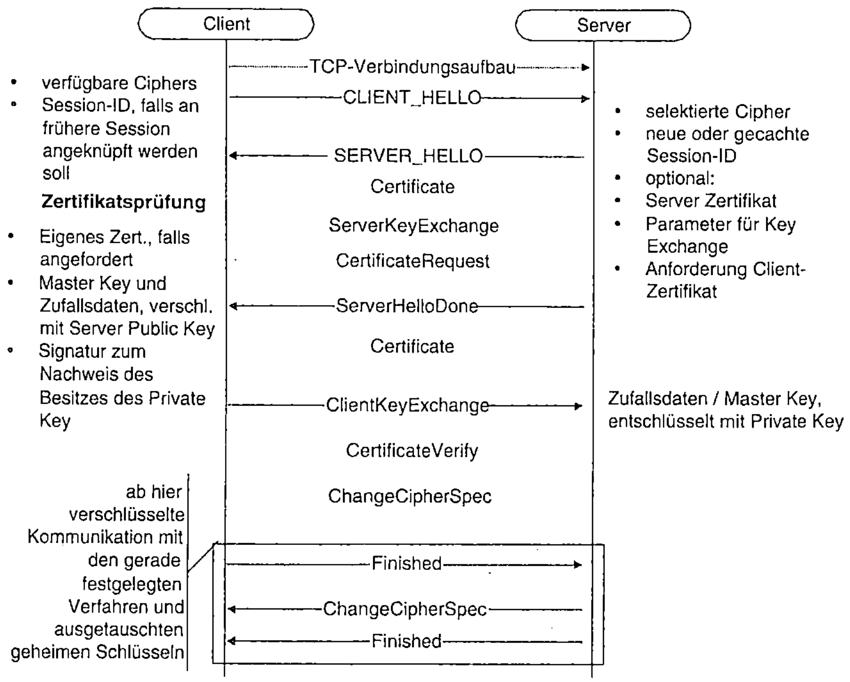


*Abbildung 37 - SSL-Handshakeprozedur*

**Certificate:** Anschließend wird regelmässig das Serverzertifikat zum Nachweis der Identität an den Client gesendet.

**ServerKeyExchange:** Ist der in diesem Zertifikat enthaltene Schlüssel nur zum Signieren vorgesehen, müssen zusätzlich Parameter für den anschließenden Schlüsselaustausch bereitgestellt werden.

**CertificateRequest:** Soll sich der Client an Hand eines Zertifikates identifizieren, wird dieses hiermit angefordert.

**ServerHelloDone:** Abschließend wird dem Client mitgeteilt, dass nunmehr keine weiteren Nachrichten folgen und der Server auf Nachrichten des Clients wartet.

3. **Certificate:** Hat der Server das Clientzertifikat angefordert, wird dieses hiermit bereitgestellt.

**ClientKeyExchange:** Der Client wählt Parameter für den späteren, gemeinsamen Sitzungsschlüssel, die (wenn im Serverzertifikat ein Verschlüsselungs-Schlüssel enthalten ist) mit dem öffentlichen Schlüssel des Servers codiert werden. Möglich ist jedoch auch die Übermittlung eines öffentlichen DH-Exponenten und eines Zufallswertes.

`ClientVerify`: Der Client signiert einen vom Server bereitgestellten Zufallswert zum Nachweis, dass er im Besitz des zum Zertifikat gehörigen geheimen
Schlüssels ist.

4. Nunmehr stehen beiden Seiten die Parameter zur Erzeugung des geheimen Sitzungs-
   schlüssels zur Verfügung (falls der Server nicht im Besitz des zum Zertifikat passenden geheimen Schlüssels ist, kann er diesen Sitzungsschlüssel nicht generieren und
   keine valide Nachricht an den Client zurücksenden - Damit authentisiert sich der
   Server durch Verwendung des korrekten Schlüssels)

Für die zu verwendenden Zertifikate wird X.509 (v3) spezifiziert, die Ausgabe und Verifizierung der Zertifikate setzt also eine geeignete Infrastruktur voraus.

***Einsatzgebiete und Einschränkungen von SSL***

- Flexible, starke kryptographische Authentisierung und Verschlüsselung für ***verbin-
  dungsorientierte*** Kommunikation
- Ende-zu-Ende-Sicherheit
- Explizite Nutzung durch Anwendung notwendig
- Zertifikate und zugehörige Infrastruktur unbedingt notwendig

Ein Vergleich mit anderen Technologien ist im Abschnitt 3.8 zu finden.


## 3.2.2  SSH (Secure Shell)

SSH (Secure Shell) ist zunächst als ein Ersatz für die Remote Shell (rsh) und Telnet entstanden, um deren Sicherheitslücken, insbesondere die unzureichende Authentisierung
und die im Klartext übertragenen Daten (und Passwörter), sicherer zu gestalten. Mittlerweile ist SSH aber ein eigenständiges Protokoll, das sichere Kanäle für beliebige, verbindungsorientierte Dienste bereitstellen kann [Ylonen et al 1999-1]. Standardmässig wird
eine interaktive Shell und Tunneling, z.B. für X11 Sessions, unterstützt. SSH ist entsprechend seiner erweiterten Funktionalität in 3 Teilprotokolle untergliedert.


### 3.2.2.1  Teilprotokolle

- SSH Transport Layer Protocol [Ylonen et al 1999-2]

Das Transport Layer Protocol setzt, wie SSL auch, auf eine gesicherte Datenverbindung,
i.A. TCP, auf. Es gewährleistet eine *einseitige* Host-Authentisierung, d.h. der Server
authentisiert sich zunächst gegenüber dem Client. Weiterhin werden die kryptographischen Möglichkeiten abgeglichen sowie geheime Schlüssel zur nachfolgenden Kanalverschlüsselung ausgetauscht. Die Kanalverschlüsselung basiert wieder auf symmetrischen
kryptographischen Verfahren. Der Abgleich der kryptographischen Möglichkeiten erlaubt
den Einsatz auch „exotischer" Verschlüsselungsmechanismen und bei Bedarf die explizite
Anforderung bestimmter Algorithmen. Mindestanforderung an eine Implementierung sind
3DES-CBC zur Verschlüsselung und HMAC-SHA1 zur (symmetrischen) Authentisierung
der Nachrichten.

In der ersten Protokollversion wurde RSA als mögliches Public-Key-Verfahren zur Host-Authentisierung spezifiziert, da dieses Verfahren wegen patentrechticher Probleme von der IETF jedoch nicht mehr verwendet wird, ist in der aktuellen Version das Diffie-Hellman-Verfahren eingeführt worden.

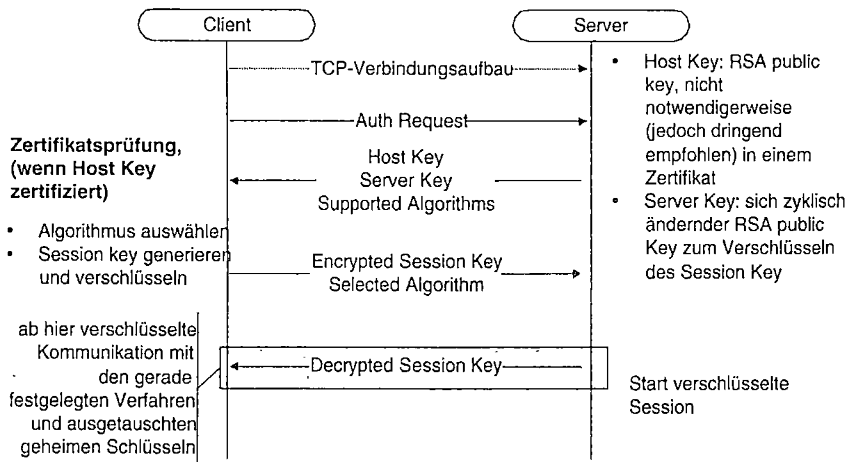


*Abbildung 38 - SSH Host Authentication (RSA)*

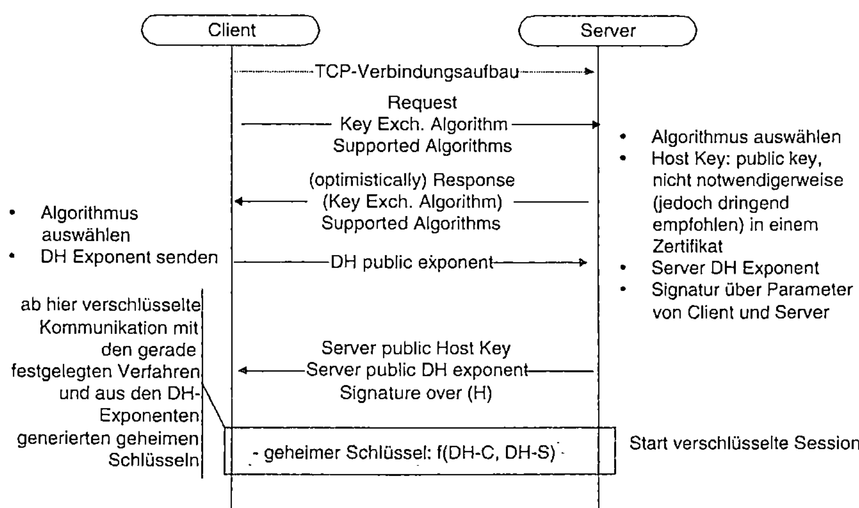


*Abbildung 39 - SSH Host Authentication (Diffie-Hellman)*

In der Protokollspezifikation wird ausdrücklich darauf verwiesen, dass die Akzeptanz eines nicht zertifizierten Server-Schlüssels (zur Verschlüsselung des Session Keys bzw. zur Authentisierung des DH-Exponenten) zu großen Sicherheitsproblemen führt, denn damit werden Man-in-the-Middle-Angriffe sehr einfach möglich. Um eine breite Akzeptanz und unkomplizierte Nutzung auch ohne Zertifikats-Infrastruktur zu ermöglichen, wurde diese Variante jedoch mit spezifiziert. Es ist in jedem Falle ein Gewinn gegenüber dem herkömmlichen Telnet, sollte aber in dieser Form in sicherheitskritischen Anwendungen nicht verwendet werden.

Nach dem Abschluss dieses Protokolls steht nun ein (mit der genannten Limitation) sicherer, einseitig authentisierter Kanal zur Verfügung.

- SSH User Authentication Protocol [Ylonen et al 1999-3]

Über den kryptographisch gesicherten Kanal kann nun eine Nutzerauthentisierung durchgeführt werden. Dabei muss eine Authentisierung basierend auf Public-Key-Verfahren bereitgestellt werden, meist wird zusätzlich noch das herkömmliche Passwort-Verfahren angeboten. Letztere Methode kann direkt an eine Telnet / Remote-Shell-Verbindung gekoppelt werden, wobei nunmehr das Passwort und die Sitzungsdaten über den verschlüsselten Kanal übertragen werden.

Sicherer in Bezug auf die (nicht mehr) notwendige Speicherung geheimer Schlüsselinformationen (Passwörter) auf Serverseite ist das Public-Key-basierte Verfahren. Der SSH-Server muss zur Authentisierung des Clients nur dessen öffentlichen Schlüssel abspeichern und kann an Hand der  Signatur in der Client-Nachricht den Besitz des passenden geheimen Schlüssels verifizieren. Da wiederum die Verwendung von Zertifikaten nicht notwendigerweise vorgesehen ist, kann das Verfahren zwar bequem und ohne Infrastrukturanforderungen eingesetzt werden, bietet aber auch gewisse Angriffspunkte.

- SSH Connection Protocol [Ylonen et al 1999-4]

Das Connection Protocol besitzt bzgl. des gesamten SSH-Protokolls keine weitere Sicherheitsrelevanz, sondern setzt auf die vorher beschriebenen Protokolle auf und „verlässt" sich damit auf den kryptographisch gesicherten Kanal und die durchgeführte User-Authentisierung. Es erweitert vielmehr den  ursprünglichen Ansatz von SSH (Bereitstellung einer sicheren Remote Shell) um die Möglichkeit, beliebige Verbindungen über diesen gesicherten Kanal zu multiplexen. Es stellt dazu Mechanismen / Nachrichten bereit, die eine Anforderung von Diensten und deren Zuordnung zu unterstützen.

### 3.2.2.2   Vergleich zu SSL

Vergleicht man SSH und SSL, fallen zunächst eine ganze Reihe Parallelen auf:

- Aufbau auf eine gesicherte (d.h. verlässliche) Datenverbindung, z.B. TCP, damit Einordnung auf der selben Ebene im Schichtenmodell
- Unterstützung von Zertifikaten
- Einigung auf beiderseits implementierte / geforderte kryptographische Verfahren
- Teilweise ähnlicher Schlüsselaustauschmechanismus

Bei genauerer Betrachtung erscheint SSL jedoch als das wesentlich „ausgefeiltere" Protokoll; besonders im Bereich der (gegenseitigen) Authentisierung werden bei der Secure Shell einige Kompromisse eingegangen, um eine Nutzung ohne Zertifizierungs-Infrastruktur zu ermöglichen. Dies steigert zwar die Akzeptanz und erhöht in jedem Falle die Sicherheit bisheriger Anwendungen, lässt jedoch einige gravierende Angriffspunkte offen.

Ein großer Vorteil von SSH ist die Möglichkeit, virtuelle Kanäle für beliebige verbindungsorientierte Anwendungen durch einen gesicherten SSH-Kanal zu multiplexen und damit in jedem Falle zur Erhöhung deren Sicherheit beizutragen. Die Anwendung muss dabei das Protokoll nicht selbst unterstützen.

## 3.2.3    S-HTTP (Secure Hypertext Transfer Protocol)

Mit dem *Secure Hypertext Transfer Protocol* (S-HTTP) [ResSchiff 1999] wird speziell für das im World Wide Web verwendete Protokoll HTTP eine Sicherheitserweiterung geschaffen. S-HTTP besitzt folgende Eigenschaften:

- Abwärtskompatibel zu HTTP
- Kann wie SSH auch ohne clientseitige Zertifikate benutzt werden. Der Server muss jedoch ein Zertifikat besitzen.
- Kann echte digitale Signaturen für die übertragenen Dokumente / Daten bereitstellen.
- Flexibler Einsatz kryptographischer Mechanismen:
    - Soll Request und / oder Reply verschlüsselt und / oder signiert werden ?
    - Welche kryptographischen Mechanismen sollen verwendet werden ?
    - Welches Zertifikat (Schlüssel) soll verwendet werden ?
- Sicherheitsanforderungen können dynamisch bei Abruf einer Seite vom Server gegenüber dem Client definiert werden.

Die letzten beiden Punkte zeigen, dass mit S-HTTP Sicherheitsanforderungen sehr viel detaillierter, auch auf einzelne Seiten oder nur bestimmte Transaktionsschritte, abgestimmt werden können. Beispielsweise könnte ein Server für die Antwort auf eine Bestellseite Verschlüsselung und Authentisierung fordern. Für SSL dagegen würde jede Verbindung zu diesem Server gesichert werden, unabhängig davon, ob eine sicherheitsrelevante Seite übertragen wird. Demgegenüber bietet SSL natürlich Sicherheit für beliebige verbindungsorientierte Dienste, währen S-HTTP nur den WWW-Dienst absichert.

## 3.2.4    EMail-Sicherheit

Da mit Standard-SMTP (Abschnitt 2.2.3.2) der Inhalt einer Mail weder vertraulich noch gesichert übertragen wird und auch der Absender einfach fälschbar ist, sind bereits frühzeitig Tools für die Sicherung von EMail entwickelt worden.

Ein erster Internet-Standard dazu war PEM (Privacy Enhanced Mail) [Kalinsky 1993], [Balenson 1993], [Kent 1993], [Linn 1993].

Daneben entwickelte sich ein Freeware-Werkzeug, Phil Zimmerman's *Pretty Good Privacy (PGP)*, zum Quasistandard, da es weltweit frei und mit starker Kryptographie erhältlich ist. Bezüglich des Schlüsselmanagements liegt ihm der Gedanke eines „Web-of-Trust", einem beliebig verteilten Schlüsselmanagement, zu Grunde. Grundsätzlich sind jedoch auch hierarchische Strukturen mit PGP möglich. Das Format der Zertifikate und der verschlüsselten Nachrichten ist inkompatibel zu anderen Verfahren. Mittlerweile wird jedoch auch in der IETF das PGP-Format zu einem offenen Standard *OpenPGP* weiterentwickelt [Callas et al 1998].

Dritte Hauptentwicklung im Internet-Umfeld ist die Erweiterung des MIME-Standards um Sicherheitsfunktionen zu S/MIME, hauptsächlich von der Firma RSA DATA SECURITY INC. vorangetrieben [Ramsdell 1999-1], [Ramsdell 1999-2].

Haupthindernis beim Einsatz von EMail-Sicherheitswerkzeugen ist oftmals die (nicht vorhandene) nahtlose Integration in den EMail-Client, die dem Nutzer umständliche Aktionen zum Verschlüsseln und Signieren abnehmen muss.


## 3.3 Vergleich der Verfahren oberhalb der Netzwerkschicht

Im Folgenden sollen die bisher vorgestellten Verfahren kurz gegenübergestellt und Nutzungsmöglichkeiten in verschiedenen Szenarien betrachtet werden. Eine tabellarische Aufstellung zur Bewertung wichtiger Kriterien findet sich in Abschnitt 3.8. Ein guter Überblick mit vergleichenden Betrachtungen findet sich auch in [Fox 1997].

Insgesamt ist der Einsatz anwendungsbezogener Sicherheitsfunktionen in Hinsicht auf die konkrete Anwendung und die zu erreichenden Sicherheitsfunktionen zu sehen. Mehr als bei allen anderen Protokollen ist der Aspekt einer *nahtlosen Integration* und *einfachen Handhabbarkeit* für den Nutzer wichtig. S-HTTP und SSH sind dabei im Vergleich zu den E-Mail-Sicherheitstools PGP und S/MIME einfacher einsetzbar, da spezielle Applikationen existieren, die Interaktionen auf ein Minimum reduzieren.

Alle Protokolle (bis auf SSH durch seine Tunnelmöglichkeiten) sind natürlich in hohem Maße *anwendungsabhängig*, da sie konkret für die Sicherheit einer bestimmten Anwendung entworfen wurden. Für diesen Aspekt ist der Integrationsgrad in eine Anwendung wieder relativ zur Flexibilität zu sehen: S/MIME ist zwar teilweise recht gut in E-Mail-Clients integriert (z.B. NETSCAPE'S Communicator), kann aber dann nicht für andere Zwecke genutzt werden. Dagegen bietet PGP als separat verfügbare Software die Möglichkeit, auch zur Fileverschlüsselung eingesetzt zu werden.

SSL bietet eine noch weiter gehende Transparenz, da es für beliebige verbindungsorientierte Anwendungen einsetzbar ist, benötigt aber, wie die anderen Protokolle auch, eine modifizierte Anwendung. Zudem sind keine anwendungsbezogenen Sicherheitsfunktionen möglich, sonderen lediglich die Übertragung wird gesichert.

Wichtig für den „spontanen" Einsatz eines Protokolls ist auch die *Verfügbarkeit* von Implementierungen, die *Verbreitung* und der *Standardisierungsgrad*. S-HTTP konnte sich trotz seiner größeren Flexibilität gegenüber SSL nicht wirklich durchsetzten. Sind jedoch für WWW Sicherheitsfunktionen bis auf Dokumentenebene notwendig, kommt man am Einsatz von S-HTTP nicht vorbei, wird dabei jedoch weitestgehend innerhalb der eigenen Umgebung verbleiben müssen. SSL ist dagegen in jedem Webbrowser (wenn auch in unsicherer Ausführung) vorhanden. Unabhängige, frei verfügbare Implementierungen gestatten den Einsatz in eigenen Applikationen. SSH hat sich als sicherer Ersatz für Telnet und Remote Shell etabliert. Im UNIX-Umfeld sind SSH-Server- und Client-Implementierungen frei verfügbar, für andere Plattformen sind kommerzielle Produkte erhältlich.

Im EMail-Bereich ist PGP im Vergleich zu S/MIME wesentlich weiter verbreitet und zudem frei verfügbar.

Ein weiteres Auswahlkriterium ist die *Abhängigkeit von Infrastrukturkomponenten*, speziell Zertifizierungsinstanzen. Alle Verfahren, die Zertifikate einsetzen, müssen diese verifizieren und sind damit mehr oder weniger auf eine Infrastruktur angewiesen. PGP bietet jedoch durch seinen „Web-of-Trust"-Ansatz eine größere Unabhängigkeit von konkreten Instanzen. Dagegen ist das bei S/MIME verwendete Zertifikat besser für die Abbildung einer Hierarchie geeignet.

S-HTTP und SSL verwenden ebenfalls X.509-Zertifikate und benötigen damit (mindestens) eine CA. In geschlossenen Umgebungen kann dabei eine eigene, unabhängige CA betrieben werden, die gleichsam Zertifikate für SSL, S-HTTP und S/MIME ausstellen kann. Wird jedoch eine offene Kommunikation gefordert, muss eine öffentliche CA, z.B. Verisign, in Anspruch genommen werden. SSH kann dagegen auch ohne Zertifikate genutzt werden, was einen „ad-hoc"-Einsatz ermöglicht.

Für Installation und Wartung spielt die *Administrierbarkeit* eine wichtige Rolle, die auch eng mit der zuvor beschriebenen Notwendigkeit von Zertifizierungsinstanzen und der Verteilung von Zertifikaten verknüpft ist. Für alle Protokolle sind Client-Applikationen bereitzustellen, die das entsprechende Protokoll unterstützen. Wird dieses Protokoll bereits mit einer Standardapplikation bereitgestellt (z.B. SSL im Webbrowser), vereinfacht sich dieser Punkt. Im EMail-Bereich ist es schwieriger, Standardapplikationen zu finden, hier muss oftmals mit Zusatzmodulen gearbeitet werden.

## *3.4    IPSec - Paketschutz*

In diesem Abschnitt sollen nun die mit IPSec angebotenen Sicherheitsfunktionen auf Netzwerkebene dargestellt werden. Die genaue Kenntnis der Mechanismen, deren Möglichkeiten und Limitationen, sowie des Konzeptes von Security Associations und Security Policy Databases ist wichtig, um deren Anwendung in dem in Kapitel 4.5 entwickelten, erweiterten Key Management Protokoll zu verstehen.

### 3.4.1    Funktionsweise

Für das ständig wachsende Internet musste die bisherige IP-Version 4 erweitert werden. Im Hinblick auf die neuen Anforderungen bzgl. Sicherheit wurde nunmehr bereits im Designprozess den Sicherheitsaspekten ein breiter Raum eingeräumt, die zunächst in den RFC's 1825-27 [Atkinson 1995-1] [Atkinson 1995-2] [Atkinson 1995-3] ihren Niederschlag fanden. Die IPSec-Erweiterungen sind jedoch auch mit dem „alten" IPv4 einsetzbar, und bieten damit die Möglichkeit, auch vorhandene Implementierungen sicher zu machen.

Die grundlegende Idee von Sicherheitserweiterungen auf IP-Ebene besteht darin, jedes einzelne Datenpaket vor Verfälschung zu schützen (Authentizität / Integrität) und / oder zu verschlüsseln (Vertraulichkeit). Damit würden einige Sicherheitsprotokolle auf übergeordneten Schichten, z.B. SSL, voraussichtlich obsolet werden, denn je nach verwendeten Schlüsselmaterial können die Pakete auch verbindungsorientiert gesichert werden. Allerdings werden anwendungsbezogene Sicherheitsfunktionen, wie der Einsatz einer digitalen Signatur, weiterhin erforderlich sein, denn IPSec schützt nur die Verbindung zwischen zwei Instanzen. Der Schutz der (abgespeicherten) Daten auf dem Rechner oder die Zurechenbarkeit von Informationen kann jedoch nur mit Mechanismen auf Anwendungsebene realisiert werden. Bereits frühzeitig wurden die Ansätze evaluiert (z.B. [Bellovin 1996-2], [MocSchub 1997]) und durch die enge Zusammenarbeit von Kryptographen und Protokolldesignern weiterentwickelt. Mittlerweile liegen die Spezifikationen in neuen RFC's vor.

IPSec schützt die Daten im Wesentlichen durch zwei Mechanismen: Den *Authentication Header (AH)* [KentAtkin 1998-2] und den *Encapsulated Security Payload (ESP)* [KentAtkin 1998-3]. Die kryptographischen Verfahren sind nicht festgelegt – man definiert nur eine Mindestanforderung (DES-CBC für ESP, HMAC-SHA für AH). Eine übergreifende Sicherheitsarchitektur wird in [KentAtkin 1998-1] spezifiziert.

Mit AH wird eine kryptographische Prüfsumme über den Payload und Teile des Paket-Headers transportiert. Die Prüfsumme wird dabei mittels der bekannten Hashfunktionen (z.B. SHA, MD5), die mit einem *symmetrischen* Schlüssel parametrisiert werden (Keyed Hash), gebildet. Eine solche parametrisierte Hashfunktion wird *HMAC-xx* (xx = nicht parametrisierte Hashfunktion) genannt. Die Ableitung aus der herkömmlichen Hashfunktion ist in [Krawczyk et al 1997] beschrieben, theoretische Hintergründe in [Krawczyk 1996-1] und [Krawczyk 1996-2]. Die Vor- und Nachteile der Verwendung symmetrischer Verfahren im IPSec-Umfeld werden später untersucht.

Mit AH sind zum einen die Nutzdaten vor Verfälschung während des Transportes geschützt. Zum anderen werden aber auch wichtige Headerdaten, insbesondere Source- und Destinationadresse gesichert, so dass die beliebten IP-Spoofing-Angriffe der Vergangenheit angehören sollten. Einige Teile des Headers bleiben jedoch von der Prüfsummenbildung ausgeschlossen, da Felder, die unterwegs geändert werden, die Prüfsumme ungültig machen würden (bspw. das Feld „Hop Count").

ESP dient primär der Verschlüsselung der Nutzdaten. Diese wird mit symmetrischen Verschlüsselungsverfahren wie DES, 3DES oder IDEA realisiert. Neuerdings bietet aber auch ESP eine Integritätssicherung der Nutzdaten – mit den gleichen Verfahren wie bei AH. Der IP-Header bleibt dann allerdings ungeschützt.

Dass auf Paketebene keine asymmetrischen kryptographischen Verfahren verwendet werden können, hat offensichtlich seinen Grund in der schlechten Performance dieser Algorithmen. Bei heutigen Netzgeschwindigkeiten von 100MBit pro Sekunde und mehr kann auch von der leistungsfähigsten Workstation nicht für jedes Paket eine RSA-Ver- bzw. Entschlüsselung vorgenommen werden. Selbst hochoptimierte Hardwareimplementierungen von RSA kommen heute noch nicht über die Grenze von 1 Mbit/s. Deshalb werden in absehbarer Zeit auf IP-Ebene nur symmetrische kryptographische Verfahren zum Einsatz kommen, mit den Nachteilen, dass

- symmetrische Schlüssel geeignet verteilt werden müssen,

- keine „echten" Paketsignaturen erstellt werden können, die an beliebiger Stelle geprüft werden könnten.

## 3.4.2   Modi

Um nicht nur einzelne Host-zu-Host-Verbindungen abzusichern, sondern auch ganze Netze über sichere Verbindungen tunneln zu können (Stichwort *Virtual Private Network, VPN*), ist bei IPSec neben dem Ende-zu-Ende genutzen *Transport Mode* auch einen *Tunnel Mode* vorgesehen. Dieser erlaubt es, IP-Pakete in IPSec-geschützten Paketen zu tunneln. Das bietet zudem eine gewisse Migrationsmöglichkeit, wenn einer der Endpunkte (oder beide) IPSec nicht beherrschen. In diesem Falle bildet ein sog. *Security Gateway (SG)*[15] den Endpunkt eines IPSec-Tunnels, durch den Pakete des hinter dem Gateway angeschlossenen Netzes sicher transportiert werden können. Damit ist allerdings keine Ende-zu-Ende-Sicherheit gewährleistet.

Für viele Situationen wird die Anwendung nur einer der IPSec-Funktionen nicht ausreichend sein, beispielsweise, wenn sowohl Headerinformationen geschützt als auch Daten verschlüsselt werden sollen, oder wenn Teilstrecken im Tunnelmode betrieben werden. Für diesen Fall sind Kombinationsformen spezifiziert, die jede Implementierung unterstützen muss. Das sind, ausgehend von einem ungesicherten IP-Paket `[IP1] [data]`

---

[15] Als Security Gateway wird im weiteren jedes System bezeichnet, das IP-Pakete weiterleitet und dabei (wenn auch nur partiell) IPSec-Mechanismen auf diese Pakete anwendet. Ein SG kann also sowohl ein Router als auch ein Firewall sein.

sämtliche einfache Kombinationen aus Tunnel- und Transport-Mode entsprechend der folgenden Tabelle:

```
Transport                          Tunnel
----------------                   ----------------------
1. [IP1][AH][data]                 4. [IP2][AH][IP1][data]
2. [IP1][ESP][data]                5. [IP2][ESP][IP1][data]
3. [IP1][AH][ESP][data]
```

[IP1]:   äußerer IP-Header (Im Transport Mode einziger IP-Header, im Tunnel Mode IP-Header des neuen Paketes, wobei die Adressierung den Endpunkten des Tunnels entspricht)

[IP2]:   innerer IP-Header (im Tunnel Mode Header des eingekapselten Paketes)

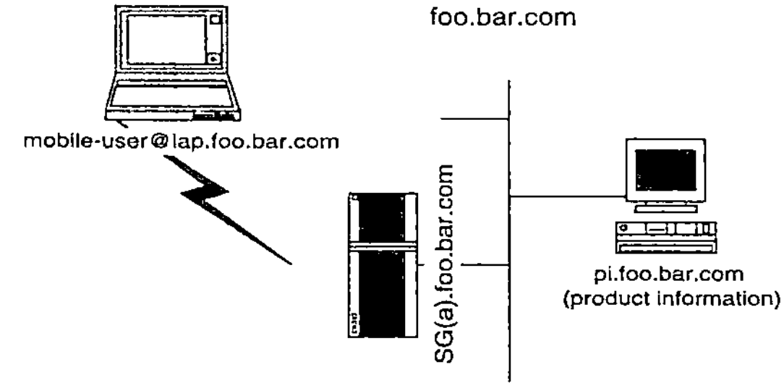


*Abbildung 40 - einfaches Remote-Access-Szenario*

Für ein einfaches Remote-Access-Szenario, wie in Abbildung 40 dargestellt, wäre es nun denkbar, dass Ende-zu-Ende die Pakete verschlüsselt und authentisiert werden, zusätzlich jedoch eine Authentisierung bis zum Security Gateway SG(a) der Organisation gewährleistet wird. Die Kombinationsform aus o.g. Tabelle wäre damit 4+3. Das Paket sieht wie folgt aus:

```
[IP-SG(a)][AH-SG(a)][IP-pi][AH-pi][ESP-pi][data]
```

Diese Kombination zeigt, dass die Verwendung symmetrischer Kryptoverfahren eine mehrmalige Berechnung und Übertragung des AH erfordert (AH-SG(a) und AH-pi), da der Gateway den Ende-zu-Ende-AH (AH-pi) nicht verifizieren kann (es sei denn, er kennt den symmetrischen Schlüssel. Da dieser Schlüssel dann aber 3 Kommunikationspartnern bekannt ist, kann er genau genommen nur noch diese Dreiergruppe authentisieren.)

Die folgenden Abbildungen zeigen detailliert den Aufbau von ESP und AH sowie deren Einordnung in ein IPv4- bzw. IPv6-Paket jeweils im Transport- und Tunnel Mode

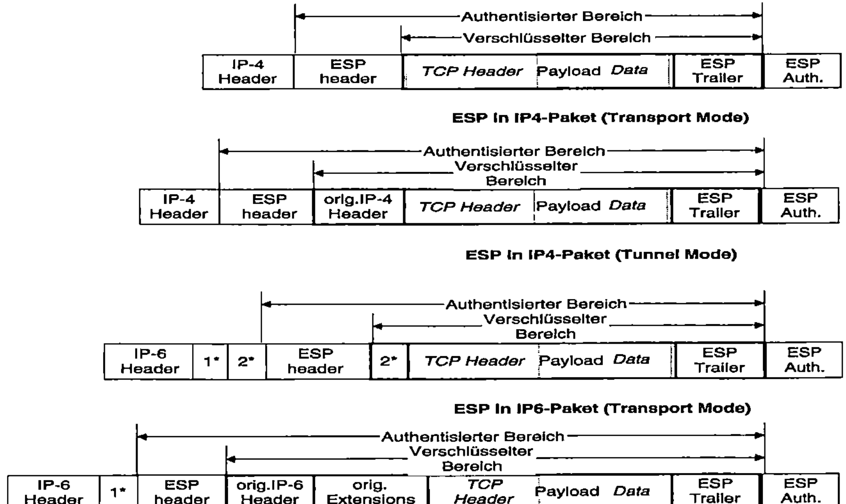



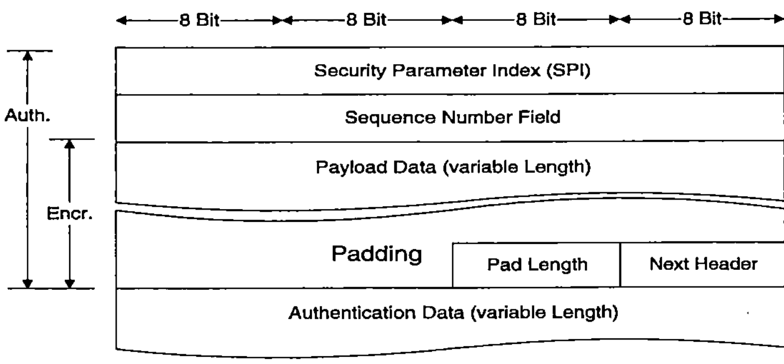



*Abbildung 41 - ESP - Header- und Paketformat*

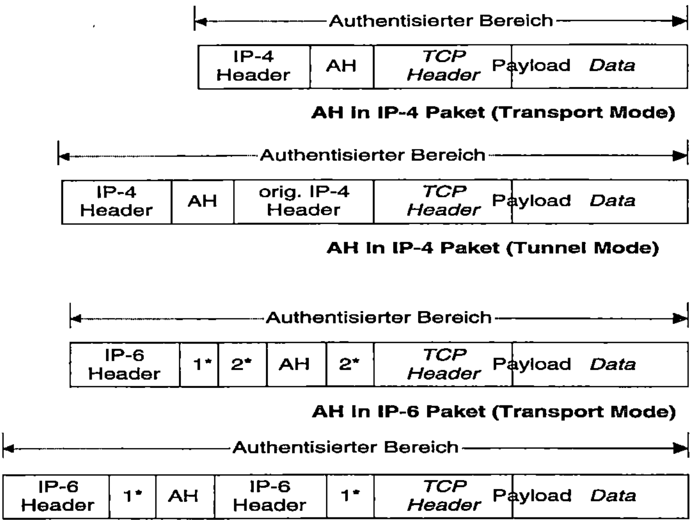



*1: Header extensions [Hop-by-Hop, routing, fragment, (dest) ]
*2: dest. options, können vor und / oder nach AH auftreten

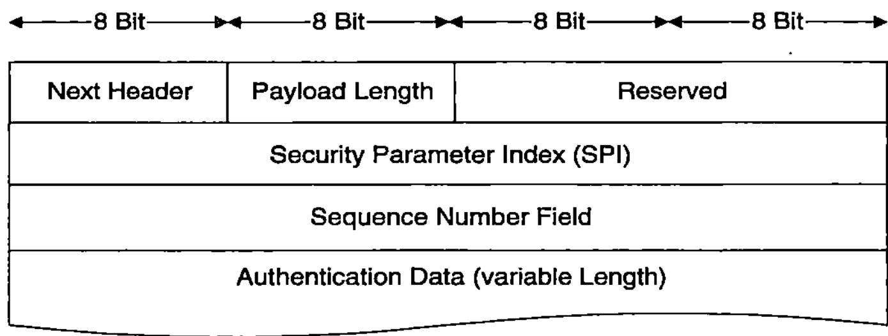



**AH Format**

*Abbildung 42 - AH - Header- und Paketformat*

### 3.4.3 Einsatzmöglichkeiten

Grundsätzlich sind die IPSec-Mechanismen unabhängig von der IP-Version, sind also sowohl mit IPv4 als auch mit dem künftigen IPv6 einsetzbar (obgleich natürlich in die AH-Prüfsumme bei IPv6 einige Headerfelder mehr eingehen). Abbildung 41 und Abbildung 42 zeigen die Struktur von AH und ESP sowie deren Einordnung in die IPv4- bzw. IPv6-Header.

Oftmals werden Hersteller zunächst nur IPSec-Implementierungen für IPv4 vorsehen, da es bisher kaum IPv6-Implementierungen oder gar produktive Netze auf diesem neuen Protokoll gibt. Wichtig bleibt dabei also herauszustellen: IPSec bietet auch für IPv4 Sicherheitserweiterungen, man muss nicht das gesamte Netz kostenintensiv auf IPv6 umstellen, um in den Genuss von IP-Sicherheit zu gelangen, sondern kann vielmehr partiell an den Stellen, wo Sicherheit benötigt wird, IPSec einsetzen, wie z.B. zum Tunneling von Unternehmensnetzen über das Internet.

### 3.4.4 Security Associations (SA)

#### 3.4.4.1 Konzept

Wie am Headerformat in Abbildung 41 und Abbildung 42 zu erkennen, trägt das IPSec-geschützte Paket keine direkte Information in sich, welches Verschlüsselungsverfahren mit welchem Schlüssel gerade eingesetzt wird. Auf diese, zur Paketbearbeitung jedoch zwingend notwendige Information **zeigt** der ***SPI (Security Parameter Index)*** im Header. Die eigentliche Datenstruktur, die lokal die relevanten Parameter vorhält, wird als ***Security Association (SA)*** bezeichnet. Security Associations sind ein fundamentaler Bestandteil der IP-Sicherheitsarchitektur. Eine SA beschreibt eine unidirektionale „Verbindung" bzgl. ihrer Sicherheitseigenschaften. Sie stellt eine Art Vertrag über einzuhaltende Sicherheitsfunktionen für den Datenverkehr dieser Verbindung dar. Sie ist für IPSec immer unidirektional auf den Empfänger bezogen, adressiert durch

```
[Destination-IP-Address, SPI, Protocol].
```

„Protocol" bezeichnet die IPSec-Protokolle ESP oder AH und den jeweiligen Modus. Eine SA gilt damit nur in *eine* Richtung für *einen* Sicherheitsmechanismus. Für eine typische bidirektionale Verbindung sind damit zwei SAs zu etablieren. Werden zudem Kombinationsformen von IPSec-Mechanismen benötigt, müssen diese wiederum in separaten SAs festgelegt werden. Die für ein bestimmtes Datenpaket einzusetzenden Sicherheitsmechanismen werden dann durch ein geordnetes Bündel von SAs beschrieben.

#### 3.4.4.2 SA Parameter

Die in einer SA beschriebenen Parameter hängen stark von dem gewählten Sicherheitsmechanismus ab. Grundsätzlich sind zwei Modi entsprechend der Modi bei AH und ESP zu unterscheiden:

- Transport Mode SA

  Eine Transport Mode SA beschreibt einen Sicherheitsmechanismus genau zwischen zwei Hosts oder, bei entsprechendem Schlüsselmaterial, auch feingliedriger für einzelne Prozesse oder Nutzer. Transport Mode kann nur Ende-zu-Ende eingesetzt werden, jede Verbindung, die einen Security Gateway involviert, muss im Tunnel Mode arbeiten.

- Tunnel Mode SA

  Eine Tunnel Mode SA beschreibt einen Sicherheitsmechanismus für einen IP-Tunnel, wobei ein äußerer IP-Header die Endpunkte des Tunnels charakterisiert, der innere IP-Header dagegen die ursprüngliche Quelle sowie das eigentliche Ziel des Paketes (was seinerseits wiederum ein Tunnelendpunkt sein könnte, wenn verschachtelte Tunnel auftreten). Tunnel Mode ist immer dann anzuwenden, wenn mindestens ein Security Gateway an der Verbindung beteiligt ist.

Der genau mit einer SA angebotene Security Service hängt vom gewählten Sicherheitsprotokoll, vom SA-Modus, den Endpunkten der SA sowie von Parametern des Sicherheitsprotokolls ab. Folgende Möglichkeiten bestehen:

- Mit AH wird (verbindungslos) die Integrität der Daten gesichert und die Herkunft authentisiert (Authentizität und Integrität). Sowohl die Daten des Payloads als auch Teile des Headers werden gesichert. *AH* im *Tunnel Mode* sichert das gesamte getunnelte Paket sowie Headerdaten des IP-Tunnels. *AH* im *Transport Mode* sichert nur den Payload sowie Teile des Headers.

- ESP bietet wahlweise Vertraulichkeit, Authentizität / Integrität (oder beides) sowie begrenzten Schutz gegen Verkehrsflussanalyse. Die Funktionalität von Authentizitäts- / Integritätssicherung ist jedoch eingeschränkt gegenüber AH – ESP schützt nur auf den ESP-Header folgende Daten (i.A. nur den Payload). *ESP* im *Tunnel Mode* sichert das gesamte getunnelte Paket. Dieser Security Service kann für folgende Fälle vorteilhaft eingesetzt werden:

  - Authentizität, Integrität und Vertraulichkeit, wobei die Headerdaten des Tunnels nicht zu sichern sind → ESP Tunnelmode bietet damit den Vorteil, *alle* diese *Schutzziele mit einer SA* abzudecken.

  - „Linkverschlüsselung" auf IP-Ebene: damit können einfach VPNs zwischen zwei SGs aufgespannt werden, indem alle Pakete durch den ESP-Tunnel geleitet werden. Damit wird auch ein gewisser Schutz vor Verkehrsflussanalyse gewährt, da auch die IP-Header (und damit die Adressdaten) der getunnelten Pakete verschlüsselt sind. Diese Option kann auch sinnvoll eingesetzt werden, wenn bereits eine Ende-zu-Ende-ESP-SA besteht, da bei dieser die Adressdaten ungesichert / unverschlüsselt sind.

  *ESP* im *Transport Mode* schützt nur die Daten des Payloads.

Weitere Parameter spezifizieren das zu verwendende kryptographische Verfahren sowie von diesem benötigte Schlüssel und Verfahrensparameter (bspw. ein Initialisierungsverktor). Diese werden der SA in der *Security Association Database* (Abschnitt 3.4.5.2) zugeordnet. Weiterhin kann eine bestimmte Gültigkeitsdauer basierend auf Zeit oder verarbeiteter Datenmenge festgelegt werden.

Sind die mit einer SA erreichbaren Sicherheitsparameter für eine bestimmte Verbindung nicht ausreichend, müssen diese durch mehrere SAs realisiert werden (z.B. Authentisierung der äußeren Headerdaten und Verschlüsselung des Payloads), es entsteht ein *SA-Bundle.*

Die genannten Parameter müssen natürlich auf geeignete Art und Weise etabliert werden – entweder „Out of band" über ein separates Key- (SA-) Management-Protokoll oder „in band" mit zusätzlichen Informationen direkt aus dem Datenpaket (s. IPSec – Key Management, Abschnitt 3.5).

## 3.4.5 Lokales Security-Management

### *3.4.5.1 Security Policy Database*

Da IPSec Sicherheitsmechanismen auf Paketebene bereitstellt, muss nun für jedes dieser IP-Pakete entschieden werden, ob und, wenn ja, wie dieses zu schützen ist. Das administrative Interface dazu bildet die *Security Policy Database (SPD)*. Diese Datenbasis spiegelt in abstrakter Form die Security Policy eines Computersystems wider. Für den Fall, dass IPSec-Mechanismen eingesetzt werden sollen, muss angegeben werden, welcher Security Service, d.h. welche Protokolle, Algorithmen etc. verwendet werden sollen.

Die SPD muss für jedes „IPSec-Interface" (also jeden Netzwerkanschluss, der in irgend einer Form IPSec-Mechanismen bereitstellen soll) Regeln definieren, welche Mechanismen auf eingehende und welche auf ausgehende Pakete angewandt werden sollen. („inbound" / „outbound" rules). Für Hosts mit gewöhnlich einem Interface stellen diese Regeln also die Anforderungen dieses speziellen Computers an Datenverkehr, der ihn erreicht und der ihn verlässt, dar. Für Security Gateways, die zwei oder mehr IPSec-Interfaces haben, können aus der Kombination von „inbound rules" des einen und „outbound rules" des jeweils anderen Interfaces die Regeln für überquerenden Datenverkehr gewonnen werden [16] !

Für jedes IP-Paket werden drei Entscheidungsmöglichkeiten vorgesehen:

- Paket verwerfen,
- Paket darf ohne IPSec-Funktion passieren,
- Paket muss IPSec-Mechanismen aufweisen.

Im letzten Fall muss durch die SPD vorgegeben werden, welche Sicherheitsmechanismen für das entsprechende Paket eingesetzt werden sollen (AH und/oder ESP, kryptographi-

---

[16] Gewöhnlich wird im administrativen Interface eines Security Gateways genau diese „traversing rule" festgelegt, also welche Bedingungen an den überquerenden Datenverkehr gestellt werden (bspw. Daten von Host A innen zu Host B außen und umgekehrt). Meist werden also aus dieser einen Regel vom Adminstrationstool des SG vier Regeln für die beiden Interfaces generiert und in der SPD abgebildet werden.

sche Verfahren etc.). Auf Endsystemen können durch Anwendungen zusätzliche Sicherheitsfunktionen gefordert werden, wobei sicherzustellen ist, dass diese die administrativ festgelegten Policies nicht abschwächen. Sog. *Selektoren* dienen als Index zur SPD und kennzeichnen damit die *Granularität* der entsprechenden Policy. Die folgende Tabelle gibt einen Überblick über definierte Selektoren:

| Selektor | Mögliche Ausprägung | Bemerkungen |
|---|---|---|
| Source / Destination IP Adresse | • Einfache Adresse (unicast, broadcast, multicast)<br>• Adress-Liste<br>• Adressbereich<br>• Maskierte Adresse (Adressbereich) | IPSec-Mechanismen können damit für einzelne Hosts oder Hostgruppen (bis hin zu Subnetzen) definiert werden. |
| Source- / Destination Ports | • Einzelne Ports<br>• Liste<br>• Bereiche | IPSec-Mechanismen können damit für bestimmte Dienste (Destination-Port) und/oder verbindungsorientiert (Source- und Dest.-Port) definiert werden. |
| Transport Layer Protocol | Wird aus „Next Header" (IPv6) bzw. „Protocol"-Feld (IPv4) des IP-Headers entnommen<br><br>z.B. Schutz aller UDP-Datenpakete | Durch Option-Felder oder Einsatz von ESP (der sämtliche nachfolgende Felder verschlüsselt) kann diese Information möglicherweise nicht immer zur Verfügung stehen. |
| Data Sensitivity Label | IPSO / CIPSO lable | Betrifft nur Systeme mit IT-SEC- oder DoD-zertifiziertem Netzwerk-Betriebssystem (optional) |

| Namen | vom Betriebssystem<br>(allg. aus Anwendungsebene)<br><br>*User-ID*<br>fully qualified domain name (FQDN, z.B. ben@foo.bar.com)<br>X.500 distinguished name DN<br>(C=US, O=IBM..., CN=ben)<br><br>*System-Name*<br>fully qualified domain name (FQDN, z.B. foo.bar.com)<br>X.500 distinguished name DN<br>X.500 general name | Nutzerbezogene Sicherheitsmechanismen. Diese können für IPSec zunächst nur lokal ausgewertet werden, z.B. wenn ein Nutzer eine Netzwerkverbindung (Socket) öffnet. Im Datenpaket steht diese Information i.A. nicht zur Verfügung. |

### *Verfügbarkeit der Selektoren*

Teilweise können Selektoren in IP-Paketen nicht verfügbar sein, bspw. Ports und Transport Layer Protocol bei der Verwendung von ESP, sowie Ports bei fragmentierten Paketen (in diesem Fall sind die Ports nur im ersten Fragment enthalten). Ob bestimmte Pakete in diesem Falle zugelassen sind, regelt der sog. *Opaque Value* für einen Selektor in der SPD.

## 3.4.5.2  Security Association Database

Die Security Association Database (**SAD**) enthält eine Liste aktiver SAs, ebenfalls indiziert durch die Selektoren.

Eine dynamische Relation zwischen SPD und SAD bietet die Möglichkeit, für eine bestimmte Policy direkt auf eine aktive SA zurückzugreifen (bzw. festzustellen, dass noch keine aktive SA zu dieser Policy besteht und diese etabliert werden muss).

Die SPD enthält Regeln, wie die Selektoren für den neuen SAD-Eintrag abgeleitet werden. Der Selektor des SPD-Eintrags, welcher zur Etablierung dieser SA(s) führte, kann

- direkt aus der SPD kopiert oder
- aus dem „auslösenden" Paket

übernommen werden. In der SPD können Selektoren für Bereiche (Listen, Wildcards z.B. für Source- / Destination-IP-Adressen) genutzt werden, bspw. um über einem Security Gateway den Datenverkehr des gesamten angeschlossenen Subnetzes zu sichern. Über diese „Ableitungsregel" kann nun festgelegt werden, ob die resultierende SA für den gesamten Datenverkehr gelten soll (SA sharing, SPD-Selektor, z.B. für Adressbereich, wird direkt übernommen), oder ob nur die gleichen im SPD-Eintrag festgelegten Security Services gelten sollen (z.B. ESP mit 3DES), für jede Hostverbindung jedoch separate SAs (und damit Schlüssel) zu nutzen sind. Im letzteren Falle wird der SAD-Selektor aus dem „auslösenden" Paket genommen.

***SA-Bundles***

Eine SA widerspiegelt zunächst nur einen einzigen Sicherheitsmechanismus – bspw. AH im Transport Mode, Verfahren HMAC-MD5 sowie die entsprechenden Schlüssel. Es kann aber durchaus erforderlich sein, dass mehrere IPSec-Mechanismen gleichzeitig angewendet werden müssen (s. Kombinationsformen). Ein realistisches Szenario wäre z.B., dass ein „nomadic user" mit seinem Notebook IPSec zu einem Server im Unternehmen nutzen will. Das Unternehmensnetz ist jedoch nur über einen Security Gateway erreichbar. Um höchstmögliche Sicherheit bis zur Grenze des Unternehmensnetzes zu erreichen, müssen sowohl AH als auch ESP angewendet werden. Damit zusätzlich der Server die Pakete zumindest auf ihre Unversehrtheit prüfen kann, sollte AH Ende-zu-Ende eingesetzt werden. Damit ergibt sich die Notwendigkeit, ein sog. *SA-Bundle* auf Pakete zu diesem Server anzuwenden, und zwar in der Reihenfolge:

AH (Client-Server) → ESP(Client-Gateway) → AH (Client-Gateway)

Sämtliche SAs müssen nun etabliert (s. Key-Management) und in der SAD vermerkt werden. In der SPD wird jetzt auf alle drei SAs (SA-Bundle) verwiesen.

## 3.4.6 Redundanz der Authentisierungsverfahren

Mittlerweile bietet auch ESP die Funktionalität, eine Authentisierung des Nutzdatenfeldes vorzunehmen, ohne dieses zu verschlüsseln (*ESP_with_NULL_encryption*). Die Authentisierungsmechanismen sind dabei die selben wie bei AH. Der einzige Unterschied ist, dass die Headerdaten nicht mit authentisiert werden. Diese könnten mit ESP im Tunnel Mode geschützt werden. Möchte man jedoch ohne den Overhead einer Encapsulation die IP-Headerdaten schützen, führt kein Weg an AH vorbei.

Die Frage ist nun: Sind im Header überhaupt schützenswerte Informationen? Ausgehend von den bisherigen Angriffsszenarien, wie z.B. IP-Spoofing und der Manipulation der Routing-Entscheidung über die Source-Route-Option (Abschnitt 2.2.1.2), ist man sicher geneigt, diese Frage zu bejahen. Auf der anderen Seite gilt es für die Authentisierung eines Paketes nur, sicher festzustellen, wer dessen Absender ist. Dieses an Hand der IP-Adresse zu tun, ist in Anbetracht von dynamischer Adressvergabe nicht sehr flexibel und rührt eigentlich aus den Zeiten vor IPSec. Wesentlich flexibler ist dagegen eine Authentisierung z.B. an Hand von Zertifikaten. Die Security Association ist (bei Verwendung der entsprechenden Verfahren während des Schlüsselaustausches, s. Abschnitt 3.5.6.2) genau mit einem solchen Zertifikat verknüpft.

## 3.5    IPSec - Security Association Management / Key Management

Die im vorangegangen Abschnitt beschriebenen Mechanismen bieten sehr flexible Schutzmöglichkeiten für IP-Pakete. Mit den Security Associations steht ein universelles Konzept zur Bereitstellung von Sicherheitsfunktionen beliebiger Granularität bereit, wobei die Zuordnung dieser Sicherheitsfunktionen zu bestimmten Datenströmen mit dem Datenmodell der SPD ein administratives Interface erhält. Bisher ist jedoch noch keine Funktionalität beschrieben worden, die den sicheren Austausch der entsprechenden Parameter bereitstellt.

Wie kommen aber nun die in einer Security Association gehaltenen Parameter (die prinzipiell auch als ein Vertrag über die einzuhaltenden Sicherheitsparameter einer bestimmten Kommunikationsbeziehung angesehen werden können) auf die Hosts? Da in diesem Vertrag geheime (symmetrische) Schlüssel spezifiziert werden, sind die „Vertragsverhandlungen" sicher und geheim zu führen. Nahe liegend wäre, diese „Verhandlungen" einige Zeit vor der eigentlichen Kommunikation durchzuführen, beispielsweise per PGP-verschlüsselter EMail. In der Tat ist dieses Pre-Shared-Key-Verfahren für „reine" IPSec-Hosts ohne zusätzlichem Key Management Protokoll der einzige Weg, IPSec zu nutzen. Dass dies wenig flexibel ist und zudem einige kryptographische Schwächen aufweist (beispielsweise, dass symmetrische Schlüssel nur sehr selten und zudem nur „per Hand" gewechselt werden können), liegt auf der Hand.

Aus diesem Grunde befasst sich die IPSec-Arbeitsgruppe der IETF natürlich auch mit der Spezifikation geeigneter Key Management Protokolle. Dabei sind zwei grundsätzlich verschiedene Ansätze vorgeschlagen worden:

1.    Schlüsselinformationen direkt im IP-Paket durch zusätzliche Headerinformationen mitzuschicken („in band"):
      Das Key Management verbleibt dabei auf der selben Kommunikationsschicht (bezogen auf das OSI-Modell). Ein derartiger Protokollvorschlag ist SKIP (Abschnitt 3.5.1.)

2.    Ein separates und universelles Key Management Protokoll bereitzustellen:
      Dieses kann zwangsläufig nur auf Anwendungsebene stattfinden und bricht damit im Grunde mit der „reinen Lehre" des Schichtenmodells, dass niedrigere Schichten für höhere Schichten Dienste erbringen. Einer der Protokollvorschläge für ein solches universelles Key Management ist Photuris (Abschnitt 3.5.2)

Nachdem es einige Zeit aussah, als ob SKIP als Vertreter der ersten Kategorie gute Chancen hat, sind später Ansätze für ein universelles Key Management Protokoll verfolgt und ausgebaut worden, die in dem Protokoll ISAKMP mündeten.

Im Folgenden sollen nun zum einen SKIP als Vertreter der ersten Kategorie, zum anderen die Protokolle SKEME, Photuris und Oakley, die ISAKMP und ISAKMP/Oakley (IKE) zu Grunde liegen, näher betrachtet werden. Im Anschluss werden dann ISAKMP und IKE selbst detailliert untersucht, da auf diesen der eigene Protokollentwurf im Kapitel 4.5 basiert.

Vertraut der Leser auf die den Protokollen zugesicherten Eigenschaften, kann die detaillierte Darstellung übersprungen und zur Zusammenfassung, Abschnitt 3.5.7 übergegangen werden.

## 3.5.1 SKIP (Simple Key-Management for Internet Protocols)

SKIP (Simple Key-Management for Internet Protocols) [Azir et al 1997] ist ein „inband"-Key-Management, bei dem durch zusätzliche Headerinformationen (SKIP-Header) im Paketheader die Bereitstellung des Schlüsselmaterials erfolgt. Grundsätzlich basiert auch SKIP auf dem Diffie-Hellman-Verfahren, wobei im Gegensatz zu Photuris, Oakley und IKE der öffentliche DH-Exponent eines Hosts (oder auch Nutzers) ein „langlebiger" Schlüssel ist, der von einer dritten Instanz zertifiziert oder in einer Art Pre-Shared-Key-Verfahren ausgetauscht wird. Der gemeinsame Schlüssel zwischen zwei beliebigen Instanzen $I$ und $J$ ergibt sich entsprechend dem DH-Algorithmus aus dem eigenen geheimen Wert sowie dem öffentlichen Exponenten des jeweiligen anderen Kommunikationspartners, hier bezeichnet als $Kij$ (Master Key).

***Headerformat / Funktionsweise / Kurzanalyse***

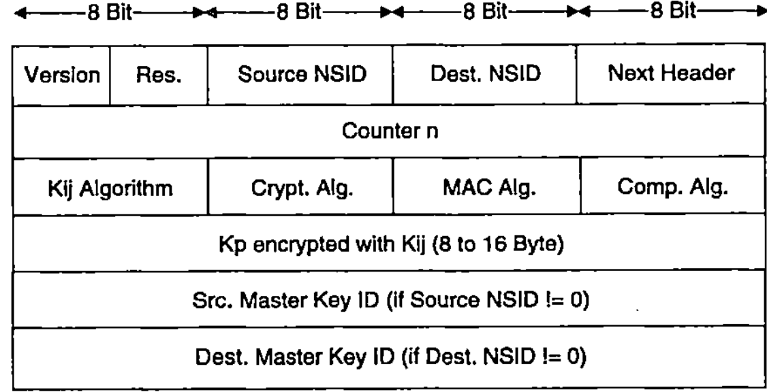


*Abbildung 43 - SKIP-Headerformat*

Verwendet eine Station SKIP als Key Management Protokoll, wird in jedem Paket ein zusätzlicher Header entsprechend Abbildung 43 im Datenpaket transportiert. Die Felder dieses Headers sind im Folgenden näher beschrieben:

- Source / Dest. NSID (Name Space ID)

  Sind diese Felder nicht Null, wird im SKIP-Header eine Source / Dest. Master Key ID (MKID) mitgeführt. Diese MKID erlaubt es, statt der defaultmässig verwendeten Source-/Dest.-IP-Adressen andere Identifikatoren für den zu verwendenden authentisierten DH-Exponenten (Zertifikat) zu nutzen. Dies ist bspw. nützlich, wenn nutzerbezogene Schlüssel eingesetzt werden sollen oder ein mobiler Host unabhängig von seiner (evtl. dynamisch zugewiesenen IP-Adresse) seinen authentisierten DH-Exponenten aus dem „Heimatnetz" verwenden will.

- Next Header

  Wird SKIP zusammen mit AH und / oder ESP verwendet, zeigt dieses Feld an, welcher dieser Header folgt.

- Counter n

  Die mehrmalige Verwendung von *Kij* vermindert dessen kryptographische Stärke bzgl. Known-Plaintext-Angriffen. Eine gewisse Verbesserung bietet hierfür die Verwendung eines zusätzlichen Counters, wobei der ursprüngliche Kij nur noch als Ausgangswert für eine Anzahl später wirklich genutzter *Kijn'* verwendet wird. Kijn wird gebildet über: `Kijn = HASH(Kij, n)` Durch die „Verarbeitung" beider Parameter in einer Hash-Funktion sind die resultierenden Schlüssel voneinander unabhängig.

- *Kij* Algorithm

  Spezifiziert den Algorithmus, mit dem der später verwendete Session Key *Kp* mit *Kij* verschlüsselt wurde.

- Crypt. / MAC / Comp. Algorithm

  Spezifiziert den vom „inneren" Protokoll (AH / ESP) verwendeten Verschlüsselungs- / Authentisierungs- / Kompressionsalgorithmus

- Kp (verschlüsselt)

  *Kij* wird nicht direkt zur Verschlüsselung / Authentisierung verwendet, sondern ein weiterer, zufällig gewählter Schlüssel *Kp*, der mit *Kij* verschlüsselt (mit „*Kij* Algorithm") im Paket übertragen wird. Das vermindert (neben der Nutzung des Counter-Feldes) die Angriffspunkte gegen den Langzeitschlüssel *Kij* mittels Known-Plaintext-Attacks weiter.

- Source- / Dest. MKID  - s. NSID

*Kp* selbst wird nun je nach seinem Einsatz zur Verschlüsselung (ESP) und / oder Authentisierung (AH) nochmals mittels einer Hashfunktion mit unterschiedlichen Parametern in *E_Kp* resp. *A_Kp* überführt. Im Folgenden sollen nun kurz die Vor- und Nachteile dieses Protokollansatzes analysiert werden.

*Vorteile*

Der größte Vorteil, den SKIP für sich verbuchen kann, ist seine Unabhängigkeit von einem separaten „Out-of-Band"-Key-Management-Protokoll. Ein SKIP-fähiges System kann sofort geschützte Pakete an einen Kommunikationspartner senden, ohne vorher ein solches Key-Management-Protokoll durchlaufen zu müssen. Es muss nur ein authentischer öffentlicher DH-Exponent dieses Kommunikationspartners zur Verfügung stehen. Damit verbunden ist eine unkomplizierte Implementierung des Protokolls.

Prinzipbedingt wird auch eine saubere Trennung bzgl. des OSI-Schichtenmodells eingehalten, da das Key Management auf der gleichen Ebene stattfindet, wo die Schlüssel später eingesetzt werden.

Im Grunde müssen keinerlei Statusinformationen gehalten werden – trifft ein Paket mit SKIP-Header ein, kann der Empfänger entsprechend der Source-IP-Adresse (oder der MKID) mit einem zugehörigen authentisierten DH-Exponenten (der seinerseits lokal oder über Infrastrukturkomponenten, wie Secure-DNS, bereitgestellt werden kann) das gemeinsame Geheimnis $Kij$ berechnen. Aus Effizienzgründen werden für oft benötigte Kommunikationsbeziehungen diese Schlüssel jedoch vorberechnet werden.

### *Nachteile*

Diese Vorteile werden jedoch durch eine Reihe von Nachteilen erkauft:

- Paketgröße
  Der zusätzliche SKIP-Header wird in *jedem* Paket transportiert. Das bedeutet eine nicht unerhebliche Bandbreitenbelastung und Effizienzverringerung des Gesamt-/Nutzdatenverhältnisses.
  Im ungünstigsten Fall bei einer MTU von 512 Byte, einem IP-Header von 20 Byte, einem AH von 28 Byte (16 Byte MAC) und einem zusätzlichen SKIP-Header von 32 Byte verschlechtert sich die Nutzdatenrate von ca. 90% auf 84%.

- Austausch / Abgleich von Sicherheitsanforderungen
  Entscheidet ein Sender, Sicherheitsmechanismen für ein Datenpaket zu nutzen, weiß er im Normalfall nicht, welche kryptographischen Verfahren vom Empfänger unterstützt werden, vielmehr wählt er ein Verfahren, das *seinen* Sicherheitsanforderungen entspricht. Falls der Empfänger dieses Verfahren jedoch nicht beherrscht, muss der Sender über zusätzliche ICMP-Nachrichten [SKIP_ADC] informiert werden, welche Verfahren unterstützt werden. Ein flexibles Sicherheitsmanagement ist damit jedoch nur schwer möglich.

- Security Gateways
  Sollen IP-Pakete durch auf dem Weg befindliche Security Gateways geprüft werden, sind entweder die geheimen DH-Parameter der Endpunkte auch auf die SGs zu verteilen ([SKIP] schlägt vor, so zu verfahren), was jedoch zu dem Problem führt, dass der SG eine evtl. zusätzlich vorhandene Ende-zu-Ende-*Verschlüsselung* mitlesen kann (da aus *Kij* auch der Verschlüsselungsschlüssel berechnet wird), in jedem Fall jedoch Pakete fälschen könnte. Besser wäre die Lösung, einen separaten Authentisierungsheader einzufügen, was jedoch mit einem zusätzlichen SKIP-Header verbunden ist und den Protokolloverhead weiter vergrößert.

Insgesamt ist SKIP ein relativ einfaches Protokoll, das jedoch einem echten *Security- und Policy-Management* in komplexen Netzstrukturen nicht gewachsen zu sein scheint.

## 3.5.2 Photuris

Photuris [KarnSimp 1999] ist ein Key-Management-Protokoll, das zur Bereitstellung kurzlebiger (symmetrischer) Session-Keys eingesetzt werden kann und vom Protokolldesign besonders interessant bzgl. seiner Vorkehrungen gegen DoS-Angriffe ist. Genau dieser Ansatz ist in ISAKMP und IKE übernommen worden. Da das später in dieser Arbeit entwickelte, erweiterte Protokoll (MIKE) auf die Funktionalität von IKE aufbaut und damit auch dessen Eigenschaften bzgl. der DoS-Vorkehrungen übernimmt, sollen diese Mechanismen hier näher betrachtet werden.

Photuris besteht aus mehreren Protokollphasen:

1. Cookie Exchange
2. Value Exchange
3. Identification Exchange
4. Weitere optionale Nachrichten

Auch Photuris unterscheidet zwischen einer Host-Authentisierungsphase und dem eigentlichen Schlüsselaustausch für die Sicherheitsparameter anfordernden Instanzen (vgl. Oakley und ISAKMP in den folgenden Kapiteln). Damit stehen am Ende einerseits Parameter für das Photuris-Protokoll selbst (SPI, Schlüssel etc.), versehen mit einer bestimmten Gültigkeitsdauer (*Exchange-Lifetime*), zur Verfügung. Dieser „Status" besteht dann zwischen zwei Internet-Knoten (IP-Adressen). Unabhängig davon besitzen die für z.B. IPSec etablierten Parameter eine eigene Gültigkeitsdauer (*SPI LifeTime*) und kennzeichnen den Status zwischen Prozessen, Nutzern oder auch Knoten.

### *Denial-of-Service-Abwehr*

Besonders in der ersten Phase des Protokolls, dem Cookie-Exchange, sind die Maßnahmen zum Schutz vor DoS-Angriffen enthalten. Um diese einordnen und analysieren zu können, muss zunächst geklärt werden, in welcher Form in dieser Protokollphase DoS-Angriffe durchgeführt werden können:

Eine „herausragende" Angriffsmöglichkeit besteht im Fluten eines Systems mit Authentisierungsanfragen. Damit einhergehen können je nach Protokolldesign:

- Fluten mit Verbindungsaufbauwünschen auf Transportebene (und damit Bandbreite- und Ressourcenverbrauch)
- Bindung weiterer Systemressourcen und von Rechenzeit für die Generierung von Protokollnachrichten.

Ein Angreifer kann, muss aber nicht die eigene Identität in Form seiner IP-Adresse verbergen. Ein intelligenter Angreifer wird jedoch durch die Fälschung der Absenderadresse versuchen davon abzulenken, dass gerade eine Überflutung mit Anfragen von *einem* System stattfindet (IPSec-Mechanismen helfen an dieser Stelle noch nicht, Fälschungen von IP-Source-Adressen aufzudecken, da dazu erst die Etablierung von SAs notwendig ist, was wiederum mit einem Key Management Protokoll stattfindet. Es müssen also andere Wege gefunden werden, das Key Management selbst vor DoS zu schützen).

Mit diesem Angreifermodell ist die Hauptanforderung an ein Protokoll, das möglichst resistent gegen DoS-Angriffe sein soll, der sehr sparsame Umgang mit Systemressourcen während der Authentisierungsphase, insbesondere auf Empfängerseite. Bezogen auf die wichtigsten Ressourcen eines Computersystems sind dies:

- geringer Speicherbedarf: es dürfen nur sehr wenig Statusinformationen gehalten werden.
- geringer Rechenzeitbedarf: sparsamer Einsatz von kryptographischen Operationen zu Beginn des Protokolls.
- geringer Bandbreitenbedarf: möglichst kurze Nachrichten verwenden.

Die wenigsten Ressourcen bzgl. der Übertragung von Nachrichten an ein anderes Computersystem verbraucht ein zustands-/verbindungsloses Übertragungsprotokoll. Aus diesem Grunde wird *UDP zum Austausch* der Photuris-Nachrichten genutzt (UDP s. Abschnitt 2.2.2.1). Das bedeutet jedoch, dass durch die nicht garantierte Zustellung dieser Nachricht der Sender den Empfang der Antwort in einem bestimmten Zeitintervall erwarten und ggf. eine erneute Übertragung der Nachricht initiieren muss (Retransmission-Timer).

In dieser ersten Phase des Protokolls werden nun sog. *Cookies als Pre-Authentisierungstoken* (Anti-Clogging-Token) verwendet. Als Cookie wird bei Photuris ein 16 Byte langer Hashwert bezeichnet. Initiator und Responder generieren ihre Cookies aus verschiedenen Parametern (s.u.) resultierend in einem Initiator- (IC) und einem Responder-Cookie (RC), die zusammen genau einen Exchange identifizieren. Im Einzelnen werden folgende Schritte beim Cookie-Exchange abgearbeitet:

| Initiator | Responder |
| --- | --- |
| - Initiator-Cookie (IC) generieren<br><br>IC = HASH(secret_i, Src.-IP, Dest.-IP, Src.-Port, Dest.-Port)<br><br>- „secret_i" muss für jeden neuen Request zu einem bestimmten Responder neu generiert werden (kryptographisch sicher)<br>- in bestimmten Situationen wird das Responder Cookie (RC) mit einem bereits bekannten Wert besetzt<br>- Status: Retransmission Timer, Responder/IC-Relation<br><br>send Cookie-Request → | |

|  | → receive Cookie-Request |
|---|---|
|  | ■ Bestimmung der IP-Adresse des Initiators (Peer / I) und prüfen, ob: |
|  |   - bereits zu viele SPIs (abgeschlossene Key-Exchanges z.B. für IP-Sec) oder noch nicht abgeschlossene Photuris-Exchanges mit I in Bearbeitung sind. |
|  |   - ein Photuris-SPI mit I noch nicht abgelaufen ist. |
|  | Trifft eine der Bedingungen zu, wird eine „Ressource-Limit"-Nachricht an I geschickt und der Exchange für R beendet. |
|  | Anm.: Diese sehr ressourcenschonenden Operationen müssen für jede eingehende Cookie-Request-Nachricht erfolgen, wenn R nicht seinerseits vorher eine Filterung der IP-Pakete an Hand der IP-Adresse durchgeführt wird (die ihrerseits aber ebenfalls Ressourcen benötigt) |
|  | RC = HASH(secret_r, Src.-IP, Dest.-IP, Src.-Port, Dest.-Port,   IC,   Counter, offered_schemes) |
|  | ■ „secret_r" muss nicht für jede Response neu generiert, sollte aber periodisch (alle 60 s) geändert werden. |
|  | ■ Kein Caching / Status |
|  | ← send Cookie-Response |
| receive Cookie-Response ← |  |
| ■ Verwerfen der Nachricht, wenn: |  |
|   - ungültiges oder abgelaufenes IC,<br>  - Längenfehler,<br>  - offered_scheme entspricht nicht den Anforderungen,<br>  - doppelte Nachrichten. |  |
| ■ Ansonsten Auswahl eines Schemas und Übergang zum Value-Exchange |  |

*Analyse*

Mit dem Cookie-Exchange kann nun bestimmten Arten von Angriffen begegnet werden:

1. Ein Angreifer, der seine IP-Adresse nicht fälscht und durch eine Vielzahl von Cookie_Requests mit seiner wahren IP-Adresse einen DoS-Angriff durchführt, kann leicht durch die responderseitige Begrenzung der von einem Initiator erlaubten „offenen" Exchanges abgewehrt werden. Desweiteren werden responderseitig kaum Ressourcen verbraucht und ein weiterer limitierender Faktor dürfte die Netzbandbreite sein.

2. Cookie_Requests von einem Angreifer, der seine IP-Adresse fälscht, werden zunächst durch die Cookie_Response beantwortet, wobei vom Responder kaum Ressourcen dafür verbraucht werden.

- Ohne Routingmanipulation wird die Cookie_Response zum Inhaber der gefälschten Adresse geleitet, der ein ungültiges IC erkennt und die Nachricht verwirft. Liegt der Angreifer nicht „am Weg" zu diesem wahren Inhaber, kann er das RC nicht abhören und, durch den im RC gehashten geheimen Wert „secret_r", dieses auch nicht selbst generieren. Er kann damit keine weitere gültige Nachricht erzeugen.

- Kann der Angreifer das RC abhören (da die Nachricht „standardmässig" über sein Netz führt, oder dies durch Manipulation des Paketweges durch Source-Routing erreicht wird), kann er jedoch weitere gültige Nachrichten an das anzugreifende System senden.

Der Cookie-Exchange verhindert damit zunächst einfache Flooding-Angriffe mit ungefälschten IP-Paketen. Ein fortgeschrittener Angreifer, der seine Source-Adresse fälscht und in exponierter Stellung im Netzwerk angeschlossen ist, kann diesen Schutz jedoch umgehen. Verwendet der Angreifer sequentiell aufsteigende Adressen oder nur Adressen aus einem Subnetz (das er bspw. kontrolliert), könnte dieser Angriff durch zusätzliche Mechanismen entdeckt werden (sog. Intrusion-Detection Systeme sind oft in der Lage, gehäuften Datenverkehr aus einzelnen Netzen bzw. sequentielle Adressnutzung zu erkennen). Kann der Angreifer jedoch zufällig gewählte Adressen fälschen, ist auch dieser Mechanismus überfordert.

Der Schutzmechanismus, der nun noch wirkt, besteht in der Symmetrie der durchzuführenden Rechenoperationen. Das bedeutet, dass in den folgenden Protokollschritten bei *beiden* Parteien gleichmässig rechenzeitintensive Public-Key-Operationen durchgeführt werden müssen. Damit wird für einen (bzgl. Rechenleistung) schwächeren Angreifer der Angriff nicht erfolgreich verlaufen.

Im Folgenden sollen die an den Cookie-Exchange anschließenden weiteren Phasen kurz betrachtet werden:

- ***Value-Exchange:*** Es werden entsprechend dem in der Cookie_Response ausgewählten Schlüsselaustausch-Schema (offered_scheme) benötigte Werte sowie unterstütze Verfahren zum Schutz des weiteren Photuris-Exchanges ausgetauscht. (Momentan ist nur der Schlüsselaustausch nach Diffie-Hellman spezifiziert. Hiermit werden die öffentlichen DH-Exponenten ausgetauscht.)

*Angriffsmöglichkeiten:* Beide Parteien müssen während dieses Austausches DH-Exponenten generieren (bzw. vorgehaltene Exponenten bereitstellen) – Ein Angreifer könnte den Exchange nach dem Senden des Value-Requests beenden und damit die unbedingt während des Protokollablaufes durchzuführende DH-Berechnung unterdrücken. Weitere gültige Nachrichten sind damit zwar nicht generierbar, der Responder wird jedoch gezwungen, Systemressourcen zu verbrauchen.

- *Identification Exchange:* Im weiteren Verlauf werden durch eine zu wählende Authentisierungsmethode die Identitäten der Parteien ausgetauscht (z.B. über Zertifikate), diese verifiziert und die zuvor ausgetauschten DH-Exponenten authentisiert. *Angriffsmöglichkeiten:* Auch in diesem Exchange müssen beide Parteien gleichermaßen ressourcenintensive Operationen durchführen, so dass nur von einem stärkeren Angreifer (in Vergleich zum „Opfer") ein erfolgreicher Angriff auf dieser Ebene erfolgen kann.

Nach dieser Phase, die den eigentlichen Photuris-Exchange beendet, steht ein sicherer Kanal bereit, über den Schlüssel für weitere Instanzen (z.B. IPSec) ausgetauscht werden können (*SPI_Messages*). Diese stellen i.A. keinen Angriffspunkt für DoS-Angriffe bereit – diese werden in den o.g. Exchanges angesetzt.

*Zusammenfassung*

Photuris bietet mit dem Cookie-Exchange einen Ansatz, einfache DoS-Angriffe abzuwehren. Diese Protokollphase kann leicht angepasst für jedes Schlüsselaustauschprotokoll eingesetzt werden (und wurde darum in ISAKMP / IKE übernommen). Der Schlüsselaustausch selbst ist in Ansätzen vergleichbar mit IKE und Oakley, wobei jedoch die Flexibilität (aber damit auch die Komplexität) geringer ist.

## 3.5.3  SKEME (Secure Key Exchange Mechanism for the Internet)

SKEME [Krawczyk 1996] wurde als eine Erweiterung des Photuris-Protokolls entwickelt, um zum einen neue Trustmodelle (wie Key Distribution Center - KDC - und manuell verteilte, geheime Schlüssel – Pre-Shared-Keys) einzuführen. Zum anderen sollte eine flexiblere Anpassungsfähigkeit zwischen Sicherheitsanforderungen und dem notwendigen Overhead des Key Exchanges gegeben werden, indem die Möglichkeit eines schnellen „Re-Keying" ohne aufwendige Public-Key-Operationen bereitgestellt wird.

Weiterhin wird die Nutzung von Signaturen zur Authentisierung von DH-Parametern explizit nicht unterstützt, um es keiner Partei im Nachhinein zu ermöglichen, dem jeweiligen Kommunikationspartner das Stattfinden der Kommunikation über die signierten Daten nachzuweisen. Es wird also explizit die Abstreitbarkeit (repudiation) einer Kommunikationsbeziehung als Designkriterium vorausgesetzt.

SKEME ist in 3 Phasen unterteilt:

1. SHARE

   In dieser Phase senden die beiden Kommunikationspartner einen mit dem öffentlichen Schlüssel des anderen verschlüsselten Zufallswert, wobei keine Empfangsbestätigungen einbezogen sind. Aus den beiden Zufallswerten wird mittels einer

Hashfunktion ein gemeinsamer geheimer Schlüssel generiert. Senderanonymität (im Sinne einer nur für den Empfänger erkennbaren Identität) wird gewährleistet, indem $id_a$ mit in die erste Nachricht einbezogen wird. Diese Funktionalität ist jedoch nur gewährleistet, wenn die Identität nicht an Hand der IP-Adresse festgestellt werden kann.

```
A→B:  {[ida],  Ka}  PKEB
B→A:  {Kb}  PKEA
K0  =  H(Ka  ,  Kb)
```

2. **EXCH**
   A und B tauschen ihre öffentlichen DH-Exponenten aus:

```
A→B:  g^x  mod  p
B→A:  g^y  mod  p
```

3. **AUTH**
   Bis zu diesem Punkt sind noch keine der ausgetauschten Parameter authentisiert. Erst diese Phase authentisiert die Parameter und damit die Teilnehmer, so dass A und B sicher sein können, dass die empfangenen Nachrichten wirklich vom jeweiligen Gegenüber stammen und die eigenen Werte korrekt empfangen wurden.

```
A→B:  FK0 (g^y  ,  g^x  ,  ida  ,  idb)
B→A:  FK0 (g^x  ,  g^y  ,  idb  ,  ida)
```

Die genannten 3 Phasen bieten auch die Möglichkeit, Kombinationsformen anzuwenden. Alle Informationen sind in bereits 3 Nachrichten übertragbar. Diese ähnelt dann grundlegend dem Aggressive Mode Exchange von IKE, authentisiert mit Public-Key-Encryption – PKE (s. Abschnitt 3.5.6.2).

Folgende Modifikationen sind vorgesehen:

- Kein PFS / schnelles Re-Keying
  in EXCH wird statt eines DH-Exponenten nur ein Zufallswert übermittelt, das spart die DH-Operation, erlaubt einem Angreifer jedoch beim Brechen von $K_0$ den Zugriff auf alle vorher mit $K_0$ generierten Schlüssel.

- Pre-Shared Keys
  Falls bereits ein gemeinsames Geheimnis zwischen den Parteien etabliert ist, kann die erste Phase übersprungen werden.

SKEME erlaubt damit, die Effektivität und die Eigenschaften des Protokolls an verschiedene Sicherheitsbedürfnisse anzupassen.

## 3.5.4 Oakley Key Determination Protocol

Oakley [Orman 1998] wurde als ein auf dem Diffie-Hellman-Verfahren beruhendes Schlüsselaustauschprotokoll entworfen. Durch sein Design bietet es sehr viele Freiheitsgrade, die eine optimale Anpassung an die Erfordernisse der involvierten Parteien ermöglichen. Insbesondere kann jeder Teilnehmer freizügig bestimmen, wie viele Informationen er in einem bestimmten Protokollschritt dem Partner preisgibt. Es kommt daher einer richtigen *Aushandlung von Sicherheitsparametern* sehr nahe. Eigenschaften von Oakley sind:

- Anti-Clogging-Defense (DoS) mit dem Cookie-Mechanismus des Photuris-Protokolls (Abschnitt 3.5.2).
- Etablierung / Abgleich von Verschlüsselungs-, Authentisierungs- und Schlüsselgenerierungs-Methode zwischen den beteiligten Parteien.
- Authentisierung der DH-Exponenten durch ein separates Verfahren, um keine zyklischen Abhängigkeiten (ähnlich einem selbstsigniertem Zertifikat) zu erzeugen.
- DH-Exponentation braucht nicht vor der Authentisierung stattfinden ($\rightarrow$ sparsamer Umgang mit Ressourcen).
- Letztlich generierter gemeinsamer Schlüssel hängt nicht nur von DH-Mechanismus ab, sondern zusätzlich vom gewählten Authentisierungsverfahren, bspw. von einer RSA-Verschlüsselung.
- Eigene DH-Gruppen können genutzt werden, z.B. in einem geschlossenen Benutzerkreis mit besonderen Anforderungen an eine DH-Gruppe.

Die Anzahl der auszutauschenden Nachrichten hängt stark von der „Freizügigkeit" der beteiligten Parteien ab, d.h. wie viele Informationen ein Sender pro Protokollschritt preisgeben will. Der effizienteste Fall - der sog. Aggressive Mode - benötigt drei Nachrichten (die immer für eine gegenseitige Authentisierung notwendig sind). Bereits in diesem Modus können folgende Eigenschaften gewährleistet werden:

- *Perfect Forward Secrecy (PFS)* für ausgetauschtes Schlüsselmaterial,
- Geheimhaltung der Identitäten (IDs) der Parteien.

Im Aggressive Mode stehen jedoch einige Eigenschaften nicht zur Verfügung, für die weitere Protokollschritte benötigt werden. Im sog. Main Mode bietet Oakley zusätzliche Eigenschaften:

- DoS-Abwehr mit „vorgeschaltetem" Cookie-Exchange,
- PFS für die Geheimhaltung der Identitäten,
- Signaturen für Nichtabstreitbarkeit der Kommunikationsbeziehung.

Auf die einzelnen Protokollschritte und deren Notwendigkeit für die Erfüllung der genannten Eigenschaften soll an dieser Stelle nicht ausführlich eingegangen werden. Im folgenden Abschnitt wird dafür die Abbildung des Oakley-Protokolls auf ISAKMP-Nachrichten gezeigt und die Eigenschaften und Nutzungsmöglichkeiten am daraus resultierenden Protokoll ISAKMP/Oakley (IKE) demonstriert.

## 3.5.5 ISAKMP

Offensichtlich wird das „Internet Security Association and Key Management Protocol" als ein universelles Key- bzw. Security-Management-Protokoll für IPSec favorisiert [Maughan 1998]. Genau genommen stellt ISAKMP nur einen Protokollrahmen bereit, in dem verschiedene Nachrichtentypen definiert sind. Mit diesen Protokollnachrichten kann dann das eigentliche Key-Management-Protokoll aufgebaut werden.

### 3.5.5.1    Nachrichtenformat

ISAKMP-Nachrichten werden mit dem verbindungslosen UDP (User Datagram Protocol) transportiert (s. Bemerkungen bei Photuris Abschnitt 3.5.2). Vor jeder Nachricht wird ein ISAKMP-Header platziert. Teile dieses Headers (Cookies, Message ID) ermöglichen trotz des verbindungslosen Transportprotokolls das Halten eines minimalen Verbindungskontextes. Der Rest (Flags, Exchange Type, Länge) ist zur Bearbeitung der nachfolgenden Payload-Felder notwendig.

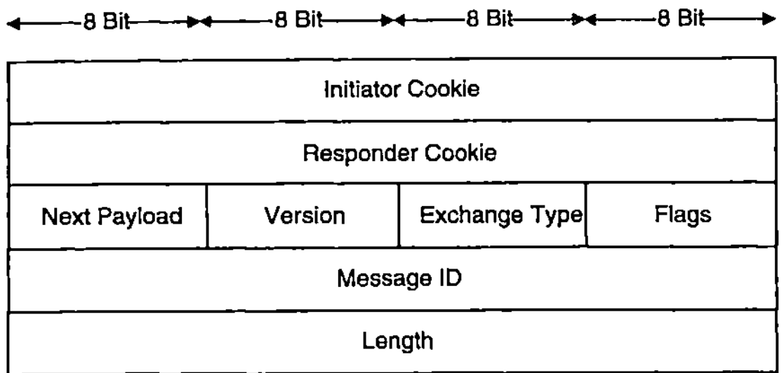


*Abbildung 44 - ISAKMP-Headerformat*

An den ISAKMP-Header schließen sich je nach Protokollschritt verschiedene Payloadfelder an. Diese können optional (wiederum abhängig vom Protokollschritt) verschlüsselt sein. Folgende Nachrichten sind definiert:

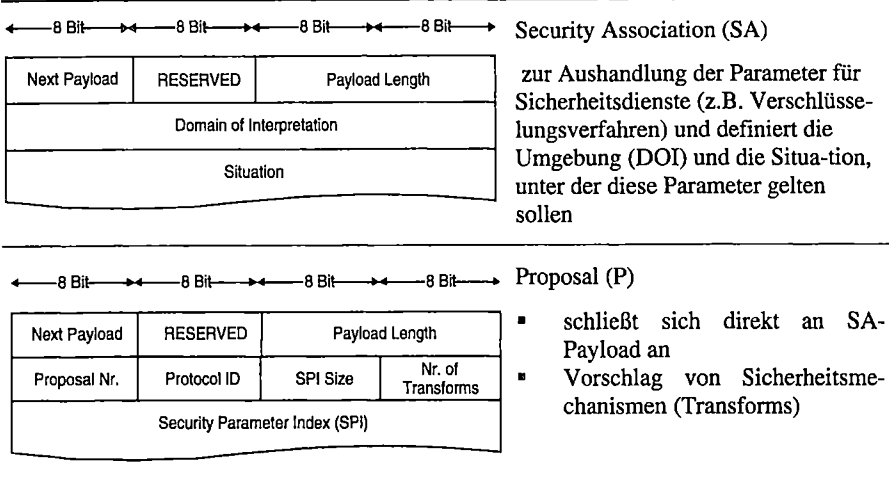


**Security Association (SA)**

zur Aushandlung der Parameter für Sicherheitsdienste (z.B. Verschlüsselungsverfahren) und definiert die Umgebung (DOI) und die Situa-tion, unter der diese Parameter gelten sollen

**Proposal (P)**

- schließt sich direkt an SA-Payload an
- Vorschlag von Sicherheitsmechanismen (Transforms)

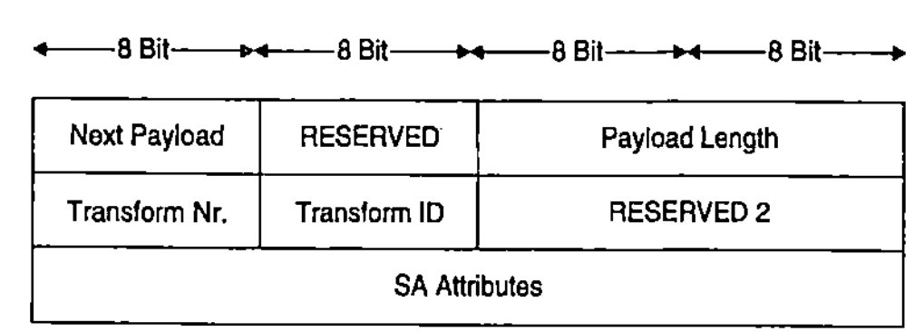

## Transform (T)

- schließt sich direkt an T-Payload an
- definiert genau einen bestimmten Sicherheitsmechanismus (z.B. DES)
- SA Attribute sind zu diesem Mechanismus notwendige Parameter (z.B. der Initialisierungsverktor für DES-CBC)

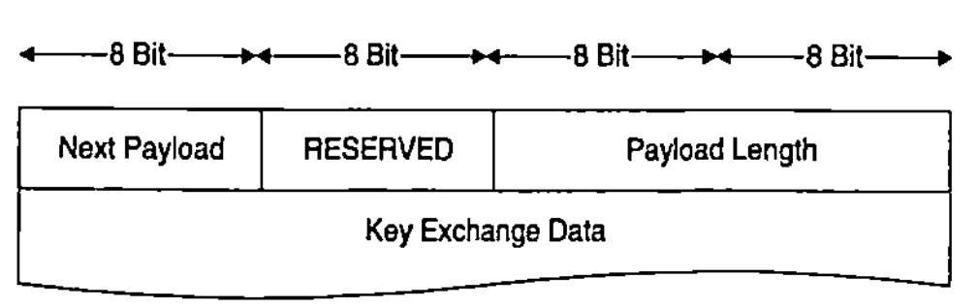

## Key Exchange (KE)

- kann beliebige Daten transportieren
- Interpretation hängt vom verwendeten Key-Exchange-Algorithmus ab

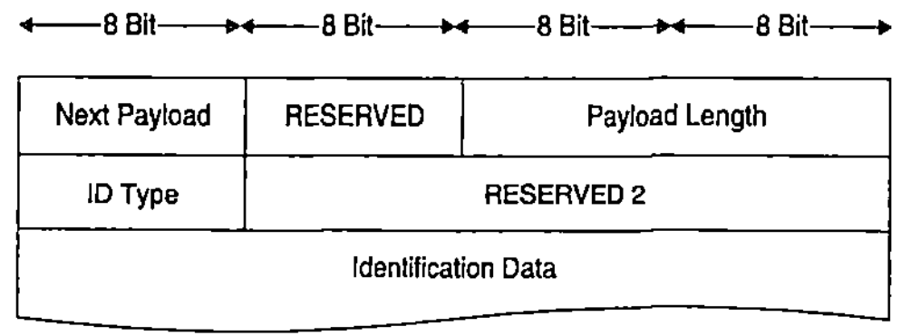

## Identification (ID)

- Daten zur Identifikation der kommunizierenden Teilnehmer
- Interpretation abhängig von der Umgebung (DOI)

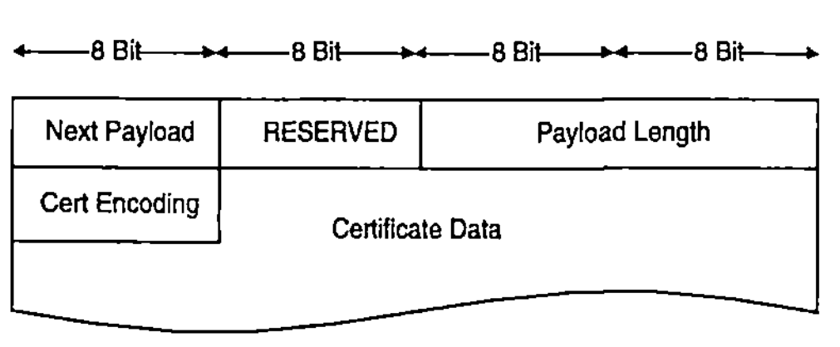

## Certificate (CERT)

- transportiert Public-Key-Zertifikate oder zertifikatsbezogene Informationen
- wird genutzt, um Zertifikate zu verteilen, wenn kein Directory Service dazu bereitsteht

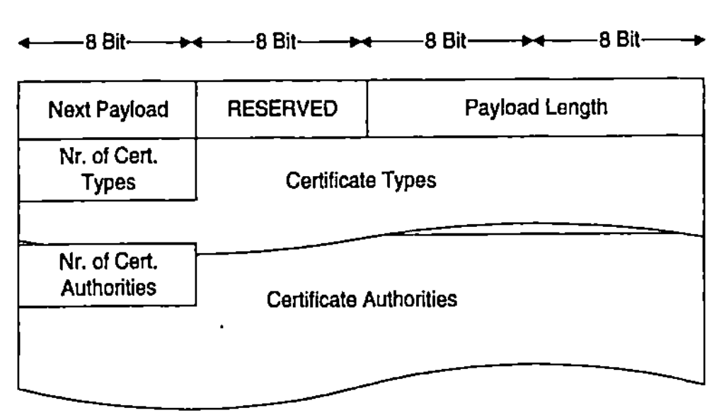



## Certificate Request (CR)

- falls kein Directory Service zur Verteilung von Zertifikaten existiert, können hiermit explizit Zertifikate angefordert werden
- als Parameter können Zertifikat-Typen und akzeptierte Zertifizierungsinstanzen angegeben werden

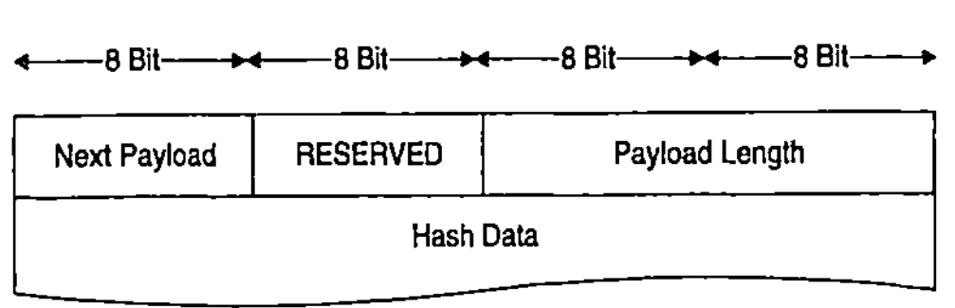



## Hash (HASH)

Hash-Werte, die in ISAKMP-Nachrichten oft zur Authentisierung und Integritätssicherung dienen, werden mit diesem Payload übertragen

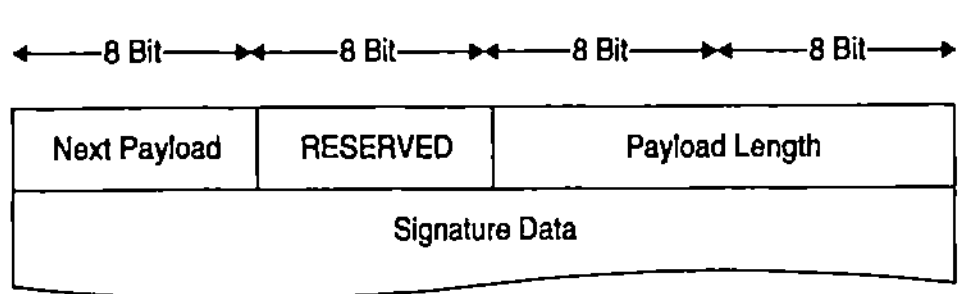



## Signature (SIG)

Digitale Signaturen werden in einigen Authentisierungs-Schemata zur Authentisierung und zur Gewährleistung von Nichtabstreitbarkeit genutzt

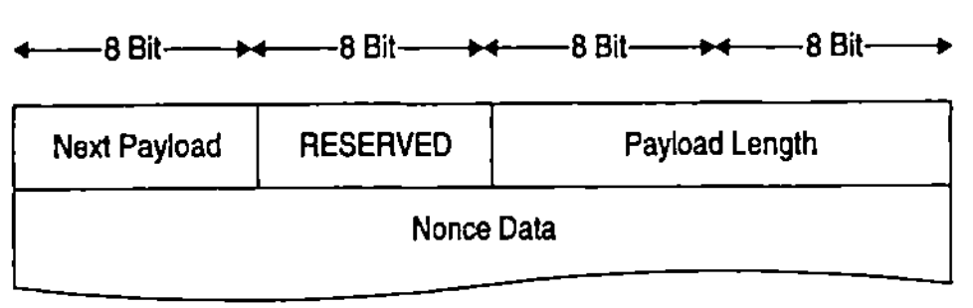



## Nonce (NONCE)

Zufallsdaten, die dieser Payload überträgt, werden für verschiedene Zwecke genutzt, wie für Challenge-Response-Protokolle, „Replay Protection" (Schutz vor Wiedereinspielen von abgehörten Nachrichten), etc.

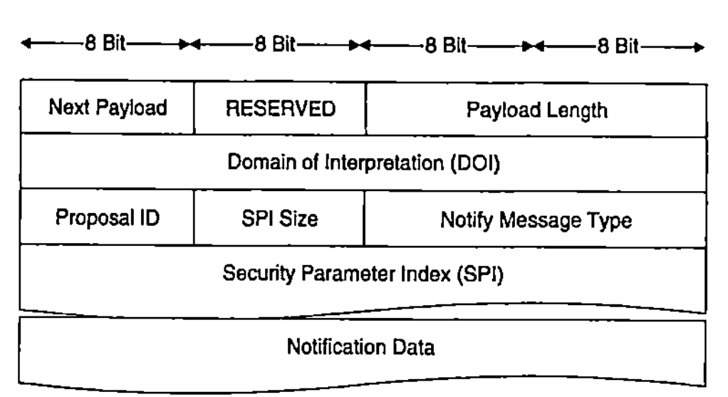



Notification (N)

- zur Information über Fehlerzustände werden diese Nachrichten versandt
- da ISAKMP ein zustandsloses Protokoll ist, müssen Informationen in der Nachricht enthalten sein, an Hand derer festgestellt werden kann, worauf sich die Mitteilung bezieht

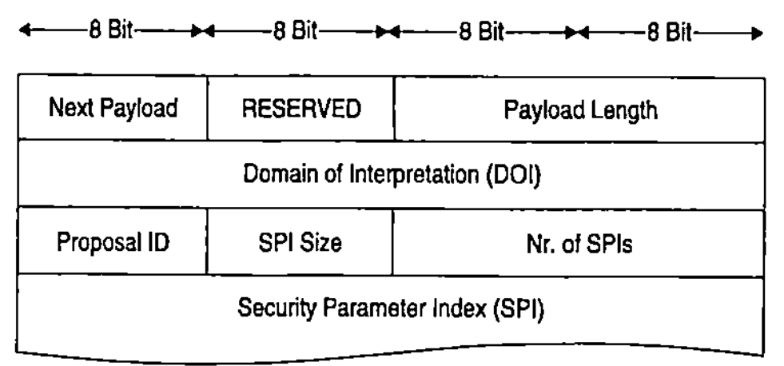



Delete (D)

Wenn eine Security Association gelöscht werden soll, wird der Kommunikationspartner mit dieser Nachricht darüber informiert

*Abbildung 45 - ISAKMP-Payloads*

## 3.5.5.2 Protokollphasen

ISAKMP ist das erste der beschriebenen Protokolle, welches einen *2-Phasen-Ansatz* einführt und somit die Effizienz des gesamten Key-Managements erheblich verbessern kann. Der Grundgedanke besteht darin, dass ISAKMP als ein universelles Key-Management-Protokoll auf einem Computersystem eingesetzt wird und somit als separater Prozess im Betriebssystem (Kernel) verankert ist und für beliebige Instanzen (z.B. IPSec) auf Anforderung Schlüsselmaterial bereitstellt. Durch die Etablierung eines gesicherten Kanals zwischen den Key-Management-Instanzen zweier Computersysteme (Phase I) können später über diesen Kanal die Schlüssel für die anfordernden Instanzen schnell und ohne aufwendige Public-Key-Operationen ausgetauscht werden (Phase II).

In *Phase I* finden starke kryptographische Verfahren zur Authentisierung der Parteien Anwendung. Außerdem werden die zum Schutz des ISAKMP-Kanals zu verwendenden kryptographischen Verfahren ausgehandelt und die notwendigen Schlüssel etabliert (Security Association zwischen diesen beiden ISAKMP-Instanzen; ISAKMP-SA). Die ISAKMP-Instanzen werden entsprechend ihrer Funktion auch *Initiator* und *Responder* genannt.

Diese erste, sicherheitskritische Phase, die in einen sicheren Kanal zwischen Initiator und Responder mündet, ist durch ihre Konstruktion gegen verschiedene Angriffsarten resistent:

- Hijacking
  Die Übernahme von Verbindungen nach erfolgreicher Authentisierungsphase ist eine „beliebte" *aktive* Angriffsart. Durch die (kryptographische) Verknüpfung von Protokollnachrichten wird dies bei ISAKMP wirksam verhindert. Diese Verknüpfung verhindert auch die „Man-in-the-Middle"-Angriffe, bei denen Nachrichten eingefügt, verfälscht oder gelöscht werden (Erläuterungen am Beispiel von ISAKMP/Oakley im folgenden Abschnitt).

- DoS (Denial of Service)
  Die Überlastung eines Systems durch die Bindung von Ressourcen ist ein beliebtes *passives* Angriffsszenario (z.B. TCP-SYN-Flooding, Abschnitt 2.2.2.2). Gegen diese Angriffsart ist i.A. sehr schwer anzukommen, denn gewisse Ressourcen verbraucht jede Anfrage, insbesondere die Authentisierungsprozedur. Andererseits ist zu Beginn einer Kommunikation noch nicht ersichtlich, ob eine rechtmässige Anfrage oder ein Angriff vorliegt. Einzige Lösung scheint der sehr sparsame Verbrauch von Ressourcen in der „Pre-Authentisierungsphase" (wenig Statusinformationen halten, rechenintensive Operationen vermeiden).
  → ISAKMP kann den im Photuris-Protokoll beschriebenen Cookie-Mechanismus nutzen, um diese Art von Angriffen abzuwehren. Dieses Verfahren bietet einen Schutz gegen einige einfache Angreifermodelle (s. Abschnitt 3.5.2).

Nach der ersten Phase steht die ISAKMP-SA bereit, mit denen ein sicherer Kanal für die ISAKMP-Nachrichten realisiert wird.

In *Phase II* kann dieser gesicherte Kanal genutzt werden, um ein effizienteres Protokoll einzusetzen. Eine Authentisierung und Schlüsseletablierung erfolgt in dieser Phase nun je nach anfordernder Instanz (z.B. IPSec) host-, verbindungs- oder nutzerbezogen.

Dieser 2-Phasen-Ansatz hat zwar einen höheren Overhead beim erstmaligen Verbindungsaufbau zwischen zwei Systemen, bietet jedoch folgende Vorteile:

1. Nutzung des sicheren Kanals für mehrere anschließende Key Exchanges,
2. Security Services der ersten Phase (ISAKMP-SA) schützen zweite Phase, z.B. Verschlüsselung aller folgenden Protokollnachrichten schützt die Identitäten der Parteien, die über diesen Kanal Schlüssel etablieren,
3. Fehlernachrichten in der 2. Phase bedingen kein völlig neues Aufsetzen des Key Exchanges, da der sichere Kanal weiter besteht. Auch das Löschen von SAs erfolgt über den gesicherten Kanal.

## 3.5.5.3   Exchange Types

ISAKMP definiert 4 „Exchange Types", die in jeder der Protokollphasen eingesetzt werden können:

1.   Base Exchange
2.   Identity Protection Exchange
3.   Authentication Only Exchange
4.   Aggressive Exchange

Diese vier Exchange Types bieten unterschiedliche Eigenschaften bzgl. der Anzahl der zu übermittelnden Nachrichten, der Funktionalität (Authentisierung / Authentisierung und Schlüsselaustausch) sowie des Schutzes der Teilnehmeridentitäten. Zusätzlich können noch eigene Exchangetypen definiert werden.

## 3.5.6   ISAKMP/Oakley (IKE - The Internet Key Exchange)

Mit Hilfe der in ISAKMP definierten Nachrichten und Exchange Types (Abschnitt 3.5.5) sowie dem bzgl. kryptographischer Verfahren konkreten „Oakley Key Determination Protocol" (Abschnitt 3.5.3) kann ein sehr flexibles Protokoll aufgebaut werden, das verschiedene Anforderungen erfüllt. ISAKMP/Oakley, mittlerweile in „The Internet Key Exchange" (IKE) umbenannt, definiert dieses Protokoll [HarCar 1998].

Zunächst sollen kurz die wichtigsten, in diesem Protokoll verwendeten kryptographischen Basisverfahren genannt werden. Im Anschluss wird das nunmehr in ISAKMP-Exchanges und -Nachrichen abgebildete Oakley-Protokoll näher untersucht und analysiert, wie die in Abschnitt 3.5.5 genannten Eigenschaften gewährleistet werden.

### 3.5.6.1   Kryptographisch wichtige Funktionen für IKE

**Diffie-Hellman-Verfahren**

Das DH-Verfahren ist ein Public-Key-Verfahren, dessen Sicherheit auf der Schwierigkeit beruht, den diskreten Logarithmus für große Zahlen zu berechnen. Es ist jedoch ein reines Schlüsselaustauschprotokoll und eignet sich nicht dazu, Daten zu verschlüsseln oder zu signieren. Das Verfahren ist einfach:

Teilnehmer A wählt eine große Zahl $x$, B seinerseits $y$.

A sendet $X = g^x \bmod n$ an B
B sendet $Y = g^y \bmod n$ an A.

Der gemeinsame Schlüssel wird bestimmt mit $g^{xy} \bmod n$

Da entsprechend dem zu Grunde liegenden Problem aus den offen übertragenen Werten weder $x$ noch $y$ durch einen Angreifer berechnet werden können, ist der gemeinsame Schlüssel nur A und B bekannt. (zu den Randbedingungen zur Erzeugung von $x$ und $y$ sowie zur Auswahl von $g$ und $n$, siehe [Schneier 1996].)

Wichtig ist sicherzustellen, dass die öffentlichen Parameter X und Y *authentisch* übermittelt werden, da ansonsten ein Angreifer als „Man-in-the-Middle" die Exponenten von A und B gegen eigene austauschen könnte. Da der mit DH ausgetauschte Schlüssel nicht für längere Zeit gültig sein soll (*ephemeral DH-Values*), können diese Werte z.B. nicht durch ein Zertifikat authentisiert werden. IKE definiert dafür zunächst 3 Authentisierungsmechanismen (s. Abschnitt 3.5.6.2)

Die während des Protokolls ausgetauschten Parameter müssen je nach verwendetem Authentisierungsverfahren signiert oder verschlüsselt werden. Damit werden gleichzeitig die Endpunkte kryptographisch sicher authentisiert. Neben einem Pre-Shared-Key Verfahren werden asymmetrische Kryptoverfahren, die i.A. auf einer Zertifikatsinfrastruktur aufsetzen, benötigt.

### Asymmetrische Verschlüsselungs- und Signaturverfahren

Als asymmetrische Verschlüsselungs- und Signaturverfahren kommen zunächst RSA oder DSS (Digital Signature Standard) zur Anwendung. Die Verfahren selbst sind z.B. in [Schneier 1996] genauer beschrieben. Wichtig ist, dass für asymmetrische Signatur- und Verschlüsselungssysteme öffentliche Schlüssel geeignet zertifiziert werden müssen, s. Abschnitt 3.1, Infrastrukturkomponenten.

### Symmetrische Authentisierung mit HMAC

HMAC ist eine parametrisierbare „Pseudo Random Function" *prf*, i.A. eine sog. Keyed-Hash-Funktion. Diese basiert auf einer „normalen" Hashfunktion, wie MD5 oder SHA. Zusätzlich wird jedoch ein Schlüssel beliebiger Länge[17] nach einem bestimmten Algorithmus verarbeitet. Im Ergebnis erhält man einen Block fester Länge, der vom Schlüssel und der zu authentisierenden Nachricht abhängt. [Krawczyk et al 1997] [Krawczyk 1996-1] [Krawczyk 1996-2]

### Bezeichnung / Notation

Da dieses Verfahren einen gemeinsamen (geheimen) Schlüssel nutzt, wird der Authentisierungswert, wie bei symmetrischen Verfahren üblich, *Message Authentication Code* (MAC) genannt. Die auf dem Hash-Algorithmus basierende Authentisierungsfunktion ist eine *HMAC*-Funktion. Entsprechend der konkreten Hash-Funktion ergibt sich z.B. die Bezeichnung HMAC-MD5.
ISAKMP schreibt nicht zwingend vor, eine solche HMAC-Funktion zu nutzen (obwohl diese sicher in den meisten Fällen zum Einsatz kommt). Die Notation ist deshalb allgemeiner gehalten mit:

```
prf(Key, Message)
```

(prf steht für Pseudo-Random Function)

---

[17] Die Schlüssellänge sollte mindestens der Länge des Ausgangswertes der verwendeten Hashfunktion entsprechen, bei MD5 also 16 Byte. Größere Schlüssel als die Blocklänge (MD5: 64 Byte) bieten jedoch kaum eine weitere Erhöhung der Sicherheit.

*Vorteile / Nachteile*

Da auf bekannte und weitgehend analysierte Hashfunktionen aufgebaut wird, kann die Sicherheit des Verfahrens gut beurteilt werden. Die Hashfunktionen sind zudem auch in Software schnell realisierbar.

Der Nachteil besteht natürlich in der einem symmetrischen Verfahren immanenten Eigenschaft, dass die authentisierenden Daten nicht von beliebigen Dritten geprüft werden kann.

*Symmetrische Verschlüsselung*

Zum Schutz des in Phase I zu etablierenden sicheren Kanal werden symmetrische Kryptoverfahren eingesetzt, sowohl zur Integritätssicherung (s. HMAC-Verfahren) als auch zur Verschlüsselung der Nachrichten. Mindestanforderung ist die Unterstützung von DES-CBC.


## 3.5.6.2 Phasen und Modi in IKE

In IKE wird der 2-Phasen-Ansatz von ISAKMP (sicherer Kanal und nachfolgender Austausch weiterer Schlüssel über diesen) übernommen. Außerdem legt ISAKMP bestimmte Exchange-Typen (Abschnitt 3.5.5.3) fest, die jeweils definierte Protokolleigenschaften unterstützen. IKE nutzt in *Phase I* diese Standard-Exchange-Typen von ISAKMP. Die Exchanges legen eine definierte Nachrichtenfolge fest. In Oakley ist der Inhalt einer Folgenachricht jedoch abhängig von der gerade empfangenen Nachricht (je nach dem, wie viele Informationen ein Sender preisgeben möchte), je nach Anforderung der Parteien werden zwischen 3 und 7 Nachrichten zur Vollendung des Protokolls benötigt. Deshalb werden zwei mögliche Nachrichtenfolgen, die mit den von IKE unterstützen Exchange-Typen korrespondieren, ausgewählt (Modi).

*1. Aggressive Mode*

kommt mit der minimalen Anzahl von drei Nachrichten aus, die zu einer gegenseitigen Authentisierung notwendig sind. Allerdings sind damit auch Einschränkungen verbunden:

- bereits nach dem ersten eintreffenden Paket beim Responder sind ressourcenintensive Rechenoperationen notwendig.
- damit verbunden ist eine verminderte DoS-Resistenz, da kein separater Cookie-Exchange stattfindet.
- Eingeschränkte Möglichkeiten des gegenseitigen „Abgleichens" der SA-Parameter (DH-Gruppe ist vorgegeben und kann während dieses Exchanges nicht neu festgelegt werden)
- Abhängig vom verwendeten Authentisierungsverfahren können weitere Einschränkungen auftreten, z.B. ist *Identity Protection* nur bei Verwendung von Public-Key-Encryption-Verfahren möglich.

*2. Main Mode*

erfordert eine größere Anzahl von Nachrichten (Round-Trips), bietet jedoch einige Vorteile:

- Bessere DoS-Resistenz durch verwendeten Cookie-Exchange in den ersten beiden Nachrichten.
- Umfangreichere Möglichkeiten der Übereinkunft über SA-Parameter

In *Phase II* wird der sichere ISAKMP-Kanal genutzt, um weitere SAs zu etablieren. Im einfachsten Falle werden in dieser Phase neben den zu verwendenden Verschlüsselungs- / Authentisierungsverfahren für die SA nur Zufallswerte (Nonce) für den gemeinsamen Schlüssel ausgetauscht. Optional kann der Austausch weiterer DH-Exponenten für *Perfect Forward Secrecy* sorgen. In dieser Phase können mehrere SAs gleichzeitig etabliert werden, womit potentiell weniger als eine Nachricht pro SA benötigt wird. Der Exchange Mode in Phase II ist ausschließlich der *Quick Mode* mit 3 Nachrichten.

Im Folgenden werden die Mechanismen der Schlüsseletablierung und Authentisierung in beiden Phasen näher betrachtet.

## 3.5.6.3　Authentisierung / Schlüsseletablierung in Phase I

Für den Schlüsselaustausch in Phase I kommt das Diffie-Hellman (DH-) Verfahren in Verbindung mit Zufallswerten (Nonce) zum Einsatz. Zur Authentisierung der Nachrichten (und damit der DH-Exponenten und der IKE-Instanzen selbst) sind derzeit 3 Verfahren spezifiziert, durch deren Wahl bestimmte Schutzziele verfolgt werden können:

1.　Signatur (mit DSS oder RSA)　**SIG**
　　Mit der Signatur kann die Nichtabstreitbarkeit (Non-Repudiation) einer Kommunikationsbeziehung erreicht werden. Durch das Signieren der Nachricht ist jederzeit auch im Nachhinein nachweisbar, dass eine bestimmte Partei an der Kommunikation beteiligt war, da diese Signatur nur von dieser erzeugt werden kann.

2.　Public-Key-Encryption (mit RSA, 2 Modi)　**PKE**
　　Ist Nichtabstreitbarkeit jedoch gerade nicht erwünscht, kann Public-Key-Encryption (oder auch (3)) eingesetzt werden. Da bei diesem Verfahren eben nichts signiert wird, stehen den Parteien alle Informationen zur kompletten Rekonstruktion des Nachrichtenaustausches bereit.

3.　Pre-Shared Keys **PSK**
　　(Ver- / Entschlüsselung mittels vorher ausgetauschter geheimer Schlüssel)
　　Für begrenzte Umgebungen mit bekannten Kommunikationspartnern kann dieses Verfahren eingesetzt werden. Es erfordert keine Zertifikatsinfrastruktur für die Bereitstellung öffentlicher Schlüssel zur Verschlüsselung oder Signaturprüfung, birgt aber die potentielle Gefahr, dass eine größere Anzahl geheimer Schlüssel gespeichert werden muss.

Eine Kombination der Verfahren, z.B. SIG+PKE, ist momentan nicht vorgesehen (insbesondere wegen der sich weiter erhöhenden Anzahl notwendiger Public-Key-Operationen).

Der Algorithmus zur Generierung des endgültigen (symmetrischen) Schlüsselmaterials der IKE-SA (d.h. welche konkret ausgetauschten Werte in diesen Schlüssel eingehen) ist abhängig vom verwendeten Authentisierungsverfahren.

### *ISAKMP-Payloadverschlüsselung*

Wenn auf beiden Seiten die Parameter zur Generierung des geheimen Schlüssels vorliegen, *kann* der gesamte ISAKMP-Payload verschlüsselt werden. Im Aggressive Mode gilt das nur für die letzte (3.) Nachricht, im Main Mode für die 5. und 6. Nachricht. Als Verfahren kommt der gerade mit der IKE-SA ausgetauschte Verschlüsselungsalgorithmus zum Einsatz.

Der *Vorteil* liegt in der zusätzlichen Sicherheit durch die Nachrichtenverschlüsselung, die Known-Plaintext-Angriffsmöglichkeiten vermindert. *Nachteil* ist jedoch, dass „online" die DH-Exponentation zur Generierung des gemeinsamen Schlüssels durchgeführt werden muss, bevor die neue Protokollnachricht ausgesendet werden kann. Das bindet zusätzliche Ressourcen und verzögert den Abschluss der Phase I.

## 3.5.6.4   Beispiele für Phase I

Im Folgenden sollen je ein Beispiel für Aggressive Mode und Main Mode mit unterschiedlichen Authentisierungsverfahren die Konstruktion des Protokolls sowie die Maßnahmen gegen verschiedene Angriffsarten verdeutlichen.

### *Aggressive Mode / Public-Key-Encryption*

In diesem Beispiel wird eine IKE-SA zwischen `ben@foo.bar.com` und dem Dienst `ftp.tu-dresden.de` etabliert, den Parteien steht jeweils ein Zertifikat des anderen zur Verfügung, aus dem der öffentliche Schlüssel gewonnen wird. Vom Initiator werden die Verschlüsselungsverfahren DES-CBC und CAST vorgeschlagen.

| *Initiator* | |
|---|---|
| **HDR**<br>`(Cookie-I, 0)`<br><br>`[`**HASH**`(1)]`<br>**SA-**<br>　　**P**`(ISK-SA)-`<br>　　**T**`(DES-CBC)-`<br>　　**T**`(CAST)`<br>**KE**`(g`$^i$`)`<br>`<`**ID**$_{ii}$`>pk(ID`$_{ir}$`) ftp.tu-dresden.de`<br>`<`**N**$_i$`> pk(ID`$_{ir}$`) ftp.tu-dresden.de`<br><br><br>`(pk = Public Key)` | ▪ Im SA-Proposal werden jeweils die unterstützten / gewünschten kryptographischen Verfahren eingetragen<br>▪ Erste Parameter zur späteren Schlüsselgenerierung sind der DH-Exponent des Initiators sowie ein Zufallswert $N_i$<br>▪ Für eine erste (ungesicherte) Identifizierung wird eine ID des Initiators mitgeschickt<br>▪ Zufallswert und ID werden mit dem öffentlichen Schlüssel des Responders verschlüsselt und sind damit nur von diesem zu entschlüsseln. Zusätzlich muss der Hashwert des Zertifikates (HASH(1)) mitgeschickt werden, wenn ein Empfänger mehrere Zertifikate besitzt. Der Empfänger kann damit feststellen, welcher korrespondierende geheime Schlüssel zu nutzen ist. |

Der Responder muss jetzt aus den vom Initiator gesendeten Daten und eigenen Werten ($N_r$ und g', die auch schon vorberechnet sein können), einen Masterkey SKEYID ableiten, was für die verschiedenen Authentisierungsverfahren unterschiedlich definiert ist. (s. Schlüsselgenerierung Abschnitt 0). Im Beispiel wählt R als Verschlüsselungsverfahren DES-CBC aus.

| | **Responder** |
|---|---|
| ■ Der Responder wählt genau *ein* Proposal / Transform aus und sendet dieses zusammen mit seinen eigenen Schlüsselparametern $N_i$ und $g^r$ zurück. | **HDR** <br> (Cookie-I, Cookie-R) |
| ■ Mit HASH_R werden sämtliche sicherheitsrelevanten Parameter der ersten Nachricht des Initiators sowie der neuen Nachricht des Responders zu einem MAC verarbeitet. (s. Erläuterungen) | **SA**- <br>    **P**(IKE-SA)- <br>    **T**(DES-CBC) |
| ■ Der eigene Zufallswert $N_r$ und die ID werden mit dem öffentlichen Schlüssel des Initiators verschlüsselt und sind damit nur von diesem zu entschlüsseln. Der Hashwert des benutzten Zertifikates braucht nicht bereitgestellt werden, da mit der (sicher übertragenen) $ID_{ii}$ das zu wählende Zertifikat bekannt ist. | **KE**$(g^r)$ <br> <$ID_{ir}$>pk($ID_{ii}$)ben@foo.bar.com <br> <$N_r$> pk($ID_{ii}$)ben@foo.bar.com <br> **HASH_R** |
| | (pk = Public Key) |

Der HASH-Wert wird erzeugt mittels der Funktionen:

$$\text{HASH\_R} = \text{prf}(\text{SKEYID}, \; g^r \mid g^i \mid \text{CKY-R} \mid \text{CKY-I} \mid SA_i \mid ID_{ir})$$

Damit sind alle in dieser Nachricht enthaltenen Werte mit einem Message Authentication Code versehen, der nur von R erzeugt werden kann. Ein Angreifer müsste den verwendeten PKE-Algorithmus brechen, um $N_i$ zu erhalten und letztlich SKEYID zu erzeugen. Der gemeinsame DH-Exponent $g^{ir}$ geht an dieser Stelle noch nicht ein, da

- Ein Schlüssel, der später für die Verschlüsselung / Authentisierung verwendet wird, möglichst nicht selbst den Schlüsselaustausch authentisieren soll,
- DoS-Angriffsmöglichkeiten vermindert werden, da zur Generierung der neuen Nachricht die vorherige DH-Exponentation nicht notwendig ist (diese kann nach dem Absenden „offline" erfolgen).

Zuletzt wird vom Initiator die dritte Nachricht als Nachweis gesendet, dass die Parameter des Responders korrekt empfangen wurden.

| **Initiator** | |
|---|---|
| **HDR** <br> (Cookie-I, Cookie-R) <br><br> **HASH_I** | ■ HASH_I authentisiert die eigenen Parameter und beweist den korrekten Empfang der Werte von R |

```
HASH_I = prf(SKEYID, g^i | g^r | CKY-I | CKY-R | SA_i | ID_ii)
```

Ein für R akzeptabler HASH_I kann nur erzeugt werden, wenn

- $N_r$ korrekt entschlüsselt werden konnte (d.h. wenn der passende geheime Schlüssel zum von R verwendeten Zertifikat im Besitz ist)
- die korrekten DH-Exponenten und das korrekte (von R ausgewählte) SA-Proposal empfangen wurden,
- die ID mit der von R verwendeten übereinstimmt.

Außer für das Authentisierungsverfahren „Signatur" dient diese Nachricht des Initiators zudem dazu, seine eigenen, in der ersten Nachricht gesendeten Werte zu authentisieren; denn für „Pre-Shared Key" und „Public Key Encryption" könnte die erste Nachricht ein beliebiger Teilnehmer erzeugen (also auch ein Angreifer), denn der öffentliche Schlüssel von R steht jedem zur Verfügung – erst HASH_I kann nur ein rechtmässiger Sender generieren, da dazu entweder das gemeinsame Geheimnis oder der Private Key notwendig sind.

## Main Mode / Signature

In diesem Beispiel wird ebenfalls eine IKE-SA zwischen ben@foo.bar.com und dem Dienst ftp.tu-dresden.de etabliert, den Parteien steht jeweils ein Zertifikat des anderen zur Verfügung, aus dem der öffentliche Schlüssel zur Verifizierung der Signatur gewonnen wird.

In der ersten Nachricht erfolgt der Cookie-Exchange zur Erhöhung der DoS-Resistenz sowie der Austausch der Policy mittels der SAs. Geschützt werden diese beiden Nachrichten zunächst nur durch die schwache Authentisierung des Cookie-Exchanges.

| *Initiator* | |
|---|---|
| **HDR**<br>`(Cookie-I, 0)`<br><br>**SA-**<br>`  P(ISK-SA)-`<br>`  T(DES-CBC)-`<br>`  T(CAST)` | • Im SA-Proposal werden jeweils die unterstützten / gewünschten kryptographischen Verfahren eingetragen, in diesem Falle DES-CBC und CAST |
| • Der Responder wählt genau *ein* Proposal / Transform aus und sendet dieses zurück. | *Responder*<br><br>**HDR**<br>`(Cookie-I, Cookie-R)`<br><br>**SA-**<br>`  P(IKE-SA)-`<br>`  T(DES-CBC)` |

Die nächsten beiden Nachrichten tauschen die DH-Exponenten sowie Zufallswerte beider Seiten aus. Außer dem Cookie-Paar müssen noch keine Statusinformationen gehalten oder ressourcenintensive Operationen durchgeführt werden. $N_i$ und $g^i$ können offline erzeugt und für viele Exchanges vorgehalten werden.

| *Initiator* | |
| --- | --- |
| **HDR** (Cookie-I, Cookie-R) <br> **KE**$(g^i)$ <br> **N**$_i$ | ▪ Der Initiator sendet seinen öffentlichen DH-Exponenten sowie einen Zufallswert. Beide können bereits vorher erzeugt worden sein |

| | *Responder* |
| --- | --- |
| ▪ Der Responder sendet nun seinen öffentlichen DH-Exponenten sowie seinen Zufallswert zurück. Auch diese beiden Werte können bereits vorher erzeugt worden sein | **HDR** (Cookie-I, Cookie-R) <br> **KE**$(g^r)$ <br> **N**$_r$ |

Bis zu diesem Protokollschritt sind alle Angriffe möglich, die der Cookie-Exchange nicht abwehren kann (Man-in-the-Middle, „Man-at-the-Middle", s. Abschnitt 3.5.2). Die letzen beiden Nachrichten erst authentisieren die Parteien, indem die Identitäten ausgetauscht und eine Signatur über die eigenen gesendeten sowie die empfangenen Werte an die jeweils andere Partei gesendet wird. Optional kann ein Zertifikat bereitgestellt werden, um direkt den zur Verifizierung benötigten öffentlichen Schlüssel bereitzustellen.

| *Initiator* | |
| --- | --- |
| **HDR** (Cookie-I, Cookie-R) <br> **ID**$_{ii}$ ben@foo.bar.com <br> **[CERT]** <br> **SIG_I** | ▪ Die eigene ID, optional ein Zertifikat sowie die Signatur über die eigenen und empfangenen Parameter werden an R gesendet, um die bisherigen Nachrichten zu authentisieren. Die gesamte Nachricht kann optional verschlüsselt sein. |

<table>
<tr><td rowspan="2">■ Die eigene ID, optional das zu verwendende Zertifikat sowie die Signatur über die eigenen und empfangenen Parameter werden an I gesendet, um selbst die bisherigen Nachrichten zu authentisieren. Die gesamte Nachricht kann optional verschlüsselt sein.</td><td>Responder</td></tr>
<tr><td>HDR<br>(Cookie-I, Cookie-R)<br><br>ID$_{ir}$ ftp.tu-dresden.de<br>[CERT]<br>SIG_R</td></tr>
</table>

Die Signatur wird erzeugt, indem HASH_R und HASH_I (die identisch dem vorangegangenen Beispiel erzeugt werden) mit dem jeweiligen geheimen Schlüssel verschlüsselt werden.[18]

$$\text{SIG\_R} = \{\text{prf}(\text{SKEYID}, \; g^r \mid g^i \mid \text{CKY-R} \mid \text{CKY-I} \mid \text{SA}_i \mid \text{ID}_{ir})\}\text{K}_R^{-1}$$
$$\text{SIG\_I} = \{\text{prf}(\text{SKEYID}, \; g^i \mid g^r \mid \text{CKY-I} \mid \text{CKY-R} \mid \text{SA}_i \mid \text{ID}_{ii})\}\text{K}_I^{-1}$$

Da in SKEYID die Zufallswerte beider Seiten eingehen, können I und R sowohl den eigenen Wert authentisieren als auch den Empfang des korrekten Wertes der Gegenpartei bestätigen. Auch hier geht der gemeinsame DH-Exponent $g^{ir}$ in die Authentisierung aus o.g. Gründen noch nicht ein.

## Schlüsselgenerierung

Von beiden Seiten wird ein Masterkey SKEYID generiert, um den Phase-I-Exchange zu authentisieren. Zur effizienten Protokollabwicklung sollte dessen Berechnung möglichst schnell ablaufen. Die Verfahren zur Generierung von SKEYID sind je nach verwendetem Authentisierungsverfahren unterschiedlich, da Parameter teilweise offen oder verschlüsselt übertragen werden.

Nach Möglichkeit wird dem Prinzip Rechnung getragen, dass ein später in die Bildung des eigentlichen Schlüssels eingehender Wert ($g^{ir}$) nicht für die Authentisierung des Key-Exchanges selbst verwendet wird, um möglichst wenig Informationen über diesen Schlüssel offen zu legen *(strikte Trennung von Authentisierung und Schlüsselaustausch)*. Im Falle SIG ist dies jedoch nicht möglich, da ansonsten kein gemeinsames Geheimnis existiert.

**SIG:**   $\text{SKEYID} = \text{prf}(N_i \mid N_r, \; g^{ir})$

Entsprechend dem DH-Verfahren kann das gemeinsame Geheimnis $g^{ir}$ nur von den rechtmässigen Kommunikationspartnern generiert werden. Da ansonsten alle Parameter im Klartext übertragen werden, muss $g^{ir}$ in die Bildung des Masterkeys eingehen. Im

---

[18] Damit wird einem Designkriterium kryptographischer Protokolle Rechnung getragen, dass in einen zu verschlüssenden Hashwert, der einer Signatur dient, geheime Parameter (SKEYID) eingehen sollten, und damit auch der Hashwert selbst nur von einer der beteiligten Parteien gebildet werden kann (Abschnitt 4.7.3).

Main Mode kann $g^{ir}$ offline berechnet werden. Die Zufallswerte dienen zum Schutz vor Replay-Angriffen.

**PKE:**    SKEYID = prf(hash($N_i$ | $N_r$), CKY-I | CKY-R)

Beim „Public Key Encryption"-Verfahren sind die verschlüsselt übertragenen Zufallswerte die eigentliche Grundlage zur Bildung des Masterkeys. Da diese mit dem öffentlichen Schlüssel des Empfängers verschlüsselt wurden, sind sie nur von diesem zu rekonstruieren. Als ressourcenintensive Operation ist die Entschlüsselung von $N_x$ mit dem eigenen geheimen Schlüssel durchzuführen. Im Main Mode kann dies wieder offline geschehen.

Um sicherzustellen, dass die Anteile beider Parteien als Schlüssel in die HMAC-Funktion eingehen, wird der Hash über *beide* Zufallswerte gebildet. Die Cookies gehen mit ein, um weitere Zufallsgrößen in die Berechnung einfließen zu lassen.

**PSK:**    SKEYID = prf(pre-shared key, $N_i$ | $N_r$)

Auch im PSK-Fall werden die Zufallswerte unverschlüsselt übertragen. In den Masterkey muss damit ein gemeinsames Geheimnis eingehen – der Pre-Shared-Key. Da die HMAC-Funktion über beide Zufallswerte gebildet wird, müssen diese nicht vorher gehasht werden.

Aus diesem Masterkey werden nun weitere Schlüssel abgeleitet, die

- zur Ableitung von Schlüsseln in Phase II (SKEYID_d),
- zur Authentisierung (SKEYID_a) der Phase-II-Messages sowie
- zur Verschlüsselung der weiteren IKE-Messages (SKEYID_e)

dienen.

```
SKEYID_d = prf(SKEYID, g^ir | CKY-I | CKY-R | 0)
SKEYID_a = prf(SKEYID, SKEYID_d | g^ir | CKY-I | CKY-R | 1)
SKEYID_e = prf(SKEYID, SKEYID_a | g^ir | CKY-I | CKY-R | 2)
```

Da diese Schlüssel durch die mit SKEYID parametrisierte HMAC-Funktionen, also Hash-Funktionen, generiert werden, sind diese letztlich statistisch unabhängig. In die „Komplexität" der Schlüssel geht der gemeinsame DH-Exponent $g^{ir}$ ein, so dass diese für Phase II genutzten Schlüssel wiederum unabhängig von SKEYID sind.

Diese Unabhängigkeit der Schlüssel ist eine kryptographisch wichtige Eigenschaft, die die Sicherheit maßgeblich erhöht, denn durch die Unumkehrbarkeit der Hashfunktion kann von einem evtl. gebrochenen Verschlüsselungs-Schlüssel z.B. nicht auf den Authentisierungs-Schlüssel geschlossen werden. Da die Protokollstruktur selbst und in engen Grenzen auch die Inhalte der zu übermittelnden Nachrichten (SA-Proposals, IDs etc.) einem Angreifer bekannt sein können, besteht theoretisch die Möglichkeit, mit genügend gesammelten Nachrichten eine „Know-Plaintext-Attack" erfolgreich durchzuführen und den in der IKE-SA verwendeten Verschlüsselungs-Schlüssel zu brechen. Wäre dieser nun identisch mit dem Authentisierungs-Schlüssel, könnte ein aktiver Angreifer alle weiteren Nachrichten fälschen. Da aber die authentisierenden Keyed-Hash-Werte in Phase II einen anderen Schlüssel verwenden, können diese Hashwerte vom Angreifer nicht generiert werden. Folglich kann er nur abhören, aber nicht fälschen. (Um zusätzlich das Abhören nutzlos zu machen, siehe „Perfect Forward Secrecy" in Phase II)

***Identity Protection in Phase I***

Im Main Mode können ab einer bestimmten Nachricht die ISAKMP-Messages verschlüsselt übermittelt werden, nämlich genau dann, wenn beiden Instanzen der DH-Exponent und der Zufallswert der anderen Seite sowie die Auswahl der kryptographischen Verfahren bereitsteht. Damit ist für alle Authentisierungs-Modi ***Identiy Protection*** möglich, d.h. es kann nicht abgehört werden ***wer*** kommuniziert, da die ID-Payloads verschlüsselt übertragen werden. Im Aggressive Mode ist dies nur für die Authentisierung mit „Public Key Encryption" der Fall.

Identity Protection in Phase I ist jedoch nur sinnvoll, wenn die Identität eines Systems nicht seiner IP-Adresse entspricht und über diese auch nicht auf die Identität geschlossen werden kann (z.B. über DNS), denn die IP-Adresse ist im UDP-Paket, mit dem die IKE-Nachricht übertragen wird, auslesbar.

## 3.5.6.5   Schlüsseletablierung in Phase II

Nach der Phase I (Authentisierung) stehen nun beiden Kommunikationspartnern geheime Schlüssel sowie vereinbarte kryptographische Verfahren zur Verfügung (IKE-SA), mit denen weitere Nachrichten verschlüsselt und authentisiert werden können – quasi ein sicherer Kanal zum Schlüsselaustausch. Über diesen sicheren Kanal werden nun die kryptographischen Verfahren und die dazu notwendigen Schlüssel für beliebige andere Protokolle, beispielsweise für IPSec, ausgetauscht.

Es kann dadurch ein wesentlich schnelleres Protokoll (ohne Public-Key-Operationen) gewählt werden (diese 2. Protokollphase wird deshalb auch ***Quick Mode*** genannt). Für alle „Clienten" von IKE, wie z.B. IPSec, besteht damit die Möglichkeit, ohne großen Aufwand einen neuen symmetrischen Schlüssel zu etablieren oder gar das Verschlüsselungsverfahren zu wechseln. Das erhöht maßgeblich die Sicherheit, indem symmetrische Schlüssel nur kurze Zeit gültig sind.

Im folgenden Beispiel sollen zwei SAs für ESP zwischen den Hosts 10.1.1.1 und Host 10.1.2.2 etabliert werden. Zwei SAs deshalb, da eine IPSec-SA unidirektional auf den Empfänger bezogen ist, also nur in eine Richtung gilt. Der Phase-II-Exchange muss deshalb in 2 SAs resp. zugehöriger symmetrischer Schlüssel resultieren. Natürlich muss vor diesen Protokollschritten ein Phase-I-Exchange zwischen den jeweiligen IKE-Instanzen stattgefunden haben. Die Phase I kann dabei „richtige" Identitäten, wie im vorangegangenen Beispiel, verwenden. Diese sind dann mit den in Phase II z.B. für IPSec relevanten Identitäten (IP-Adressen, Ports, Protokolle) verknüpft, so dass letztlich die IPSec-Mechanismen nutzerbezogen angewandt werden können.

Da mehrere Quick-Mode Exchanges parallel unter einer IKE-SA stattfinden können, identifiziert eine im Header mitgeführte Message-ID (M-ID) einen konkreten Exchange.

| | |
|---|---|
| *Initiator*<br><br>**HDR**<br>`(Cookie-I, Cookie-R)`<br><br>`{ `**HASH**`(1)`<br>**SA**`-`<br>   `P(ESP)-`<br>   `T(DES-CBC)`<br>   `T(CAST)`<br>`[`**KE**`(g`$^{ci}$`)]`<br>$\mathbf{N_{ci}}$<br>`[`$\mathbf{ID_{ci}}$`(ben@foo.bar.com)]`<br>`[`$\mathbf{ID_{cr}}$`(ftp.tu-dresden.de)]`<br>`} SKEYID_e` | ■ Sämtliche dem ISAKMP-Header folgenden Felder sind mit `SKEYID_e` verschlüsselt.<br>■ Für „Perfect Forward Secrecy" kann ein neuer DH-Exponent mitgeschickt werden<br>■ Werden die ID's der ISAKMP-Clienten nicht mitgeschickt, wird die zur ISAKMP-SA gehörige ID angenommen (diese muss dann jedoch eine für IPSec nutzbare ID, also eine IP-Adresse, sein) |

| | |
|---|---|
| ■ Wird für „Perfect Forward Secrecy" vom Initiator ein DH-Exponent mitgeschickt, muss der Responder ebenfalls einen eigenen Exponenten bereitstellen | *Responder*<br><br>**HDR**<br>`(Cookie-I, Cookie-R)`<br><br>`{ `**HASH**`(2)`<br>**SA**`-`<br>   `P(ESP)-`<br>   `T(DES-CBC)`<br>`[`**KE**`(g`$^{cr}$`)`<br>$\mathbf{N_{cr}}$<br>`[`$\mathbf{ID_{ci}}$`(10.1.1.1)]`<br>`[`$\mathbf{ID_{cr}}$`(10.1.2.2)]`<br>`} SKEYID_e` |

| | |
|---|---|
| *Initiator*<br><br>**HDR**<br>`(Cookie-I, Cookie-R)`<br><br>`{ `**HASH**`(3)`<br>`} SKEYID_e` | ■ Zum Nachweis des Empfanges der korrekten Parameter von R sowie zur Authentisierung der eigenen Werte wird HASH(3) an R zurückgeschickt |

Die Hashwerte HASH(1-3) dienen zur Authentisierung der jeweiligen Nachrichten. Dazu wird wieder die beschriebene HMAC-Funktion genutzt, als Schlüssel dient der in der Phase I abgeleitete `SKEYID_a`. In den HASH-Wert gehen die in der jeweiligen Nachricht übertragenen eigenen Parameter sowie bereits empfangene Werte des anderen ein, um deren korrekten Empfang zu bestätigen.

```
HASH(1)=prf(SKEYID_a, M-ID | SA | N_i | KE [ |   ID_ci | ID_cr ])
HASH(2)=prf(SKEYID_a, M-ID | SA | N_i | N_r | KE [ID_ci | ID_cr])
HASH(3)=prf(SKEYID_a, 0 | M-ID | N_i | N_r)
```

Alle Nachrichten nach dem ISAKMP-Header sind mit dem Verschlüsselungsschlüssel SKEYID_e mit dem in der IKE-SA spezifizierten Verfahren verschlüsselt. Die Authentisierung der Nachricht mit SKEYID_a verhindert zusätzlich aktive Angriffe, falls ein Man-in-the-Middle den Verschlüsselungsschlüssel in irgendeiner Form gebrochen hat. Dieser Angreifer kann in diesem Falle nur noch die Inhalte abhören, nicht jedoch Nachrichten fälschen.

Die Schlüssel für die IKE-Clienten werden durch folgende Funktion generiert:

```
KEYMAT = prf(SKEYID_d, [g^ir | ] protocol | SPI | N_i | N_r )
```

In die Funktion zur Schlüsselgenerierung geht der Security Parameter Index (SPI) ein, der von der jeweiligen Gegenstelle gewählt wurde. Jeder Endpunkt wählt jedoch seinen SPI-Wert unabhängig, so dass verschiedene SPI-Werte in die Berechnung eingehen. Damit ergeben sich die geforderten unterschiedlichen Schlüssel für Sende- und Empfangsrichtung.

### 3.5.6.6  Perfect Forward Secrecy (PFS)

Mit PFS wird die Eigenschaft bezeichnet, dass das Brechen eines langlebigen Schlüssels einen Angreifer nur dazu in die Lage versetzt, *künftige* Kommunikation durch aktive Angriffe (Vortäuschung falscher Identität) zu kompromittieren, es ihm jedoch nicht ermöglicht wird, frühere (evtl. aufgezeichnete) Kommunikation zu lesen. Die Möglichkeit der Entdeckung eines solchen aktiven Angriffes ist wesentlich höher, als wenn aufgezeichnete Nachrichten damit gebrochen werden können.

Die derzeit einzige Möglichkeit, PFS zu erreichen, ist die Nutzung eines DH-Key-Exchanges, der auch in IKE Anwendung findet. Unter IKE gibt es nun Schlüssel mit verschiedener Lebensdauer:

***PFS für Schlüssel***

1.  Der Pre-Shared-Key oder der geheime Schlüssel des verwendeten asymmetrische Algorithmus für SIG oder PKE

    Diese Schlüssel können nur sehr selten gewechselt werden, da die Verteilung eines neuen PSK bzw. das Ausstellen eines neuen Zertifikates recht aufwendig ist. Die Wahrscheinlichkeit, dass ein solcher Schlüssel gebrochen wird, ist jedoch sehr gering und bei der Verwendung von Schlüsseln ausreichender Länge (RSA derzeit $\geq$ 1024 Bit) sind die Maßnahmen gegen eine mögliche Offenlegung auf die sichere Verwahrung des geheimen Schlüssels reduziert. Dies kann z.B. durch SmartCards sehr gut erreicht werden.

Durch die „zwingende" Verwendung der DH-Exponenten in der IKE-Phase I ist PFS im o.g. Sinne jedoch gewährleistet, da $g^{ir}$ auch mit Kenntnis des Authentisierungsschlüssels nicht ermittelt werden kann. Dazu müsste zusätzlich der DH-Algorithmus gebrochen werden.

2. SKEYID - der geheime Masterkey des IKE-Phase-I-Exchanges.

Dieser Schlüssel ist von wesentlich kürzerer Lebensdauer als die im Punkt 1 genutzten Authentisierungsschlüssel. Es ist nur für eine (frei wählbare) Gültigkeitsdauer der IKE-SA von Interesse. SKEYID wird selbst jedoch nicht direkt verwendet, sondern von ihm abgeleitete Schlüssel SKEYID_e, SKEYID_a und SKEYID_d.

Unter der Voraussetzung, dass

- SKEYID_e gebrochen wurde (und damit alle Nachrichten der Phase II abgehört werden können) und
- SKEYID_d gebrochen wurde (abgeleitete Schlüssel können vom Angreifer generiert werden),

kann der Angreifer sämtliche Kommunikation, die mit aus SKEYID_d abgeleiteten Schlüsseln geschützt wurde, nunmehr kompromittieren, und zwar bis zu dem Zeitpunkt (zurück), von dem an er SKEYID_e kannte (da er von da an alle ausgetauschten Zufallswerte kennt).

Wird zusätzlich SKEYID_a gebrochen, kann ein aktiver Angreifer als Man-in-the-Middle auch die DH-Exponenten fälschen, da diese nicht nochmals mit einer SIG oder PKE authentisiert sind. Dies zu verhindern ist jedoch nicht Ziel von PFS (s.o.).

PFS für die mit SKEYID geschützten Daten wird damit nur gewährleistet, wenn dieser Schlüssel nur für einen einzigen Phase-II-Exchange verwendet wird. Das bedeutet aber, dass ein *vollständiger* IKE-Exchange für *jeden* angeforderten Schlüssel KEYMAT erfolgen muss. Dies ist jedoch mit erheblichem Zeit- und Ressourcenaufwand verbunden, da damit der 2-Phasen-Ansatz von ISAKMP / IKE eher einen Overhead darstellt.

### *Risiko des Brechens von SKEYID_x*

Die Möglichkeit des Brechens von SKEYID_e erscheint noch am wahrscheinlichsten, indem die bekannte Protokollstruktur und evtl. teilweise bekannte Nachrichteninhalte (SA-Proposals / IDs) zu einer eingeschränkten Known-Plaintext-Attacke genutzt werden können. Dazu müssen genügend Phase-II-Exchanges mit diesem Schlüssel verschlüsselt werden.

Schwieriger wird bereits das Brechen von SKEYID_d, da für einen Known-Plaintext-Angriff auch KEYMAT bekannt sein muss. Für einen Angreifer, der selbst Phase-II-Exchanges mit einer der IKE-Instanzen initiieren kann, z.B. ein (bösartiger) Nutzer an einem Multiuser-System, der die Kommunikation anderer am selben System Arbeitender abhören / kompromittieren will, ist dies jedoch unproblematisch, da er KEYMAT direkt aus den von ihm angestoßenen Exchanges erhält.

Das Brechen des Authentisierungsschlüssels SKEYID_a erscheint noch weitaus schwieriger, da dieser nur in den Hashwerten HASH(1-3) verarbeitet wird.

3. Das letztlich generierte Schlüsselmaterial KEYMAT selbst / mit KEYMAT geschützte Daten.

Wird PFS für die mit SKEYID geschützten Daten nicht gewährleistet, muss in KEY-MAT zusätzlich ein DH-Exponent eingehen, d.h. in Phase II müssen diese Werte zusätzlich bereitgestellt werden.

Die Forderung nach PFS für mit KEYMAT geschützte Daten wird erfüllt, wenn dieser Schlüssel nur für den Schutz einer Verbindung resp. Kommunikationsbeziehung verwendet wird. Unter der Annahme, dass ein Angreifer keine Möglichkeit hat, SKEYID oder gar den (langlebigen) Authentisierungsschlüssel zu brechen, reicht dazu die schnelle Re-Key-Möglichkeit eines Phase-II-Exchanges mit verschlüsselten Zufallswerten.

***PFS für Identitäten***

1. IDs der IKE-Instanzen selbst

Diese IDs werden nur in bestimmten Phase-I-Modi (s. Abschnitt 3.5.6.2) verschlüsselt übertragen. In diesem Falle wird der besonders „langlebige" geheime asymmetrische Schlüssel genutzt. In die Verschlüsselung der IDs geht kein DH-Exponent ein. Somit kann für diese Identitäten PFS nicht gewährleistet werden

2. IKE-Clientes

PFS für die Identitäten, die den IKE-Kanal zur Schlüsseletablierung nutzen ($ID_{ci}$ und $ID_{cr}$), ist nur gewährleistet, wenn der Schlüssel, der zum Schutz dieser Identitäten dient (SKEYID_e / SKEYID), das PFS-Kriterium erfüllt. Lt. o.g. Punkt 2 muss damit ein vollständig neuer IKE-Exchange für jeden zu etablierenden Schlüssel durchgeführt werden.

## 3.5.6.7  Einigung auf Verschlüsselungs- / Authentisierungsverfahren

Für die Nachrichtenverschlüsselung und -integritätssicherung werden sowohl bei IKE als auch bei IPSec letztendlich symmetrische kryptographische Verfahren verwendet. Das Verfahren selbst wird durch die Dokumente jedoch nicht festgelegt, es wird nur eine Mindestforderung für Verschlüsselung (DES) und Intergritätssicherung / Authentisierung (HMAC-MD5) für eine standardkonforme Implementierung vorgegeben.[19]

---

[19] Die IETF nimmt dabei ausdrücklich keine Rücksicht auf Exportrestriktionen einzelner Staaten (insbesondere Nordamerikas) und spezifiziert keine schwachen Verfahren als Mindestanforderung, nur um exporttaugliche Implementierungen zu erhalten.

In beiden Phasen werden vom Initiator die von ihm unterstützten bzw. geforderten Verfahren in den SA-Proposals an den Responder übermittelt. Dieser wählt dann ein von ihm bevorzugtes Verfahren aus und übermittelt diese Auswahl an den Initiator zurück. (Zu beachten ist dabei, dass ein „bösartiger" Responder absichtlich ein schwaches Verfahren auswählen könnte!). Die Proposals sind in Phase I durch den verwendeten Authentisierungsmechanismus, in Phase II durch die IKE-SA geschützt. Dieser Schutz verhindert das Einfügen schwacher bzw. das Löschen starker kryptographischer Verfahren in den Proposals durch aktive Angreifer (Man-in-the-Middle).

In jedem Falle sollte die lokale Security Policy Mindestanforderungen an die zu verwendenden kryptographischen Verfahren für eine Verbindung definieren und ggf. schwache Proposals ablehnen.

### 3.5.6.8    Vergleich der Phasen

Die folgende Tabelle gibt einen Überblick über die wichtigsten Eigenschaften der beiden IKE-Phasen:

| Phase I | Phase II |
|---|---|
| ▪ Authentisierung beider Endpunkte, Auswahl unter unterschiedlich starken Verfahren möglich | ▪ Nur symmetrische Authentisierung von Nachrichten mit Schlüsseln des sicheren Kanals |
| ▪ Protokolldesign bietet Schutz vor verschiedenen Angriffsarten | ▪ Optional „Perfect Forward Secrecy" möglich, mit dem Nachteil rechenintensiver DH-Operationen |
| ▪ Bidirektionale SA mit gleichen Parametern in beide Richtungen | ▪ Sehr schneller Austausch neuer Schlüssel und / oder Wechsel des Verschlüsselungsverfahrens möglich |
| ▪ Rel. ressourcenintensiv durch große Anzahl von Public Key Operationen (DH, DSS oder RSA) | ▪ Mehrere SAs für einen IKE-Clienten gleichzeitig etablierbar |
| ▪ Keine Möglichkeit des schnellen „Rekeying" der IKE-SA, stattdessen muss die SA gelöscht und ein völlig neuer Exchange eingeleitet werden. | |

### 3.5.7  Übersicht der Security-Management-Protokolle

In diesem Abschnitt werden die wichtigsten Eigenschaften und Designkriterien der IKE zugrunde liegenden Protokolle zusammengefasst und an Hand der folgenden Tabelle gezeigt, welche Elemente in IKE selbst übernommen wurden.

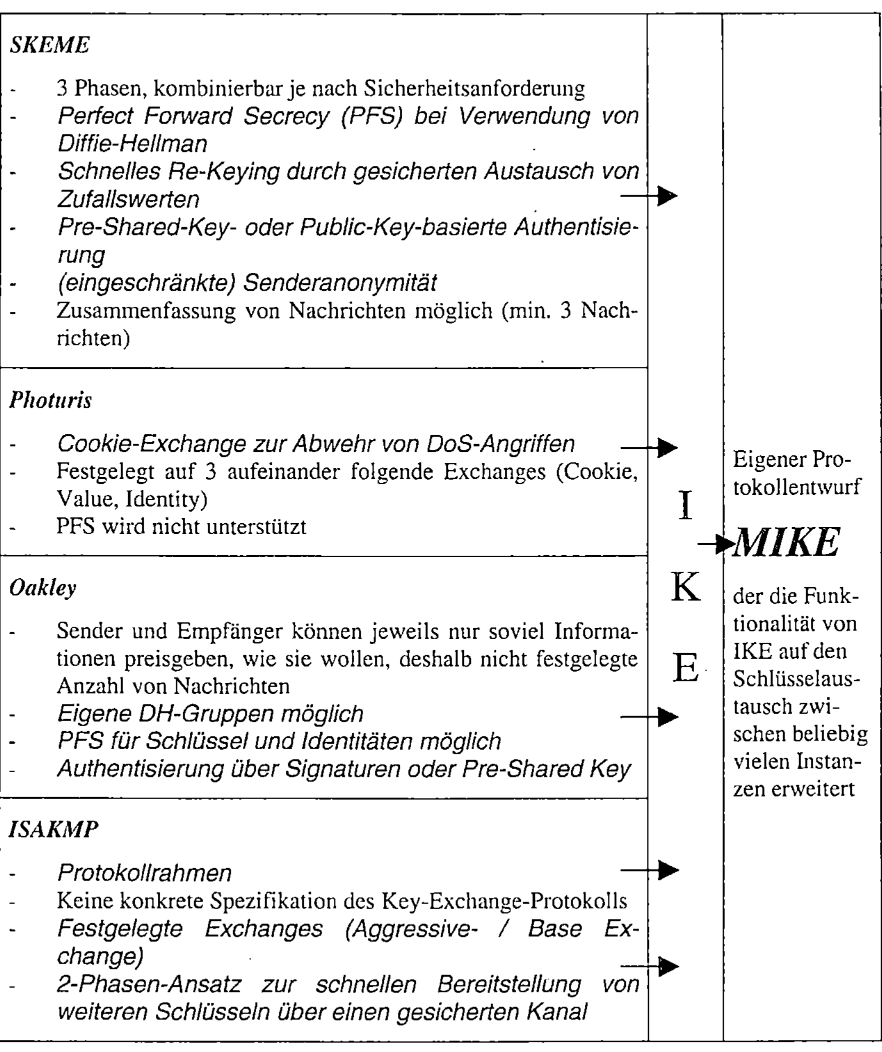

*SKEME*

- 3 Phasen, kombinierbar je nach Sicherheitsanforderung
- *Perfect Forward Secrecy (PFS) bei Verwendung von Diffie-Hellman*
- *Schnelles Re-Keying durch gesicherten Austausch von Zufallswerten*
- *Pre-Shared-Key- oder Public-Key-basierte Authentisierung*
- *(eingeschränkte) Senderanonymität*
- Zusammenfassung von Nachrichten möglich (min. 3 Nachrichten)

*Photuris*

- *Cookie-Exchange zur Abwehr von DoS-Angriffen*
- Festgelegt auf 3 aufeinander folgende Exchanges (Cookie, Value, Identity)
- PFS wird nicht unterstützt

*Oakley*

- Sender und Empfänger können jeweils nur soviel Informationen preisgeben, wie sie wollen, deshalb nicht festgelegte Anzahl von Nachrichten
- *Eigene DH-Gruppen möglich*
- *PFS für Schlüssel und Identitäten möglich*
- *Authentisierung über Signaturen oder Pre-Shared Key*

*ISAKMP*

- *Protokollrahmen*
- Keine konkrete Spezifikation des Key-Exchange-Protokolls
- *Festgelegte Exchanges (Aggressive- / Base Exchange)*
- *2-Phasen-Ansatz zur schnellen Bereitstellung von weiteren Schlüsseln über einen gesicherten Kanal*

IKE kombiniert damit eine Vielzahl von Eigenschaften aus den zugrunde liegenden Protokollen zu einem sehr flexiblen Key-Management-Protokoll, das durch die Vielzahl der optionalen und aushandelbaren Parameter allerdings auch eine recht hohe Komplexität erreicht.

Der in dieser Arbeit zu entwerfende, erweiterte Protokollentwurf MIKE baut zumindest bzgl. der ersten Protokollphase direkt auf IKE auf und kann damit sämtliche Eigenschaften „erben". MIKE selbst macht sich ebenfalls Designprinzipien der zugrunde liegenden Protokolle zu nutze.

## 3.6    Nutzungsmöglichkeiten und Restriktionen

Die im Abschnitt 3.2 vorgestellten Protokolle zur Sicherung von Transport- und Anwendungsschicht sind teilweise für sehr spezielle Einsatzfelder entwickelt worden. In jedem Falle muss die spezifische Anwendung die Sicherheitsschnittstellen explizit ansprechen und unterstützen. Allgemein gültige Richtlinien (Security Policies) für einen Computer können damit kaum umgesetzt werden.

Noch schwieriger wird die Verwendung dieser Protokolle in Umgebungen mit Firewalls / Security Gateways, da die Protokolle durch ihre Lage im Schichtenmodell eine reine Ende-zu-Ende-Sicherung vornehmen. Eine gleichzeitige Authentisierung von Anwendungsdaten gegenüber einem Gateway *und* dem Endsystem bieten sie nicht.

Ein wesentlich flexibleres Konzept bietet dagegen die Bereitstellung von Sicherheitsfunktionen auf Netzwerkebene (IPsec, Abschnitt 3.4), die durchaus auch Ende-zu-Ende wirken können. Das in Abschnitt 3.5 beschriebene Schlüsselmanagement stellt eine Plattform bereit, mit der Security Policies über alle Kommunikationsebenen hinweg (Netzwerk / Transport / Anwendung) verwaltet werden können.

## 3.6.1    Ende-zu-Ende-Sicherheit

Im Folgenden sollen an einem Beispiel die Möglichkeiten zur Sicherung von Ende-zu-Ende-Verbindungen der bisher gezeigten Protokolle dargestellt werden. Außerdem wird an Hand des eingangs beschriebenen Beispiels gezeigt, dass mit IPSec durch die Verwendung von Tunneling ohne weiteres auch umfangreiche Security Policies in komplexeren Netzstrukturen abgebildet werden können.

Die vorgestellten Protokolle sind alle geeignet, eine Verbindung zwischen einem Client und einem Server Ende-zu-Ende zu sichern. Verschiedenste Schutzziele (Authentizität, Integrität, Vertraulichkeit, Anonymität) können durch den Einsatz von IPSec, SSL oder anderen Protokollen bzw. auch deren kombinierten Einsatz erreicht werden.

Werden jedoch mehrere Protokolle auf unterschiedlichen Schichten eingesetzt, entsteht eine nicht unerhebliche Redundanz. Deshalb muss am konkreten Einsatzfall entschieden werden, auf welchen Ebenen welche Sicherheitsfunktionen benötigt werden. Ein sehr restriktiver Anwendungsfall könnte sein:

1. Sicherung der Daten auf *Anwendungsebene* durch eine digitale Signatur. Damit besteht die Möglichkeit, die Echtheit und Integrität eines Dokumentes in der Anwendung selbst zu prüfen und dieses dann ggf. mit Signatur und damit fälschungssicher abzulegen.

2. Sicherung (Verschlüsselung, Integritätssicherung, Authentisierung) der *Verbindung* mittels SSL, um verschiedenste Angriffsarten auf Transportverbindungen zu verhindern.

3. Einsatz von IPSec Authentication Header mit „Host-Keying".
   Sämtliche *Pakete* (Nutzdaten *und* Protokoll-Informationen), die diesen Computer verlassen bzw. die in diesen Computer eingehen, werden gesichert.

4. Schlüsselmanagement für IPSec mit IKE (welches grundsätzlich auch für alle anderen Protokollebenen genutzt werden könnte, bisher existieren bei diesen jedoch noch keine Schnittstellen dazu)

Abbildung 46 zeigt eine mögliche Ausprägung dieses Beispiels für den Dienst World Wide Web, wobei zur Sicherung auf Anwendungsebene das S-HTTP-Protokoll (Abschnitt 3.2.3) zum Einsatz kommt.

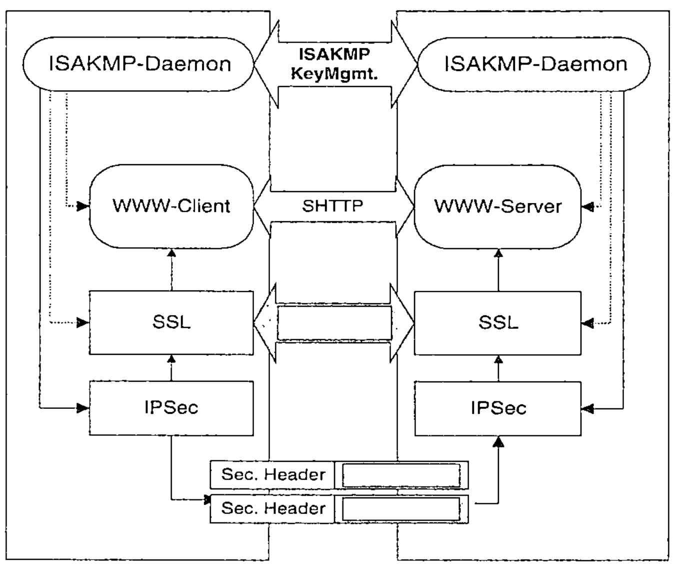


*Abbildung 46 - Sicherheitsmechanismen auf verschiedenen Ebenen*

Erkennbar ist, dass zumindest für die Integritätssicherung ein erheblicher Overhead entsteht, um deren Prüfung auf allen Netzwerkschichten zu ermöglichen.

Im Zusammenhang mit dem Einsatz von Firewalls treten weitere Probleme auf: Eine Gateway-Lösung auf Anwendungsebene (Proxy, s. Abschnitt 2.3.3.2) bietet zwar die

Möglichkeit, Sicherheitsprotokolle der Transport- und Anwendungsschicht einzusetzen, eine gleichzeitige Ende-zu-Ende-Sicherung ist dann jedoch fast unmöglich, da z.B. folgende Probleme damit auftreten:

- Die Prüfung einer Signatur auf Applikationsebene könnte erst nach Einlesen aller zu dieser Signatur gehörenden Daten erfolgen - eine transparente Verbindung ist in diesem Falle nicht mehr möglich.
- Sicherheitsfunktionen müssen anwendungsspezifisch für jede Applikation vorgesehen werden
  → ein einheitliches, zentrales Security Management ist kaum durchzuführen.
- Daten der Netzwerkschicht werden nicht gesichert.
- Sicherheitsdienste auf Anwendungsebene stellen oft ein Problem in Bezug auf DoS-Anfälligkeit dar.

Zur *transparenten* Absicherung von Anwendungen unter Einbeziehung von Fragen der Netzwerksicherheit können deshalb nur Protokolle der Netzwerkschicht eingesetzt werden.

## 3.6.2 Universeller Ansatz mit IPSec

*IPSec* bietet nun diese Möglichkeit, einen transparenten Schutz für prinzipiell alle Anwendungen zu realisieren. Die Anwendungen müssen selbst keine speziellen Sicherheitsfunktionen unterstützen. Durch die Verwendung von IPSec Tunnel Modi können zudem Sicherheitsfunktionen über verschiedene, auch überlappende, Teilabschnitte der Kommunikationsstrecke einfach ineinandergeschachtelt werden. Damit könnte z.B. Authentication Header Ende-zu-Ende eingesetzt werden; zusätzlich zwischen zwei Gateways an Unternehmensgrenzen ESP zum verschlüsselten Transport sämtlicher Pakete zwischen diesen beiden Gateways. Damit wird außerdem erreicht, dass auf diesem verschlüsselten Teilabschnitt nicht mehr nachvollziehbar ist, wer (d.h. welche Hosts) aus dem dahinterliegenden Netz kommunizieren, da auch alle Adressinformationen in dem Tunnel mit verschlüsselt werden. Abbildung 47 zeigt ein Beispiel, bei dem AH zum einen Ende-zu-Ende eingesetzt wird, um den Endsystemen die Möglichkeit zu geben, die Integrität und Authentizität der Pakete zu prüfen. Zum anderen wird ESP zwischen den beiden Gateways eingesetzt, um sämtlichen Verkehr, der in das jeweilige Netz fließt, zu verschlüsseln.

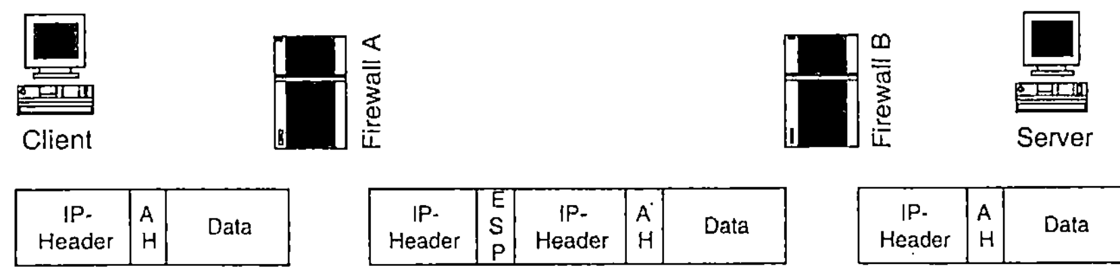


*Abbildung 47 - IPSec-Einsatz mit Firewalls*

IPSec-Funktionen können je nach verwendetem Schlüsselmaterial für einzelne, anwendungsbezogene Verbindungen oder ganze Host-zu-Host-Beziehungen gelten. Mit IPSec ist ein einheitliches Sicherheitsmodell insbesondere in Bezug auf Netzwerksicherheit möglich.

## 3.7 Beispielszenarien

### 3.7.1 Remote Access-Beispiel ohne IPSec

An dieser Stelle soll zunächst noch einmal auf das in Abschnitt 2.5 eingeführte Beispielszenario eingegangen werden. Zur Erinnerung: Bestimmten Anwendergruppen sollen interne Ressourcen mit verschiedenen Sicherheitsanforderungen über ein öffentliches Netz verfügbar gemacht werden. Im Folgenden sollen dazu die neuen Protokollentwicklungen (zunächst ohne IPSec) angewandt und dahingehend untersucht werden, wie dadurch Effizienz, Flexibilität und Sicherheit gesteigert werden können (es wird nur der schwierigere Einsatzfall des Zugriffes auf den „finsys"-Server beschrieben)

Es wird ausschließlich auf den Einsatz standardisierter Protokolle, möglichst unter Nutzung von Public-Key-Verfahren zur Authentisierung und zum Schlüsselaustausch orientiert.

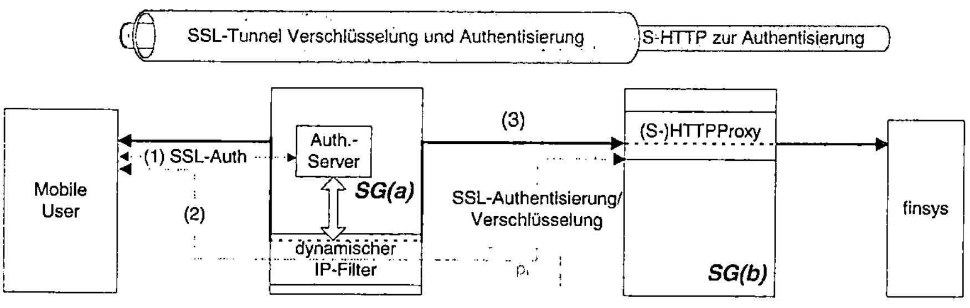


*Abbildung 48 - Beispielszenario (neue Protokolle, ohne IPSec)*

- Zunächst findet eine Authentisierung mit dem SSL-Handshake-Protokoll (unter Nutzung von Zertifikaten) gegenüber SG(a) statt.

- Zur Verbesserung der Netzwerksicherheit wird das Konzept eines dynamischen IP-Filters verwendet, der durch den SSL-Authentisierungsserver gesteuert wird [Martius 1997].
  Alternativ könnte auch ein 3. Tunnel bis SG(a) etabliert werden, womit eine „richtige" Authentisierung des nachfolgenden Datenstromes möglich wäre. Nachteilig ist, dass damit sämtlicher Verkehr über einen Proxy-Prozess geleitet werden muss.

Außerdem ist ein SSL-in-SSL-Tunneling zunächst nicht vorgesehen und anwendungsseitig nicht einfach zu etablieren.

- Die Verbindung zwischen Client und SG(b) wird wiederum per SSL authentisiert und verschlüsselt. Diese Verbindung wird durch den vorher authentisierten IP-Filter geschleust.

- Anwendungsseitig wird eine Ende-zu-Ende-Authentisierung mit S-HTTP vorgenommen (unter der Annahme, es handelt sich um eine Web-Anwendung). Diese S-HTTP-Verbindung wird durch den SSL-Kanal bis SG(b) zu einem HTTP-Proxy getunnelt, der notwendige Content-Prüfungen durchführen kann.

## *Vorteile*

Mit der Lösung wird vom Einsatz proprietärer Hardware und relativ unsicheren Authentisierungsverfahren abgegangen hin zur *Verwendung flexibler, zertifikatsbasierter* Verfahren. Damit ist clientseitig zunächst eine Unabhängigkeit vom physikalischen Medium erreicht. Das Konzept des *dynamischen IP-Filters* auf SG(a) verbindet starke Authentisierungsverfahren mit Sicherheitsmechanismen auf der Netzwerkschicht[20]

SSL bietet nun eine verbindungsorientierte Sicherung (Verschlüsselung und Authentisierung) zwischen dem Client und SG(b). Durch diese Verbindung wird anwendungsseitig mittels S-HTTP der Datenstrom Ende-zu-Ende gesichert.

## *Nachteile*

- Keine SSL-in-SSL-Tunnel möglich → bei komplexeren Netzstrukturen ist SSL nur auf nicht überlappenden Teilstrecken nutzbar

- Sehr aufwendiger Verbindungsaufbau (2 SSL-Handshakes)[21]

- Keine direkte Verbindung zwischen Authentisierungsmechanismen und Sicherheitsfunktionen auf Netzwerkebene (nur im Verbindungsaufbau) → Sicherheit auf Netzebene ist nun zwar höher, jedoch trotzdem noch nicht ausreichend gegeben.

- Noch relativ schlechte Administrierbarkeit, da verschiedene Protokolle eingesetzt werden und SSL in irgendeiner Form auf eine Policy Database zugreifen müsste.

---

[20] Wobei diese „pre-authentisierte" Verbindung noch relativ einfach „gehijackt" werden kann, da die IP-Adressen der Paktete noch nicht gesichert sind, letzlich für die eigentliche Verbindung SG(a) keine Daten authentiseren kann. Deshalb wird für diese Verbindung eine zusätzliche Authentisierung zu SG(b) vorgenommen.

[21] Auch bei Verwendung des später vorgestellten MIKE-Protokolls wird ein rel. großer Overhead beim Aufbau der Verbindung benötigt, einmal etablierte, sichere Kanäle können dann jedoch für viele nachfolgende Protokolläufe genutzt werden.

## 3.7.2 Remote Access-Beispiel mit IPSec

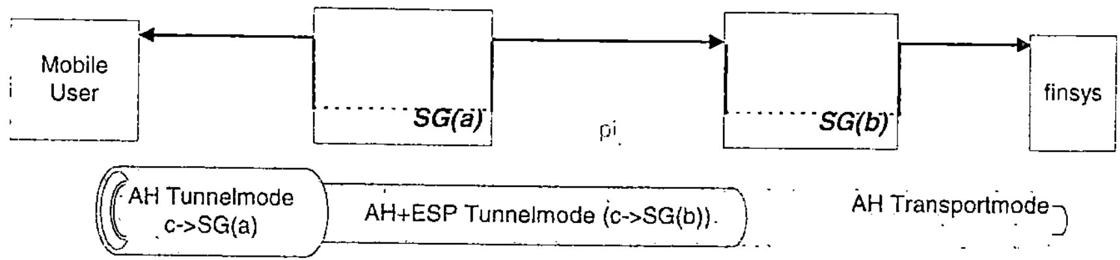


*Abbildung 49 - Beispielszenario (IPSec)*

Mit den gegebenen Kombinationsmöglichkeiten von IPSec ergibt sich nun eine sehr einfache und elegante Lösung, die geforderten Sicherheitsfunktionen bereitzustellen. Abhängig von dem bereitgestellten Schlüsselmaterial können die Tunnel für sämtlichen Verkehr von und zum mobilen Nutzer oder auch anwendungsbezogen etabliert werden. Nunmehr ist es auf sehr einfache Weise möglich, den Datenverkehr entsprechend den Sicherheitsanforderungen zu gestalten. Auch asymmetrische Kanäle sind denkbar in der Art, dass z.B. Ende-zu-Ende AH nur in Richtung C→finsys eingesetzt wird, da C den (authentisierten) Daten von SG(a) vertraut.

### Verbleibendes Problem

Über die für die IPSec-Funktionalität notwendigen kryptographischen Verfahren muss eine Übereinkunft zwischen allen beteiligten Systemen erzielt und Schlüssel sowie weitere Parameter (Gültigkeitsdauer etc.) etabliert werden.

Damit muss für die Nutzung der IPSec-Funktionen über beliebig komplexe Netz- bzw. Gateway-Strukturen das Problem des Key-Management bzw. Sicherheitsmanagement allgemein gelöst werden. Das beschriebene Protokoll zum Sicherheits- und Key Management IKE (Abschnitt 3.5.6) ist derzeit nicht in der Lage, Sicherheitsparameter über Gateways hinweg zwischen mehreren Instanzen auszutauschen oder gar in „Abstimmung" mit der Sicherheits-Policy eines Gateways angepasste Parameter zu etablieren.

Restriktionen von IKE sowie Anforderungen an ein universelleres Sicherheits- und Key-Management Protokoll durch komplexe Netzstrukturen werden in den Abschnitten 4.1 und 4.2 näher untersucht und münden in einem eigenen Protokollvorschlag, der diese Funktionalität bieten soll.

## 3.7.3 ENX® und IPSec

Wie bereits in Abschnitt 1.4 angemerkt, ist *die* Sicherheitstechnologie im ENX® das eben vorgestellte IPSec-Protokoll und das zugehörige Key Management mit IKE. In der ersten „Ausbaustufe" werden dabei nur die Tunnelmodi von IPSec eingesetzt, indem Pakete aus dem Netz eines Partners an dessen Security Gateway in einen IPSec-Tunnel eintreten, über das ENX übertragen werden und am Gateway des anderen Partners wieder austreten.

Durch die zur Etablierung des Tunnels notwendige Authentisierung mittles IKE ist damit sichergestellt, dass die Pakete aus dem Tunnel auch wirklich vom jeweils anderen Partner stammen. Diese Tunnel selbst sind jeweils „peer-to-peer", wobei jedoch eine beliebige Anzahl Tunnel an einem Gateway beginnen und enden kann.

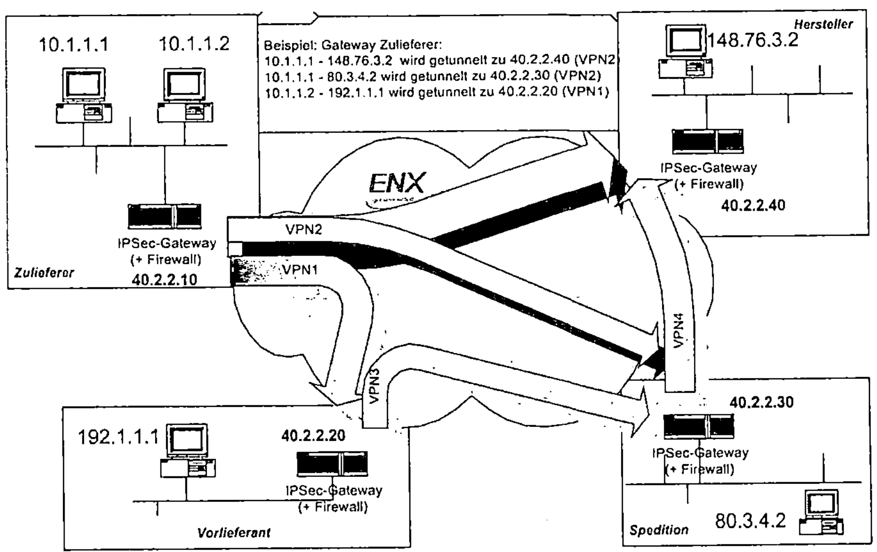


*Abbildung 50 - IPSec und ENX®*

Abbildung 50 zeigt eine mögliche Konfiguration, in der ein Zulieferbetrieb (Zulieferer) mit verschiedenen anderen Partnern Kommunikationsbeziehungen zulassen kann, wobei interne Abteilungen unterschiedlichen VPNs zugeordnet werden. Beispielhaft soll eine Policy Database am IPSec-Gateway dieses Herstellers zeigen, wie diese Anforderung konkret in einer SPD (s. Abschnitt 3.4.5.1) abgebildet werden kann. Korrespondierende Regeln von ausgehenden und eingehenden Verkehr sind dabei jeweils gleichfarbig unterlegt:

| Src-IP | Dst-IP | Pro-tocol | s-port | d-port | User-ID | Action |
|---|---|---|---|---|---|---|
| Outgoing | | | | | | |
| 10.1.1.1 | 148.76.3.2 | * | * | * | * | sec, conf |
| 10.1.1.1 | 80.3.4.2 | * | * | * | * | sec, conf |
| 10.1.1.2 | 192.1.1.1 | * | * | * | * | sec, conf |

Incoming

| 148.76.3.2 | 10.1.1.1 | * | * | * | * | sec, conf |
|---|---|---|---|---|---|---|
| 80.3.4.2 | 10.1.1.1 | * | * | * | * | sec, conf |
| 192.1.1.1 | 10.1.1.2 | * | * | * | * | sec, conf |

Das sieht zunächst wie ein einfacher Paketfilter eines Firewalls aus. Da die Regeln jedoch mit IPSec-Mechanismen verknüpft sind (sec = Security = AH, conf = Confidentiality = ESP), muss zunächst IKE zur Authentisierung und zum Schlüsselaustausch stattfinden. Der andere Gateway muss damit nachweisen, dass er für das entsprechende IP-Subnetz „zuständig" ist, bspw. durch ein Zertifikat. Letztlich wird diese „Paketfilterregel" nur dazu verwendet, die korrekte SA (d.h. den richtigen Tunnel) zu verwenden.

## 3.8 Arbeitsblatt Internet-Sicherheitsprotokolle

Die folgende Zusammenfassung der Anwendungsmöglichkeiten sowie der Vor- und Nachteile der vorgestellten Protokolle aus der Anwendungs-, Sicherheits- und Administrationssicht soll zum einen den direkten Vergleich zwischen den Protokollen ermöglichen. Zum anderen kann dieses Kapitel auch als ein Arbeitsblatt für die Entscheidung dienen, welche Protokolle für einen konkreten Einsatzfall auszuwählen sind.

Abschnitt 3.3 beschreibt diese Anforderungen bereits verbal für Protokolle oberhalb der Netzwerkschicht. Die Tabelle fasst diese Ausführungen nochmals zusammen und ermöglicht zusätzlich einen direkten Vergleich mit den Sicherheitsfunktionen auf Netzwerkebene.

Zum letzten Punkt der Tabelle „Mehrseitige Sicherheitsanforderungen" ist anzumerken, dass Ende-zu-Ende-Sicherheit in jedem Falle ein positives und wünschenswertes Kriterium ist, hier jedoch im Zusammenhang mit der *Mehrseitigkeit* zu sehen ist: Kann ein bestimmtes Protokoll zwar Ende-zu-Ende-Sicherheit gewährleisten, schließt weitere Systeme, wie Security Gateways, jedoch aus (z.B. durch den Einsatz symmetrischer kryptographischer Verfahren zur Authentisierung), ist es im Sinne mehrseitiger Sicherheit eine negative Eigenschaft. Auch eine Ende-zu-Ende-Verschlüsselung kann aus der Sicht eines Security Gateways, abhängig von dessen Security Policy, unerwünscht sein. Im Vergleich zu IPSec ist es damit vorteilhaft, wenn ein Protokoll sowohl Ende-zu-Ende-Sicherheit bietet, durch Tunneling jedoch zusätzliche Möglichkeiten bereitstellt, Sicherheitsanforderungen Dritter zu erfüllen.

| Eigenschaft | Anwendungsprotokolle | | | | Transportschicht | Netzwerkschicht |
| --- | --- | --- | --- | --- | --- | --- |
| | S-HTTP | PGP | S/MIME | SSH | SSL | IPSec + IKE |
| Handhabung aus der Sicht des Nutzers | Sehr einfach | Einfach bis schwierig (je nach Clientintegration) | Einfach bis schwierig (je nach Clientintegr. | Sehr einfach | Sehr einfach | Extrem einfach |
| Anwendungstransparenz | Nicht notwendig | Nicht notwendig | Nicht notwendig | Nicht notwendig | hoch | Extrem hoch |
| Signaturfunktion (spätere Nichtabstreitbar- | Vorhanden | Vorhanden | Vorhanden | Nicht Vorhanden | Nicht Vorhanden | Nicht Vorhanden |
| Granularität der Sicherheitsfunktionen | horizontal (innerhalb der Anwendung) hoch vertikal (Hosts / Sub-netze) nicht vorhanden | Weder horizontal noch vertikal (nur nutzerabhängige Entscheidung) | Weder horizontal noch vertikal (nur nutzerabhängige Entscheidung) | Horizontal nicht; vertikal gering (Tunneling) | Horizontal gering Vertikal gering | Horizontal nicht Vertikal sehr hoch |
| Unabhängige Integrations-fähigkeit in Hard- und Software | Nicht möglich | Nicht möglich | Nicht möglich | Nicht möglich | Schwierig / wenn ja, inflexibel | Einfach möglich |
| Infrastrukturabhängigkeit | Mittel | Niedrig | Hoch | Gering | Hoch | Mittel |
| Standardisierung | Hoch | Sehr hoch | Hoch | Hoch | Sehr hoch | Mittel |
| Verfügbarkeit | Mittel | Sehr hoch | Mittel | Hoch | Sehr | (noch) gering |
| Verbreitung | Gering | Sehr hoch | Mittel | Mittel | Sehr hoch | (noch) gering |
| Administrierbarkeit | Einfach | Relativ aufwendig (einfacher mit Key Servern) | Relativ einfach (Zertifikatsver-teilung!) | Sehr einfach (!Init. Schlüssel-verteilung) | Abhängig von In-frastruktur (kom-plex bis einfach) | Komplex bis ein-fach (je nach Po-licy) |
| Mehrseitige Sicherheitsan-forderungen in komplexen Netzstrukturen | Nur Ende-zu-Ende-Sicherheit | Nur Ende-zu-Ende-Sicherheit | Nur Ende-zu-Ende-Sicherheit | Nur Ende-zu-Ende-Sicherheit | Rel. schwierig (ursprünglich nur Ende-zu-Ende) | Extrem flexibel |

# 4 Security Management in komplexen Netzen

In diesem Abschnitt werden zunächst die Anforderungen, die mit den heutigen, komplexen Netzstrukturen an die Bereitstellung von Sicherheitsfunktionen stehen, untersucht. Einige „Schwierigkeiten" sind bereits in den einführenden Beispielen und in der Analyse der aktuellen Technologien aufgefallen. Weiterhin wird unter Bezug auf die bereits im vorigen Abschnitt kurz betrachteten Einsatzmöglichkeiten von IPSec und IKE deren Eignung für die Lösung von Sicherheitsanforderungen dieser komplexen Netzstrukturen untersucht sowie auf derzeitige Restriktionen eingegangen. Dabei sind insbesondere die Möglichkeiten der Verknüpfung „herkömmlicher" Firewalltechnologien und IPSec-Mechanismen zur Realisierung eines sicheren Paketfilters auf der Basis von IPSec und IKE interessant.

Ausgehend von dieser Bestandsaufnahme wird die Notwendigkeit und ein Lösungsansatz für ein umfassendes, eigenständiges Key- und Security-Policy Management herausgearbeitet.

Entsprechend den Anforderungen in komplexen Netzen sowie dem skizzierten Umfeld eines solchen übergreifenden Policy Managements wird aufbauend auf das im vorangegangenen Kapitel ausführlich dargestellte Protokoll IKE ein erweiterter Protokollentwurf *MIKE* entwickelt, der effizient und sicher Authentisierung und Schlüsseletablierung ermöglicht.

Zusätzlich werden in diesem Kapitel einige Grundlagen und Designkriterien kryptographischer Protokolle beleuchtet und in Anwendung auf IKE und MIKE untersucht. Das soll zum einen die Verwendbarkeit für beliebig komplexe Netzstrukturen, zum anderen aber auch die kryptographische Sicherheit der Protokolle belegen.

## 4.1 Anforderungen durch moderne, komplexe Netzstrukturen

Die in den vergangenen Jahren immer stärker zunehmende Vernetzung von Computersystemen ließ die Komplexität von Netzwerken in Unternehmen stark steigen. Auch künftig wird dieser Trend anhalten. Durch den stärkeren Einsatz der Internettechnologie auch in internen Netzwerken (Intranet) ist zumindest eine Vereinfachung auf Protokoll- und Anwendungsseite zu beobachten. Dabei sind einige Haupttrends zu lokalisieren:

- Der ständig wachsende Bedarf an Bandbreite, zum einen durch bandbreitenintensive Anwendungen, zum anderen einfach durch die immer höher werdende Zahl von Systemen, die an einem Netzwerk angeschlossen werden, führte in der Vergangenheit zu einer immer stärkeren Segmentierung der Netze (bei TCP/IP durch Bildung von zusätzlichen Subnetzen und deren Trennung durch Router). Dieser Trend ist heute wieder gegenläufig, da durch die Verfügbarkeit von leistungsfähigen *Switchinglösungen* diese „Microsegmentierung" bereits *auf OSI-Schicht 2* stattfindet und im Idealfall jedem angeschlossenen System dediziert die maximale Netzbandbreite bereitgestellt wird.

- Das Layer-2-Switching bietet die Möglichkeit der sehr flexiblen und dynamischen Zuordnung von Stationen in verschiedene Subnetze (Virtuelle LANs – V-LAN). Die Kommunikation zwischen diesen V-LANs ist jedoch erst wieder durch Routingmechanismen auf Ebene 3 möglich, die der Switch selbst oder ein externer Router bereitstellt. Da die Zuordnung der Stationen zu den V-LANs dynamisch erfolgen kann, V-LANs aber IP-seitig nicht beliebige Adressen erhalten können sondern zu einem IP-Subnetz gehören müssen, erfolgt die *IP-Adressvergabe* wieder *dynamisch*.

- Mit den genannten Möglichkeiten wird eine Begrenzung von LANs auf Arbeitsgruppen und Abteilungen effektiv möglich – jede mit ihren eigenen Sicherheitsanforderungen. Einzelne kritische Teilbereiche einer Unternehmensorganisation werden bereits heute über separate Firewalls abgeschottet. Künftig werden *Router gleichzeitig* die Funktionalität eines *Security Gateways* wahrnehmen können, so dass für jedes geroutete Subnetz bestimmte Sicherheitsanforderungen umgesetzt werden können.

- Standortbezogen gibt es nur wenige Übergänge in öffentliche Netze, um diese gezielt kontrollieren zu können. Über diese Übergänge können Mitarbeiter oder Kunden auf unternehmensinterne Ressourcen zugreifen (*Remote-Access*) und / oder Verbindungen zu anderen Standorten mittels *Virual Private Networks* (*VPN*) realisiert werden. Für beide Szenarien sind ganz *besonders hohe Sicherheitsanforderungen* notwendig.

- Die Kombination unternehmensinterner Bereiche mit unterschiedlichen Sicherheitsanforderungen, deren Kommunikationsanforderungen in andere Bereiche, evtl. die Notwendigkeit des gesicherten Zugriffes aus offenen Netzen (Internet) sowie die übergeordnete Bereitstellung von VPNs münden in *kaskadierten* Netzstrukturen mit *abgestuften Sicherheitsanforderungen*. Die *Realisierung* der unterschiedlichen Sicherheitsstufen erfolgt *durch Security Gateways*.

Mit der Komplexität heutiger Netzwerke sind damit Kommunikationsbeziehungen über mehrere Security Gateways hinweg notwendig, wobei die Sicherheitsanforderungen einer

Kommunikationsbeziehung durch die Security Policies der Gateways bestimmt werden. Für eine konkrete Verbindung zwischen zwei Endpunkten über eine Anzahl von Security Gateways gelten damit die Sicherheitsanforderungen, die sich aus der Kombination der jeweiligen Einzel-Policies ergeben. Bevor eine erfolgreiche Datenübertragung zwischen zwei Endpunkten stattfinden kann, müssen deshalb:

1. alle beteiligten Systeme mit Sicherheitsanforderungen bekannt sein („Gateway Discovery Problem"),

2. die Security Policies dieser Systemen bekannt sein und abgeglichen werden,

3. evtl. notwendige kryptographische Verfahren ausgehandelt und dazu notwendige Schlüssel verteilt werden,

4. diese entsprechend auf den Datenstrom angewandt werden.

Aus den ersten beiden Punkten ergibt sich die Notwendigkeit, vor der eigentlichen Kommunikation ein *Policy- und Key-Management* zur Aushandlung der Sicherheitsanforderungen und zur Etablierung notwendiger kryptographischer Schlüssel durchzuführen sowie danach den *Datenstrom* adäquat zu *sichern*.[22]

In den folgenden beiden Abschnitten soll dazu zunächst ein Ansatz für ein system- und organisationsübergreifendes Security Policy Management aufgezeigt werden. Anschließend werden die Möglichkeiten und Restriktionen untersucht, die mit IPSec und IKE zur Umsetzung der Sicherheitsanforderungen gegeben sind.


## 4.2 Organisationsübergreifendes Security Policy Management

Der (automatische) Abgleich verschiedener Sicherheitsanforderungen ist ein relativ komplexes Vorhaben. Schon die Einigung zweier Systeme (die klassische Ende-zu-Ende-Kommunikation) auf gemeinsame akzeptable Sicherheitsfunktionen für diese Verbindung kann komplizierte Aushandlungsmechanismen bedeuten. Praktisch müssen auf beiden Systemen passende Regeln gefunden und auf eventuelle Konflikte überprüft werden.

Für nur zwei Systeme kann der Mechanismus ggf. noch durch eine trial-and-error-Methode realisierbar sein. In komplexen Netzstrukturen bei einer Verbindung zwischen zwei Endpunkten über eine Anzahl von Security Gateways hinweg muss dazu jedoch ein separates, spezialisiertes Verfahren angewandt werden, das vor der eigentlichen Kommunikationsbeziehung alle beteiligten Systeme ermittelt und deren Policies verknüpft sowie evtl. auftretende Konflikte, ggf. durch Nutzerinteraktion, auflöst.

---

[22] Die Aushandlung von mehrseitigen Sicherheitsanforderungen (insbesondere aus Nutzersicht) ist bereits Inhalt von Forschungsarbeiten [Pfitzmann et al 1998], wobei dort das Protokoll zur Aushandlung selbst jedoch proprietär implementiert ist.

[SanCon 1998] beschreibt dazu ein System, das Konflikte verschiedener „Filtertabellen"[23] erkennen und auflösen kann. Dazu müssen Einträge einer lokalen Tabelle zunächst dekorreliert (policy decorrelation), um danach mit den Polices anderer Systeme zusammengeführt (policy resolution) zu werden. Am Ende steht eine binäre Aussage, ob eine Kommunikation überhaupt möglich ist (aus den kombinierten Einträgen der Filtertabellen), und wenn ja, unter welchen Sicherheitsbedingungen (aus den einzelnen Sicherheitsanforderungen).

### Security Policy System

Die beschriebenen Verfahren zur *policy correlation und ~resolution* sind in einem „Security Policy System" eingebettet, das Punkt 1 und 2 aus Abschnitt 4.1 – das Auffinden aller beteiligten Systeme und den Abgleich der Securitiy Policies – löst. Dazu wird ein *„Security Policy Protocol* (SPP)" [SanCon 1999] definiert, das zwischen Policy Clients und speziellen *Policy Managern* (PM) abläuft und natürlich Anforderungen an Authentizität und Integrität lösen muss.

Diese Policy Manager müssen hierarchisch angeordnet sein, um nicht das Gateway-Discovery-Problem auf das Auffinden der Policy Manager zu verlagern. Mit einer hierarchischen Anordnung sind definierte über- / untergeordnete Instanzen vorhanden. Ein Policy Manager ist jeweils für eine ihm zugeordnete Substruktur (Security Domain) verantwortlich, kennt deren Security Gateways und die Bedingungen, unter denen ein- und ausgehender Datenverkehr über diese möglich ist (Security Domain Policy). Eine Security Domain kann beliebig klein (nur ein Host) oder komplex (tausende Knoten) sein.

Nach außen kann eine Organisation nur einen definierten „Master"-Policy Manager besitzen, evtl. auch Backup-Systeme. Das Auffinden dieser Systeme von außen ist z.B. mit einem vergleichbaren Mechanismus wie bei Mailservern über das DNS möglich (s. Abschnitt 3.1.2.1).

Wie funktioniert nun der Prozess des Auffindens von Gateways und des Verknüpfens der Security Policies?

Möchte ein System A mit einem System B eine Verbindung aufbauen, „befragt" es den für seine Domain zuständigen PM nach den geforderten Sicherheitsbedingungen für die gewünschte Verbindung und evtl. zu überquerende Security Gateways. Dieser PM tritt seinerseits mit evtl. übergeordneten PMs in Verbindung, bis der Master-PM einer Organisation erreicht ist. Dieser schickt seine Anfrage an das vom Policy Client definierte Zielsystem. Wird von dieser Anfrage unterwegs ein weiterer Gateway „getroffen", reicht dieser die Policyanfrage an seinen lokalen PM weiter, der selbst weitere PMs seiner Organisation „befragen" kann. Auf jedem PM findet der Decorrelation- und Resolution-Prozess zwischen lokalen und entfernten (per SPP erhaltenen) Policies statt, so dass letztlich eine dekorrelierte Liste aller relevanten Policies zur Verfügung steht. Der Policy

---

[23] Der Begriff „Filtertabelle" wird hier nur verwendet, um die Abstammung von den einfachen Paketfiltern zu verdeutlichen. Im Grunde sind die IPSec-spezifischen Tabellen aber komplexer, und werden lt. IP Security Architecture als „Security Policy Database" bezeichnet.

Client kann nun für alle IPSec-relevanten Einträge zum Key Management übergehen, um die geforderten Sicherheitsbedingungen erfüllen zu können.

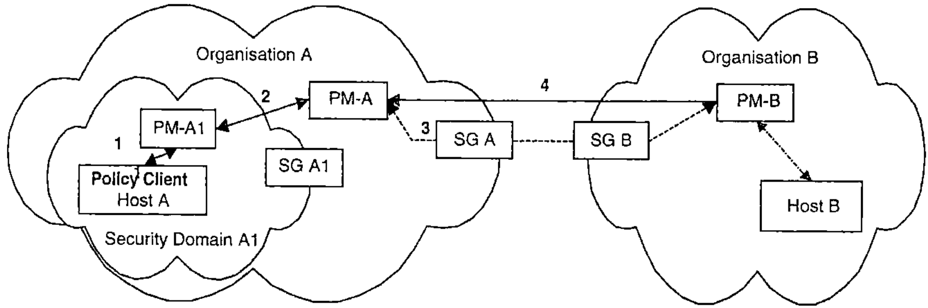


**1**: Host A stellt Policy-Anfrage an "seinen" PM für Host B

**2**: PM-A1 kennt "seinen" Gateway SG-A1 und dessen Policy, kann damit entsprechend gesicherte Verbindung zum übergeordneten PM-A aufbauen und die Policyanfrage weiterreichen.

**3**: PM-A sendet die Policyanfrage an Host B, die an SG-B auftrifft. SG-B reicht diese an den lokalen PM-B weiter, der (wenn nicht bekannt) die Policy von Host B abfragen kann.
Zur Optimierung kann PM-A sofort die korrelierten Policies von Organisation A mitsenden.

**4**: PM-B sendet die (korrelierte) Policy für Domain B an PM-A zurück, der über PM-A1 die "Gesamtpolicy" an Host A weitergibt.

*Abbildung 51 - Ablauf eines Policy Management Protocols*

Da die PMs eine „globale" Sicht auf die gewünschte Verbindung haben, können die auf dem Weg befindlichen Security Gateways in ihrer richtigen Reihenfolge angegeben werden. Diese Kenntnis in Verbindung mit den zu diesen Systemen anzuwendenden Sicherheitsfunktionen ist insbesondere auf den zwischenliegenden Security Gateways sehr wichtig.

Werden auf Teilstrecken Tunnel benötigt (z.B. Verschlüsselung), werden die entsprechenden Security Gateways von ihrem zuständigen PM instruiert, diesen Tunnel für die Verbindung zu etablieren. Der Tunnel kann seinerseits wieder über andere Security Gateways führen.

Damit sind die Punkte 1 (Gateway Discovery) und 2 (Policy Discovery, Decorrelation and Resolution) aus Abschnitt 4.1 erfüllt. Nunmehr wird ein Key Management Protokoll benötigt, das eine Authentisierung der kommunizierenden Systeme und die Etablierung notwendiger kryptographischer Schlüssel zu den ausgehandelten Sicherheitsanforderungen erledigt, die letztlich für die Verschlüsselung und Authentisierung des eigentlichen Datenverkehrs genutzt werden.

Zunächst soll daher untersucht werden, inwieweit die in den Abschnitten 3.4 und 3.5 vorgestellten Protokolle IKE und IPSec für diese Zwecke eingesetzt werden können.

## 4.3    IPSec und IKE in komplexen Netzstrukturen

Betrachtet man sich die in Abschnitt 3.6 dargestellten Einsatzmöglichkeiten von IPSec, so kann zusammenfassend festgestellt werden:

- Die Paketschutzfunktionen von IPSec bieten eine ausreichende Flexibilität, durch die Kombination von Transport- (Ende-zu-Ende) und Tunnel-Mode-Mechanismen für AH und / oder ESP beliebige Sicherheitsanforderungen auch in komplexen Netzstrukturen zu realisieren.

- Durch die Verwendung symmetrischer kryptographischer Verfahren wird zwar eine hohe Performance gewährleistet, für Authentisierungszwecke ist jedoch ein relativ hoher Overhead für zusätzlich zu transportierende Daten (mehrere AH) und damit effektiv mehr Bandbreite im Netz notwendig.

- Ausgehend von der Verwendung symmetrischer kryptographischer Verfahren stellt sich die Forderung nach der Verwendung paarweiser symmetrischer Schlüssel zwischen allen Instanzen, die Sicherheitsanforderungen an eine bestimmte Kommunikationsbeziehung stellen. Es werden damit keine symmetrischen Gruppenschlüssel, wie beispielsweise bei einer Multicast-Gruppe, zugelassen. Das bedeutet, dass eine Authentisierung bzw. Ver- und Entschlüsselung nur von den (rechtmässigen) *zwei* Kommunikationspartnern durchgeführt werden kann.[24]

Die aktuelle IKE-Spezifikation deckt momentan Szenarien ab, bei denen Host I (Initiator) und Host R (Responder) Sicherheitsparameter etablieren wollen und:

- I und R zwei Endsysteme sind,

- I und R zwei Security Gateways sind und ein Virtual Private Network (VPN) bilden, Endsysteme jedoch keine Sicherheitsfunktionen nutzen,

- I *oder* R ein Endsystem ist und der jeweils andere ein Security Gateway (einfacher Remote Access auf ein Unternehmensnetzwerk), wobei die Sicherheitsfunktionen am Gateway enden und damit keine Ende-zu-Ende-Authentisierung / ~ Verschlüsselung stattfindet.

Durch die derzeitige IKE-Protokollspezifikation ist damit ein Key-Management nur in sehr einfachen, flachen Netzstrukturen möglich. Insbesondere fehlt ein Ende-zu-Ende-Management über eine beliebige Anzahl von Security Gateways hinweg. Um diese Einschränkung zu beheben, wird später ein auf IKE aufbauendes, effizientes Key-Management-Protokoll *MIKE* entwickelt, das genau in diesen Umgebungen eingesetzt werden kann. Zunächst sollen im folgenden Abschnitt jedoch neue Möglichkeiten untersucht werden, die sich mit dem Einsatz von IPSec auf Security Gateways ergeben. Mit den dort skizzierten Möglichkeiten werden zudem weitere Anforderungen an MIKE definiert, die Einfluss auf dessen Design haben.

---

[24] Grundsätzlich bestände auch die Möglichkeit, symmetrische Schlüssel (bzw. SAs allgemein) zwischen mehr als zwei Kommunikationspartnern zu teilen (Granularität einer SA), wobei eine Authentisierung dann natürlich nur für irgendein Mitglied dieser Gruppe möglich ist, nicht jedoch für genau ein Mitglied.

## *4.4   IPSec und Paketfilterfunktionen*

### 4.4.1   Sichere Paketfilter mit IPSec-Mechanismen

Paketfilterfunktionen sind heute ein integraler Bestandteil von  Firewallsystemen (s. Abschnitt 2.3.3.1). Leider haben diese den Nachteil, ihre Entscheidung an Hand ungesicherter Daten aus dem Paketheader zu fällen. Für IPSec-fähige Security Gateways bietet sich im Gegensatz zu diesen herkömmlichen Paketfiltern nun erstmals die Möglichkeit, *sichere* Filterregeln zu implementieren, indem nur AH-geschützte Pakete[25] zugelassen werden.

Da vor der Nutzung von IPSec eine starke Authentisierung der Systeme mittels IKE stattfindet, können die Filterregeln damit von kryptographisch gesicherten Informationen abgeleitet werden. Im Grunde stellt die in der IP-Security Architektur beschriebene Security Policy Database (SPD) eine abstrahierte Form einer herkömmlichen Paketfilter-Tabelle dar (Abschnitt 3.4.5.1).

Ein Beispiel soll das für den Zugriff auf einen WWW-Server mit der Adresse 10.2.1.1 vom Host 10.1.1.1 aus verdeutlichen. Die Filterregeln für einen herkömmlichen Paketfilter in einem Firewallsystem könnten so aussehen:

| Src-IP | Dst-IP | Protocol | s-port | d-port | Action |
|---|---|---|---|---|---|
| 10.1.1.1 | 10.2.1.1 | TCP | * | 80 | permit |
| 10.2.1.1 | 10.1.1.1 | TCP | 80 | * | permit |
| * | * | * | * | * | deny |

Der „Rückweg" muss statisch für alle Ports über 1024 (Client-Ports) freigeschalten werden, da dieser Sourceport vom Client zufällig gewählt wird. Mögliches Adressspoofing und die statische Öffnung eigentlich nur temporär benötigter „Tore" sind nur die offensichtlichen Angriffspunkte dieser Lösung. Ob die IP-Adressen auch wirklich zu den entsprechenden Hosts gehören, die mit dieser Regel zugelassen werden sollen, lässt sich durch den Paketfilter nicht feststellen.

Eine auf IPSec-Mechanismen zurückgreifende Filterregel kann dagegen eine weitaus höhere Sicherheit gewährleisten und zudem weitere flexible Filterechanismen bieten. Eine solche Filterregel stellt im Grunde einen SPD-Eintrag dar.

---

[25] Auch ESP-authentisierte Pakete, bei denen nur die Nutzdaten gesichert werden, sind denkbar, da Headerdaten letztlich nicht mehr zur Identifizierung genutzt werden, sondern über den SPI auf die zuvor per IKE verwendeten Authentisierungsdaten, wie z.B. Zertifikate, verwiesen wird.

| Src | Dst | Proto. | s-port | d-port | User-ID | Action | SA |
|---|---|---|---|---|---|---|---|
| 10.1.1.1 | 10.2.1.1 | TCP | * | 80 | * | sec | *IKE |
| 10.2.1.1 | 10.1.1.1 | TCP | 80 | * | * | sec | *IKE |
| * | * | * | * | * | * | deny | |

```
sec:    Security (= AH)
conf:   Confidentiality (= ESP)
SA:     Security Association
*IKE:   Pointer auf eine SA, die von IKE etabliert wird und „phy-
        sisch" in der SAD steht (s. Abschnitt 3.4.5) (auch SA-
        Bundles sind möglich)
```

Vor der Kommunikation müssen mittels IKE zwei SAs (jeweils eine für eine Richtung) zwischen Gateway und Client etabliert werden, wobei sich die Hosts mittels starker kryptographischer Mechanismen gegenseitig authentisieren. Die in der Tabelle vermerkten Informationen, insbesondere der Security Parameter Index (SPI), der auf eine aktive Security Association verweist, können also direkt auf diese Authentisierung zurückgeführt werden.

Es besteht nunmehr sogar die Möglichkeit einer adressunabhängigen Spezifikation von Zugriffsrechten: [Src] und [Dst] können nicht nur IP-Adressen oder Subnetze, sondern bspw. auch DNS-Namen sein. Zusätzlich können auch Namen entsprechend den SPD-Selektoren (s. Abschnitt 3.4.5.1) in „User-ID" stehen (z.B. bob@foo.bar.com). Damit ergeben sich völlig neue Möglichkeiten, in Paketfiltern nutzerbezogene Regeln zu definieren! Der Filtereintrag kann immer mittels IKE validiert und auf eine temporär gültige, mittles starker kryptographischer Verfahren authentisierte und auf IPSec-Mechanismen zurückgreifende Regel in der SAD abgebildet werden.

Die folgende Abbildung verdeutlicht diese Möglichkeit für eine Authentisierung von client@foo.bar.com am Security Gateway für den Zugriff auf den hinter diesem liegenden Webserver.

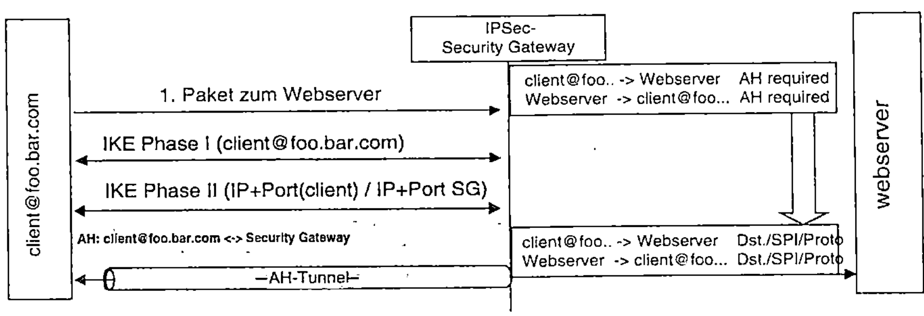


*Abbildung 52 – IPSec-geschützte Filterung*

Die folgende Tabelle gibt dazu die möglichen Paketfiltereinträge auf dem Security Gateway an, wobei die dynamisch erzeugten IPSec-„Filterregeln" grau hinterlegt sind (Als Beispiel hat darin der Client die Adresse 10.1.1.1 und sendet auf Port 1024; der Webserver hat die Adresse 10.2.1.1).

| Src | Dst | Proto. | s-port | d-port | User-ID | Act. | SA |
|---|---|---|---|---|---|---|---|
| * | www.x.de | TCP | * | 80 | client@ foo.bar.com | sec | |
| 10.1.1.1 | 10.2.1.1 | TCP | 1024 | 80 | | | *IKE |
| www.x.de | * | TCP | 80 | * | * | sec | |
| 10.2.1.1 | 10.1.1.1 | TCP | 80 | 1024 | | | *IKE |
| * | * | * | * | * | * | deny | |

## 4.4.2 Sichere Paketfilter ohne IPSec

Bisher wurde immer betont, dass „normale" Paketfilter nicht sicher arbeiten, da sie auf ungesicherte Daten aus dem Paketheader zurückgreifen. Im vorangegangenen Abschnitt wurde gezeigt, wie mittels eines IPSec und IKE unterstützenden Security Gateways Sicherheits-Policies (nichts anderes setzt ein Paketfilter durch) universell gestaltet werden können.

Sollen Security Gateways eingesetzt werden, ist der durchgängige Einsatz von IPSec die sicherste Lösung. Wird IPSec zwischen den Endsystemen genutzt, ist zunächst sogar überhaupt keine andere zusätzliche Sicherung möglich, als die im vorigen Abschnitt beschriebene. Denn mit IPSec werden die für herkömmliche Paketfilter relevanten Informationen – insbesondere die Protokollinformationen und Ports – „unsichtbar", da sie durch ESP verschlüsselt werden können. Mittels der beschriebenen IPSec-Tunnelmechanismen sind sogar die relevanten IP-Adressen möglicherweise nicht sichtbar.

Einzig im Falle, dass nur AH Ende-zu-Ende verwendet wird, sind keine veränderten Bedingungen für die herkömmlichen Paketfiter gegeben (allerdings verbleiben auch die gleichen Schwachstellen, da der Authentisierungsheader durch den Filter nicht überprüfbar ist, und damit die entscheidungsrelevanten Daten quasi ungeschützt sind).

Wird bekannten (authentisierten) Endsystemen vertraut, dass diese IPSec-Mechanismen korrekt anwenden, kann die Filterfunktion wieder wahrgenommen werden, wenn das Tupel [Destination-Address; SPI; Protocol] mittels eines kryptographisch sicheren Mechanismus einer entsprechenden Filterregel zugeordnet werden kann. Dieser Mechanismus wirkt dann auch für Ende-zu-Ende-verschlüsselte Verbindungen! Dazu muss ein gesicherter Mechanismus bereitgestellt werden, der die relevanten Informationen von den Endsystemen auf den Gateway überträgt.

Wird die eigene Verifizierung eines jeden Paketes auf dem Security Gateway gefordert, sind *zusätzlich* zu den Ende-zu-Ende-Funktionen IPSec-Mechanismen zum Gateway hin einzusetzen, so wie am Beginn des Abschnittes beschrieben. In diesem Fall ist ebenfalls eine kryptographisch sichere Korrelation nunmehr zwischen der ursprünglichen Filterregel, der „inneren" IPSec-Verbindung [Destination (End-to-End); SPI; Protocol] und der zum Gateway [Destination (Gateway); SPI; Protocol] herzustellen.

Abbildung 53 zeigt zu diesem Fall einen möglichen Ablauf, wobei auffällt, dass der erste (Authentisierung am Gateway) und der letzte Schritt (Bekanntgabe der ausgehandelten SPIs) noch nicht genauer spezifiziert sind, insbesondere zunächst keine Verbindung zum Key Management haben. Mit dem in Abschnitt 4.5 beschriebenen Protokoll wird genau diese sichere Verknüpfung ermöglicht.

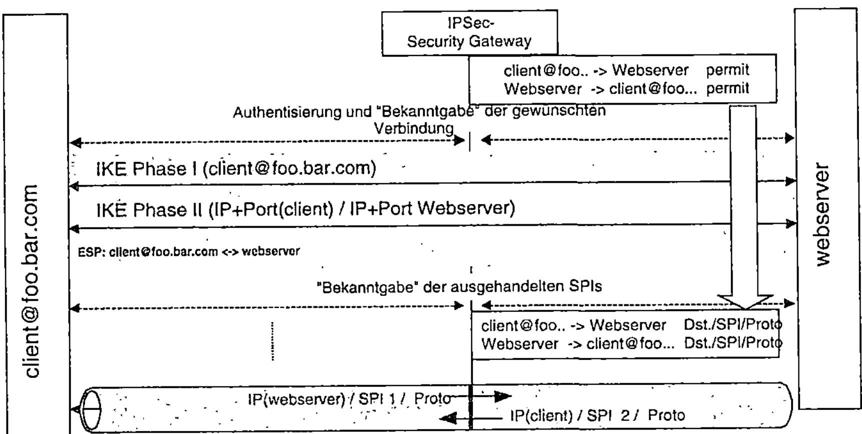


*Abbildung 53 – sichere Ableitung von Filterregeln*

Auch für diese Mechanismen gelten die erweiterten Filtermöglichkeiten, die im vorangegangenen Abschnitt beschrieben wurden: Regeln können nicht nur an Hand von IP-Adressen und –Ports spezifiziert werden, sondern zusätzlich DNS- und User-Namen. Diese Identitäten werden durch ein Protokoll sicher verifiziert und in eine (genauer zwei) temporäre Regel(n), diesmal bezogen auf [Dst.-Addr.; SPI; Protocol] überführt.

Das im Weiteren entwickelte Key Management Protokoll erlaubt diese sichere Ableitung von Filterregeln, bietet darüber hinaus jedoch weitere Features, wie die Möglichkeit der Ausnutzung von Vertrauensbeziehungen.

## 4.5 MIKE – Multi-Domain Authentication and Key Management

### 4.5.1 Schritte zur sicheren Verbindung

Bereits mehrfach wurden die Probleme angesprochen, die in einem komplexen Netzwerk mit unterschiedlichen Security Domains durch Policy- und Key Management zu lösen sind. An dieser Stelle sollen diese nochmals in 3 Schritten zusammengefasst werden:

1. Gateway Discovery Problem

Der Initiator einer Verbindung weiß zu Beginn zunächst nicht, welche Gateways zwischen Security Domains auf dem Weg zu seinem Kommunikationspartner zu überwinden sind. Zudem kann eine Security Domain von mehreren Gateways bedient werden, z.B. für Backup-Zwecke. (Die Gateways müssen auch für das Policy- und Key Management bekannt sein!)

2. „Auffinden" und Abgleich (Konfliktlösung) der relevanten Security Policies

Punkt 1 bedingt, dass auch die Security Policies der durch die Gateways abgesicherten Domains nicht als bekannt vorausgesetzt werden können. Diese Security Policies müssen jedoch bekannt sein, bevor eine Verbindung zustande kommen kann. Nicht zuletzt ist für IPSec-gesicherte Verbindungen diese Kenntnis Voraussetzung [KentAtkin 1998]. Sind alle Policies bekannt, müssen evtl. auftretende Konflikte aufgelöst werden. Einen sehr flexiblen und skalierbaren Ansatz stellt das im Abschnitt 4.2 vorgestellte Security Policy System dar.

3. Authentisierung / Key Management / Unterstützung sicherer Filtermechanismen

Nachdem alle beteiligten Systeme und deren Security Policies bekannt sind, müssen sich die Systeme gegenseitig authentisieren, möglicherweise unter Ausnutzung bestehender Vertrauensverhältnisse. Zudem müssen notwendige kryptographische Schlüssel etabliert werden, die zur Verschlüsselung und/oder Authentisierung des Datenstromes notwendig sind. Außerdem sollte ein Mechanismus bereitstehen, der die in Abschnitt 4.4.2 beschriebenen sicheren IP-Filter ermöglicht.

Für den letzten Punkt wird in diesem Abschnitt ein Authentisierungs- und Key Management-Protokoll entwickelt [Martius 1999-2], das einigen grundsätzlichen Designkriterien genügen muss, s. Abschnitt 4.5.3.

## 4.5.2   Notation und Begriffe

- Abkürzungen für Payloads (ID, KE, $N_{i/r}$ etc.) werden wie in IKE [HarCar 1998] verwendet.

- $ID_{x1/x2}$ sind äquivalent den Phase 1-IDs, $ID_{x2/y2}$ den Phase 2 IDs

- *Message*: Kombination von Payloads zu einer Nachricht, die zu einem Authentisierungs- und Schlüsselaustauschprozess zwischen genau zwei Systemen gehören.

- *Messageblock (Nachrichtenblock)*: Rahmen + Header um eine beliebige Anzahl von Messages, wobei der Messageblock Ende-zu-Ende (Initiator $\leftarrow$ $\rightarrow$ Responder) adressiert ist, unabhängig von der Anzahl der dazwischen liegenden Gateways.

- *System*: Ein Host, der in einen MIKE-Protokollauf involviert ist.

- *(Security) Gateway*: Eine Untermenge der an einem Exchange beteiligten Systeme, nämlich genau alle Gateways ohne Initiator und Responder (Endsysteme). Gateways bilden die Grenze einer $\rightarrow$ Security Domain

- *Security Domain*: Beliebige Anzahl von Systemen, die der gleichen Security Policy unterstellt sind. Das kann ein einzelner Host oder viele tausende Hosts sein.

- *TRD – Trusted Rule Derivation*: Security Gateways, die eine sichere Filterung von IPSec-verschlüsselten Verbindungen nach Abschnitt 4.4.2 durchführen wollen und dazu Filterregeln ableiten müssen.

- *MMA – Multi Message Authentication*: spezieller Authentisierungsmechanismus von MIKE (s. Abschnitt 4.5.6).

- *Upflow / Downflow*: Messageblock, der von I $\rightarrow$ R bzw. von R $\rightarrow$ I „unterwegs" ist.

- *X / Y* : Irgendeines der an einem Exchange beteiligten Systeme I ... S(n) ... R, wobei X links von Y lokalisiert ist.

- *A(X/Y)*: Authentisierung von X gegenüber Y (d.h. X muss gegenüber Y seine Identität und im Sinne des Key Exchange Protokolls seine Teilnahme am aktuellen Exchange nachweisen). Dabei bedeutet A1(X/Y) Y's Anforderung der Authentisierung von X und A2(X/Y) der kryptographisch berechnete Authentisierungswert von X.

- *Bezeichung / Nummerierung der Systeme*: Da die Anzahl der beteiligten Systeme prinzipiell unbegrenzt ist, wird eine allgemeine Bezeichnung entsprechend ihrer Position relativ zum Initiator resp. Responder eingeführt:

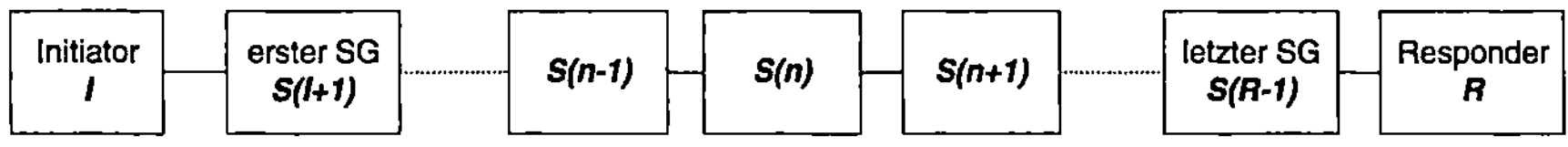

*Abbildung 54 - Bezeichnung / Nummerierung der Systeme*

## 4.5.3 Anforderungen an das Protokoll - Designkriterien

Für den Entwurf des Protokolls werden folgende Voraussetzungen und Designziele angenommen:

- *Grundlage bildet* der bisherige *IKE*-Entwurf. Bereits definierte Phasen und Exchange-Typen sollten weitestgehend genutzt werden.
  Damit kann auf die in IKE bereits eingegangenen Designkriterien bzgl. der kryptographischen Sicherheit eines Authentisierungs- und Schlüsselaustauschprotokolls aufgebaut werden. Auch die Mechanismen zur Abwehr von DoS-Angriffen - Anti-Clogging-Token, Abs. 3.5.1 – können genutzt werden. Damit wird eine vergleichbare Sicherheit bezüglich der Authentisierung der Nachrichten, der Zufallswerte und der DH-Exponenten gewährleistet. Die Algorithmen zur Schlüsselgenerierung werden nur marginal angepasst. Einige Analyseansätze für IKE und MIKE sind in Abschnitt 4.7 zu finden.

- *Skalierbarkeit*: unabhängig von der Anzahl der beteiligten Security Gateways können mit dem Protokoll alle benötigten Sicherheitsparameter (SAs) effizient etabliert werden.

- *Effizienz*: Minimierung der Anzahl von Messages zwischen den Systemen; Minimierung der Anzahl von Public-Key-Operationen, insbesondere unter Ausnutzung von vorhandenen Vertrauensbeziehungen.

Das neue Protokoll MIKE soll im Grunde IKE in ein „multipoint-fähiges" Protokoll abbilden. Teile der Phase 1 sowie die gesamte Phase 2 sind jedoch zwischen den beiden Kommunikationspartnern verschlüsselt. In einem Multipoint-Protokoll müssen jedoch alle (berechtigten) Systeme Zugriff auf die Informationen haben.

Der grundlegende Ansatz für MIKE ist der Aufbau eines sicheren Kanals entlang der involvierten Systeme. Dieser Kanal wird durch „herkömmliche" IKE-SAs gebildet. Innerhalb des Kanals werden neu zu entwerfende Nachrichten übermittelt, die von jedem System einsehbar und in gewissen Grenzen auch veränderbar sind.

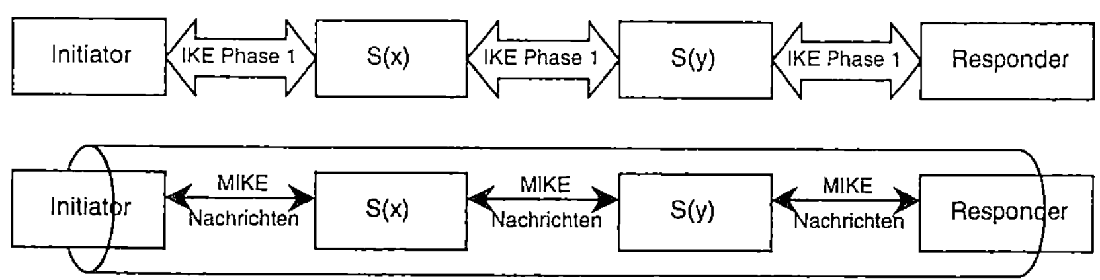


*Abbildung 55 - Prinzip des sicheren Kanals bei MIKE*

Benachbarte Systeme führen dabei die Phase 1 des IKE-Protokolls durch. Dabei authentisieren sie sich gegenseitig und ein Teil des sicheren Kanals wird durch die resultierende IKE-SA gebildet. Nur diese benachbarten Systeme kommunizieren direkt miteinander. Die Authentisierung nicht benachbarter muss durch MIKE bereitgestellt werden.

Gleichzeitig müssen durch MIKE aktive Angriffe auf den Protokollablauf durch beteiligte Gateways verhindert werden, da diese alle Möglichkeiten hätten, einen solchen aktiven Angriff (Änderung von Parametern, Identitäten etc.) durchzuführen. Denial-of-Service-Angriffe können jedoch prinzipbedingt nicht ausgeschlossen werden.

Mit MIKE muss die Möglichkeit gegeben sein, individuelles Schlüsselmaterial zu erzeugen (d.h. geheime Schlüssel, die immer nur paarweise zwischen beteiligten Systemen bekannt sind). Außerdem sollen Möglichkeiten vorhanden sein, die im Abschnitt 4.4.2 beschriebenen sicheren Filterfunktionen zu realisieren.

Neben der Lösung der gestellten Anforderungen ergeben sich aus diesem Ansatz aber auch einige Nachteile:

- Ein prinzipiell neuer Phase-II-Exchange muss entworfen werden, es können nur Designansätze aus dem IKE-Protokoll übernommen werden. Grundidee hierzu ist ein sog. *Nachrichtenblock*, der eine beliebige Anzahl von Unicast-Nachrichten enthalten kann, die von den adressierten Systemen eingefügt bzw. entfernt werden.

- Die Anzahl der zu speichernden Statusinformationen wächst, was einen erhöhten Ressourcenverbrauch und damit das Risiko von DoS-Angriffen nach sich zieht.

- Die absolute Anzahl von Public-Key-Operationen kann nicht gesenkt werden, da diese „theoretisch" feststeht (was jedoch nicht spezifisch für MIKE ist):

  - Für eine gegenseitige Authentisierung werden 4 Public-Key-Operationen benötigt

  - Für die Berechnung eines geheimen DH-Schlüssels müssen 2 rechenintensive Operationen durchgeführt werden: die Erzeugung eines Paares x, $g^x$, und die Berechnung von $g^{xy}$.

- „Identity Protection", d.h. der Schutz der Identitäten der schlüsselaustauschenden Systeme (Hosts, Prozesse, User), ist nur in begrenztem Umfang möglich, da die beteiligten Security Gateways die Identitäten zur Anwendung ihrer Sicherheits-Policies kennen müssen.

Zunächst wird nun auf den Protokollablauf eingegangen, später die verwendeten Nachrichten und insbesondere die neuen Authentisierungsmechanismen beschrieben.

## 4.5.4   Protokollablauf

Der Initiator einer Verbindung beginnt das MIKE-Protokoll, indem er:

1. einen IKE-Phase-1-Exchange zu seinem benachbarten Security Gateway durchführt (oder eine bereits vorhandene, gültige IKE-SA nutzt)

2.  einen Nachrichtenblock mit Unicast-Nachrichten an alle auf dem Weg zu R befindlichen Systeme, die in irgend einer Form Sicherheitsanforderungen an den Initiator I haben, an diesen Security Gateway schickt.

Der gesamte Nachrichtenblock ist Ende-zu-Ende adressiert, d.h. I→R. Damit können die Nachrichtenblöcke von den beteiligten Systemen eindeutig einem gerade stattfindenden Exchange zugeordnet werden. Eine weite Instantiierung erfolgt durch die *MIKE-Cookies*, falls zwischen I und R mehrere Exchanges aktiv sind.

Jedes System kann eigene Nachrichten einfügen bzw. an sich gerichtete Nachrichten extrahieren. Danach wird der Nachrichtenblock weiter an das nächste benachbarte System auf dem Weg zu R geschickt. Jedes System muss in Voraus seinen Nachbarn kennen (das kann per Hand konfiguriert werden oder automatisch z.B. per SPS bereitgestellt sein). Damit wird sukzessive der sichere Kanal von I nach R über alle beteiligten Gateways während des ersten Transports des Nachrichtenblockes von I nach R gebildet.

Grundlage von MIKEs Mechanismen zur Etablierung von Schlüsseln und zur Authentisierung bildet der Aggressive Mode von IKE. Damit müssen zwischen jeweils 2 Systemen 3 Nachrichten ausgetauscht werden. Jede Unicast-Nachricht muss einmal „von links nach rechts", einmal „von rechts nach links" und ein letztes Mal wieder zurück. Da als Voraussetzung angenommen wird, dass alle Security Policies bekannt sind (Punkt 2 in Abschnitt 4.5.1), muss damit auch der gesamte Nachrichtenblock nicht öfter hin- und hergeschickt werden.

## 4.5.5    Nachrichtenaufbau

Die Grundstruktur von MIKE aus Nachrichtenblock als „Container" und Unicast-Nachrichten innerhalb dieses Containers wurde bereits angedeutet. Nunmehr soll die konkrete Struktur des Blocks und der Einzelnachrichten entwickelt werden, wobei nochmals die Grundanforderungen genannt werden sollen, die durch das Nachrichtenformat unterstützt werden müssen:

- Die Integrität aller ausgetauschten Parameter muss gesichert werden

- Da kein IKE-Phase-I-Exchange zur Authentisierung zwischen nicht benachbarten Systemen stattfindet, muss das Protokoll diese Authentisierung sozusagen „in-band" liefern.

- Zwischen benachbarten Sytsemen sind die Nachrichten durch die IKE-SA geschützt.

- Innerhalb des sicheren Kanals sind die Nachrichten nicht gegen Verfälschung geschützt, die Gateways müssen damit als „natürliche Man-in-the-Middle" angesehen werden! Aus dieser Sicht muss der Kanal als ungeschützt gelten und das Protokoll entsprechende Mechanismen zur Verifizierung der Unversehrtheit bieten (ähnlich den Schutzmechanismen der Phase I).

- Ein Protokollauf zwischen zwei Endsystemen wird instantiiert durch MIKE-Cookies.

Damit wird eine übergeordnete Nachrichtenstruktur (Nachrichtenblock) wie folgt definiert:

```
MSGBLOCK S->S±1:
  {
      M_Cookie_I, [M_Cookie_R],
      HMAC{remainder}SKEYID_a(S,S±1)
      MSGBLOCK src-ID, MSGBLOCK dst-ID;
      MSG(1),.. MSG(n)
  } SKEYID_e(S,S±1)
```

M_Cookie_I / M_Cookie_R sind die jeweils von I und R beigesteuerten Anteile an den MIKE-Cookies. Danach folgt eine kryptographische Prüfsumme mit Parametern der IKE-SA. Es folgt die Ende-zu-Ende-Adressierung sowie eine unbestimmte Anzahl Unicast-Nachrichten MSG(x).

Abhängig von den Sicherheitsanforderungen der Sender und Empfänger der einzelnen Unicast-Nachricht können diese nur zur Etablierung einer SA (1), zur Etablierung einer SA mit gleichzeitiger Authentisierung (2) oder nur zur Authentisierung (3) verwendet werden. Eine Authentisierung kann wiederum nur für eigene Parameter oder zusätzlich bzw. ausschließlich für Nachrichten anderer Systeme stattfinden. Werden mehrere Nachrichten in die Authentisierung einbezogen, ist im Folgenden von „Multi-Message Authentication" (MMA) die Rede.

Folgende Konstellationen sind für die einzelnen Fälle relevant:

(1)  Ein System X benötigt IPSec-Mechanismen (letztlich eine SA) für die Kommunikation mit dem entsprechenden Empfänger, es vertraut jedoch einem in Richtung des Empfängers liegenden System dahingehend, dass dieses korrekt für die Authentisierung seiner Nachricht sorgt.

(2)  Dies ist der allgemein auch heute mit IKE abgedecke Fall, außer, wenn X Vertrauter eines anderen Systems ist (genau der in (1) beschriebene Vertraute) und damit MMA stattfinden muss.

(3)  X ist ein sicherer Filter nach Abschnitt 4.4.2, benötigt selbst keine SA, muss allerdings Parameter anderer Systeme per MMA selbst überprüfen können.

Aus diesen und weiter oben genannten Anforderungen werden damit drei Nachrichten abgeleitet, die in der jeweiligen Richtung abhängig vom aktuellen Fortschritt des Protokolls eingesetzt werden.

SA Payload und DH-Exponent sind optional, abhängig davon, ob eigenes Schlüsselmaterial benötigt wird oder nicht. Der Zufallswert „Nonce" kann abhängig vom gewählten Authentisierungsmechanismus verschlüsselt sein.

```
MSG1: X->Y {
    IDx1, IDy1, [IDx2, IDy2], [N(i)|<N(i)>Pub(IDr1)], [SA], [g^i],
    [A1(Y/X)] }

MSG2: Y->X {
    IDx1, IDy1, [IDx2, IDy2], [N(r)|<N(r)>Pub(IDi1)], [SA], [g^r],
    [A2(Y/X)] [A1(X/Y)] }

MSG3: X->Y {
    IDx1, IDy1, [A2(X/Y)] }
```

Die IDx/y1-Payloads adressieren die eigentliche Nachricht. IDx/y2-Payloads sind optional und entsprechen den Phase-II-Payloads in IKE (speziell im Zusammenhang mit IPSec). Der SA-Payload ist entweder das Proposal des Initiators (MSG1) oder die Selection des Responders (MSG2). Nonce und DH-Exponenten sind Parameter für die individuellen Schlüssel. In einigen Authentisierungs-Modi dienen sie auch zur Authentisierung. Die letzte Nachricht dient der „Empfangsbestätigung" durch den Initiator und dessen Authentisierung, falls gefordert.

Der Aufbau der Authentisierungsfelder und deren Anwendungsmöglichkeiten werden im folgenden Abschnitt näher betrachtet.

## 4.5.6  Authentisierungsmechanismen und –verfahren in MIKE

Im Grunde liegen die umfangreichen neuen Möglichkeiten, die das Protokoll MIKE bietet, in den sehr flexiblen Authentisierungsmechanismen. Einerseits kann jede einzelne der im vorangegangenen Abschnitt beschriebenen Unicast-Nachrichten einen unterschiedlichen Bereich an Parametern authentisieren. Andererseits kann diese Authentisierung mit einer Reihe unterschiedlicher Mechanismen erfolgen. Innerhalb einer Nachricht sind diese Funktionen in den Feldern A1 und A2 repräsentiert.

***Was kann in den einzelnen Nachrichten authentisiert werden?***

MIKE kann abhängig von den Sicherheitsanforderungen eines bestimmten Systems und dessen Vertrauensbeziehungen zu anderen beteiligten Systemen die Authentisierung von Parametern für unterschiedliche „Bereiche" vornehmen. Wie im vorangegangenen Abschnitt beschrieben, kann bei MIKE eine Nachricht verschiedene Sicherheitsanforderungen repräsentieren (SA-Etablierung mit oder ohne Authentisierung oder nur Authentisierung; die Authentisierung wiederum kann für Parameter einer einzelnen Nachricht (2) oder anderer Nachrichten (1, 3) erforderlich sein). Wenn in einer Nachricht nicht nur eigene Parameter, sondern auch Nachrichten anderer Systeme in die Authentisierung einbezogen werden, wird im Folgenden von ***Multi-Message Authentication – MMA –*** gesprochen. Die Anforderung, Parameter anderer Nachrichten zu authentisieren, steht, wenn:

- Ein System X ein Vertrauter (Trustee) eines anderen Systems in der Kette ist und damit für diesen die Authentisierung vornehmen muss. X kann, muss jedoch nicht selbst eigene Sicherheitsanforderungen im Sinne einer zusätzlichen SA haben. Damit sind Parameter zum Schlüsselaustausch (DH-Exponent, SA-Payload) optional.

- System X ist ein Gateway, der authentisierten Endpunkten vertraut, jedoch sichere Paketfilter für ihn überquerende IPSec-Verbindungen etablieren will (Abschnitt 4.4.2), im im Folgendenfolgenden *Trusted Rule Derivation – TRD* – genannt. Parameter zum Schlüsselaustausch (DH-Exponent, SA-Payload) sind in der Nachricht nicht enthalten.

Die folgende Tabelle zeigt Kombinationsmöglichkeiten von Nachrichteninhalt und Authentisierungsart:

| System X ist | Nachrichten von X enthalten SA | MMA wird durchgeführt |
|---|:---:|:---:|
| 1. IPSec-Gateway / Endsystem | J | N |
| 2. Trustee und IPSec-Gateway (TRD) | J | J |
| 3. Nur Trustee | N | J |

*Tabelle - Sicherheitsanforderungen eines Systems und Nachrichteninhalte*

Daraus können nun zunächst allgemeine Anforderungen an den Inhalt einer Einzelnachricht und die „Reichweite" ihrer Authentisierung abgeleitet werden, die im Folgenden für die einzelnen Punkte in der Tabelle konkretisiert werden.

1. Authentisierung eines Systems Y, zu dem System X eine SA etablieren möchte. Das Authentisierungsfeld A1 fordert von Y die Authentisierung der Parameter in der Nachricht, A2 transportiert eine kryptographisch errechnete Prüfsumme, die diese Authentiserung erbringt, gleichzeitig Y′s Identität und Teilnahme am Protokoll nachweist. (Authentisierungsanforderungen in die Gegenrichtung Y→X können sich davon unterscheiden!)

```
MSG1: X->Y {
    IDx1, IDy1, [IDx2, IDy2], N(i)|<N(i)>Pub(IDy1), SA, g^i,
    A1(Y/X) }

MSG2: Y->X {
    IDx1, IDy1, [IDx2, IDy2], N(r)|<N(r)>Pub(IDx1), SA, g^r,
    A2(Y/X), [A1(X/Y)]}

MSG3: X->Y {
    IDx1, IDy1, [A2(X/Y)] }
```

2.  Die gleiche Anforderung, wie bei 1. steht für die Parameter der eigenen Nachricht. Zusätzlich muss jedoch Y Parameter anderer Nachrichten in die Berechnung des Authentisierungswertes einbeziehen, damit X auch die Korrektheit dieser Parameter überprüfen kann.

```
MSG1: X->Y {
    IDx1, IDy1, [IDx2, IDy2], N(i)|<N(i)>Pub(IDy1), SA, g^i,
    A1(Y/X,...) }

MSG2: Y->X {
    IDx1, IDy1, [IDx2, IDy2], N(r)|<N(r)>Pub(IDx1), SA, g^r,
    A2(Y/X...), [A1(X/Y)]}

MSG3: X->Y {
    IDx1, IDy1, [A2(X/Y)] }
```

3.  Anforderungen wie in 2., X sendet jedoch keine eigenen Parameter für eine SA-Etablierung, da er selbst keine SA benötigt (der Zufallswert „Nonce" wird jedoch für die Berechnung einer Authentisierungsinformation benötigt).

```
MSG1: X->Y {
    IDx1, IDy1, [IDx2, IDy2], N(i)|<N(i)>Pub(IDy1), [g^i],
    A1(Y/X...) }

MSG2: Y->X {
    IDx1, IDy1, [IDx2, IDy2], N(r)|<N(r)>Pub(IDx1), [g^r],
    A2(Y/X...), [A1(X/Y)]}

MSG3: X->Y {
    IDx1, IDy1, [A2(X/Y)] }
```

### *Multi-Message- / Proxy-Authentication*

Ob eine Authentisierung gefordert wird, ist abhängig von der lokalen Security Policy und evtl. vorhandenen Vertrauensbeziehungen. Um diese selektive Auswahl zu ermöglichen, werden die Authentisierungsfelder A1 und A2 unidirektional eingesetzt. Das ermöglicht sehr fein abgestufte Policies, wenn Vertrauensbeziehungen bestehen.

Die Authentisierung eines nicht benachbarten Systems Y ist notwendig, wenn ein System X seinem benachbarten Sender der Nachricht oder einer Reihe vorangehender Systeme nicht vertraut oder wenn ein Trustee Nachrichten anderer Systeme authentisieren muss. Z.B. sollte der Gateway an der Grenze einer Organisation immer eine Authentisierung verlangen, interne Gateways könnten jedoch diesem „Boundary Gateway" vertrauen, der dann seinerseits als Trustee handelt. Dieser Boundary Gateway muss nun auch Nachrichten (bzw. deren Parameter) anderer Systeme authentisieren – diese Eigenschaft wird nunmehr als „Proxy Authentication" bezeichnet.

Durch die Unidirektionalität der Authentisierungsfelder muss andererseits dieses Vertrauensverhältnis nicht unbedingt in umgekehrte Richtung überprüft werden, d.h. Y muss seinerseits nicht notwendigerweise überprüfen, ob X überhaupt berechtigt ist, diese Proxy-Authentication durchzuführen. Y kann direkt die Authentisierung eines Systems verlangen, welchem X eigentlich vertraut. Als Beispiel soll eine Konstellation dienen, in der S3 der Boundary Gateway für die internen Systeme S1 und S2 sowie deren Trustee ist. S4 ist ein externes System, das jedoch separate Authentisierungen von S1 bis S3 verlangt (req. bedeutet die Anforderung einer Authentisierung für ein bestimmtes System, resp. dessen kryptographisch berechnete Authentiserungs"antwort"):

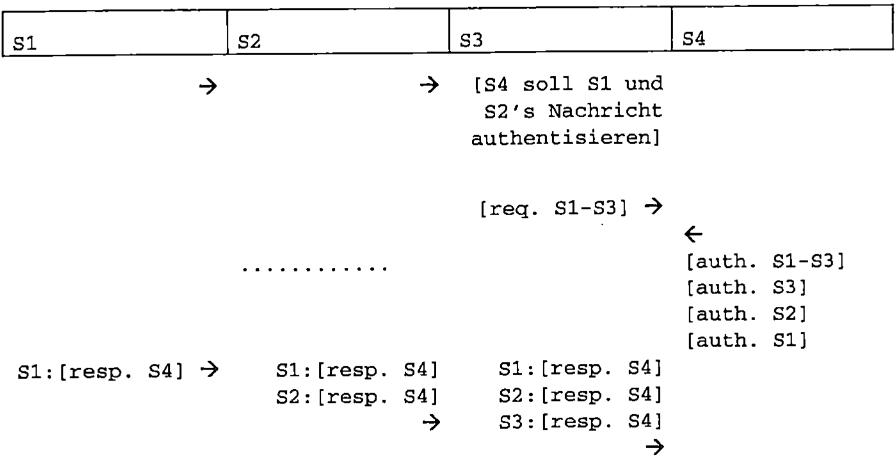


Mittels Proxy-Authentisierung können Public-Key-Operationen eingespart werden, da der Trustee die ansonsten mittels separater Berechnungen authentisierten Einzelnachrichten als Ganzes behandelt. Abhängig davon, ob eine eigene SA benötigt wird, sind eigene Parameter in der Nachricht selbst und deren Authentisierung enthalten oder nicht.

Multi-Message-Authentication (MMA) nutzt die gleichen Mechanismen, verfolgt jedoch ein anderes Ziel: Mit MMA sollen Parameter anderer Nachrichten *zusätzlich* authentisiert werden, unabhängig davon, ob diese Nachrichten bereits selbst Authentisierungsanforderungen enthalten. Eine modifizierte Version des o.g. Beispiels wäre dazu, dass keine Vertrauensbeziehungen existieren, S3 nunmehr aber zur Etablierung eines sicheren IPSec-Filters TRD durchführen will.

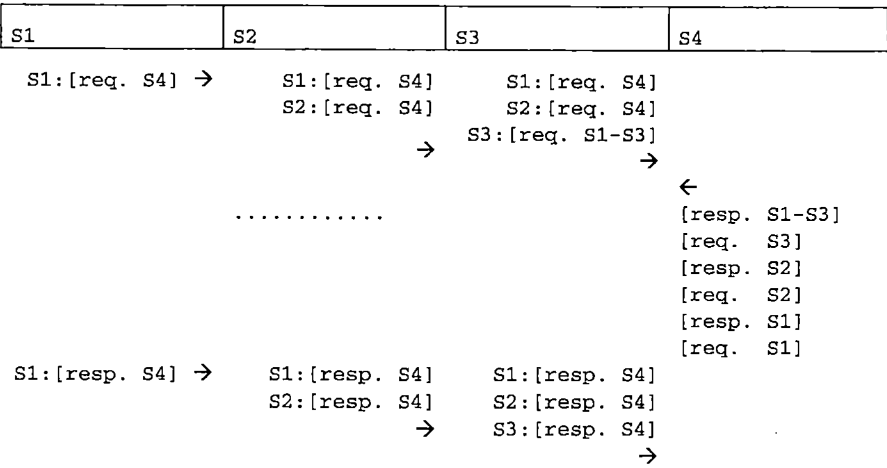


Auf diesem Wege kann nun S3 eine kryptographisch sicher abgeleitete Filterregel für IPSec-Verbindungen zwischen S1 und S4 resp. S2 und S4 ableiten, ohne selbst eine SA etablieren zu müssen. Unabhängig von diesem Prozess verlaufen die gegenseitigen Authentisierungsvorgänge zwischen S1 / S2 und S4[26].

Nunmehr werden die konkreten Authentisierungsverfahren für MIKE definiert und gezeigt, welche Auswirkung diese auf den Nachrichtenaufbau in Abhängigkeit von den vorher beschriebenen Mechanismen haben.

### *MIKE Authentisierungsverfahren*

Abhängig von der lokalen Security Policy kann gegenseitige oder einseitige Authentisierung sowie zusätzlich einer der Mechanismen „Proxy Authentication" oder „Multi-Message-Authentication" gefordert sein. Entsprechend der Verfahren in IKE (Abschnitt 3.5.6.3) wurden für MIKE die Authentisierungsverfahren

1. Signatur

2. Public-Key-Encryption

3. Pre-Shared Key

vorgesehen. Die dort genannten Vor- und Nachteile dieser Verfahren gelten somit auch hier. Auch die Bildung der Authentisierungsinformation selbst erfolgt weitestgehend identisch zu IKE. Die Anforderung der Authentisierung erfolgt mit dem A1-Feld, das die gewünschte Methode spezifiziert. Im Falle von Proxy- oder Multi-Message-Authentication wird zusätzlich eine Liste der im Messageblock enthaltenen Nachrichten

---

[26] S3 muss natürlich auch S1 und S2 authentisieren, was im gezeigten Protokollverlauf noch nicht abgebildet ist.

angegeben, die (zusätzlich) authentisiert werden sollen. Die Liste wird repräsentiert durch Ziel-IDs, die sozusagen Pointer auf die entsprechende Nachricht im Messageblock darstellen. Die Ziel-ID ist, abhängig von der Richtung des aktuellen Messageblocks, $ID_{uix}$ oder $ID_{urx}$.

```
A1(Y/X){ PSK | SIG | PKE, [IDi1]...[IDs(y-1)1] }
A1(X/Y){ PSK | SIG | PKE, [IDr1]...[IDs(x+1)1] }
```

Abhängig von der Authentisierungsmethode ist der in der entsprechenden Nachricht enthaltene Zufallswert $N_x$ verschlüsselt (PKE) oder im Klartext (PSK/SIG) zu interpretieren. Der zurückgesendete Wert A2 enthält dann die entsprechenden Authentisierungsinformationen. Grundlage der Authentisierung bildet, wie bei IKE, der mit einem Schlüssel parametrisierte Hashwert über relevante Daten der Nachricht.

Abhängig vom notwendigen Authentisierungs*mechanismus* und dem durch die eigene Security Policy vorgegebenen Ziel gehen in die Berechnung von A2 unterschiedliche Parameter ein.

Für Fall 1 in der Tabelle auf Seite 166 wird A2 wie folgt gebildet:

```
A2(Y/X) = prf(SKEYID,g^y | g^x | M-CKYI|M-CKYR | SA | IDx1 |IDy1)
A2(X/Y) = prf(SKEYID,g^x | g^y | M-CKYR|M-CKYI | SA | IDy1 |IDx1)
```

Fälle 2 und 3 erfordern Proxy- / Multi-Message-Authentication, was sich in der Bildung von A2 widerspiegelt. Um die Implementierung zu vereinfachen, wird die gesamte Einzelnachricht in die Berechnung einbezogen. Außerdem werden die erste (X→Y) *und* die zweite (Y→X) Nachricht verwendet, um es dem MMA anfordernden System zu ermöglichen, empfangene und gesendete Parameter zu verifizieren.

```
A2(Y/X)=prf(SKEYID, [g^y|g^x |] M-CKYI | M-CKYR | [SA |] IDx1|IDy1
            [IDx2 | IDy2 |] MSG(ID1->Y), MSG(Y->ID1)...MSG(Y->IDn))

A2(X/Y)=prf(SKEYID, [g^x|g^y |] M-CKYR | M-CKYI | [SA |] IDy1|IDx1
            [IDx2 | IDy2 |] MSG(X->ID1), MSG(ID1->X,...MSG(IDn->X))
```

Die eigentliche Authentisierungsinformation steckt in SKEYID, der äquivalent zu IKE entsprechend dem gewählten Authentisierungsverfahren generiert wird. Prinzipiell gelten für dessen Erzeugung die gleichen Argumente und Bedingungen, wie bei IKE (Abschnitt 3.5.6.3).

1.  Signatur

   *SIG*: SKEYID = prf($N_i$ | $N_r$, $g^{ir}$)

   Bei dieser Authentisierungsmethode steht kein gemeinsames Geheimnis zur Verfügung, das in den Hashwert eingehen könnte. Da der Hashwert in einem weiteren Schritt signiert wird, muss entsprechend den Designkriterien für kryptographische Protokolle, (Abschnitt 4.7.4 Punkt 5), jedoch ein geheimer Parameter eingehen. Das kann in diesem Fall nur der DH-Schlüssel $g^{ir}$ sein.

Für SIG muss der Hashwert A2 noch mit dem eigenen geheimen Schlüssel verschlüsselt werden, um die Signatur zu erzeugen.

```
A2(Y/X) = { prf(SKEYID, g^y | g^x ...)} PrivKey(Y)
A2(X/Y) = { prf(SKEYID, g^x | g^y ...)} PrivKey(X)
```

2.  Pre-Shared Key

*PSK*: `SKEYID = prf(pre-shared key, `$N_i$` | `$N_r$`)`

Für *PSK* ist SKEYID nur von den jeweiligen Partnern generierbar, da der gemeinsame geheime Schlüssel eingeht. Das mit SKEYID parametrisierte A2-Feld *authentisiert* damit *direkt*. Ansonsten gelten die gleichen Argumente wie bei IKE mit PSK (Abschnitt 3.5.6.5)

3.  Public Key Encryption

*PKE*: `SKEYID = prf(hash(`$N_i$` | `$N_r$`), MCKY-I | MCKY-R)`

Auch für *PKE* ist SKEYID nur von den jeweiligen Partnern generierbar, da der mit dem öffentlichen Schlüssel des anderen Teilnehmers verschlüsselte Zufallswert $N_x$ eingeht. Das mit SKEYID parametrisierte A2-Feld *authentisiert* damit *direkt*. Ansonsten gelten die gleichen Argumente wie bei IKE mit PKE (Abschnitt 3.5.6.5)

***Authentisierung des gewählten SA-Proposals und der IDs***

Neben den offensichtlich zu authentisierenden Informationen – den Zufallswerten und den DH-Exponenten, die direkt in den letztendlich zu etablierenden geheimen Schlüssel eingehen – ist es ebenfalls erforderlich, das ausgewählte SA-Proposal sowie die zur Nachricht gehörenden Identitäten zu sichern. Ansonsten wären folgende Angriffe denkbar:

- SA-Proposal
  Die Liste der SA-Proposals (also der geforderten Sicherheitsparameter) eines Initiators in die Authentisierung einbezogen werden, um eine Änderung auf dem Weg zum Empfänger zu verhindern. Beispielsweise könnte ein korrupter Gateway auf dem Weg starke kryptographische Verfahren aus dem Proposal entfernen und damit ggf. den Einsatz schwacher Verfahren erzwingen.

- IDs
  Die Einbeziehung der IDs in einen Authentisierungswert ist wichtig, um festzuhalten, wer eine konkrete Nachricht *für wen* authentisiert hat (s. Designprinzipien für kryptographische Protokolle, Abschnitt 4.7.4). Obwohl in diesem Protokoll Zufallswerte beider Parteien in den Authentisierungswert eingehen und damit nur noch eine sehr geringe theoretische Möglichkeit eines dort beschriebenen Masquerade-Angriffes besteht (z.B. wenn eine der Parteien einen schlechten Zufallswert wählt), ist nun mit der Einbeziehung der IDs in den Authentisierungswert durch die dessen Bindung an die Identitäten kein Masquerading oder Replay mehr möglich.

### 4.5.7  Nachrichtenfluss

Im Folgenden soll zunächst der allgemeine Aufbau der Nachrichtenblöcke abhängig vom Fortschritt des Protokolls gezeigt werden. Die Verarbeitung der Messageblocks auf den einzelnen Systemen beschreibt der anschließende Pseudo-Code.

Um den für MIKE notwendigen sicheren Kanal entlang der Gateways aufzubauen, muss jedes System, soweit noch nicht vorhadnen, einen IKE-Phase-1-Exchange zu seinem nächstgelegenen Nachbarsystem in Richtung R durchführen, bevor ein neuer Messageblock dahin gesandt werden kann.

Dem Initiator (und jedem weiteren System) steht eine geordnete Liste von IDs (d.h. bekannter Systeme) zur Verfügung, zu dem SAs benötigt werden bzw. die Trustees sind oder sichere Filter einsetzen wollen. Für alle diese Systeme muss eine separate Unicast-Nachricht im Messageblock vorgesehen werden. Die Liste der Systeme kann von Hand konfiguriert oder z.B. durch das in Abschnitt 4.2 beschriebene Security Policy System bereitgestellt werden.

```
Message-block 1: I->S1
{ M_Cookie_I, 0,
  HASH(MBlock1),
  IDci, IDcr
  M1: I->R;
  [...
  Mn: I->S1]
}
```

Die Anzahl der Nachrichten im Messageblock kann sich nun auf dem Weg zum Responder R erhöhen. Die allererste Nachricht im Block trägt jedoch die Adressen des ursprünglichen Senders (Initiator) und des letztendlichen Empfängers (Responders). Deren Adressierung entspricht gleichzeitig der Ende-zu-Ende-Adressierung des gesamten Messageblocks. Sie ist definiert durch `{Source` $ID_{ui}$`, Destination` $ID_{ur}$`}`.

Im Folgenden wird die Anordnung der Nachrichten innerhalb des Messageblocks, abhängig vom Stand des Protokolls, beschrieben. Dabei wird zur Vereinfachung die explizite Adressierung einer Nachricht durch $ID_{ux}$ und $ID_{uy}$ unterdrückt und durch die Notation X→Y ersetzt.

1.  Erster Messageblock auf dem Weg von I nach R

    Jedes System S auf dem Weg zu R kann eigene Unicast-Nachrichten anhängen, falls dieses eine eigene SA benötigt, Trustee ist oder sichere Filter ableiten will. Ein eingehender Messageblock auf System S(n) muss zunächst an Hand der Messageblock-Adressierung geprüft werden, ob dieser an es selbst gerichtet ist oder nicht.

    Ist der Messageblock an S(n) adressiert (d.h. S(n) ist identisch mit R), muss dieses:

    - alle Einzelnachrichten auswerten und die enthaltenen SA-Proposals entsprechend seinen Sicherheitsanforderungen prüfen

    - eigene Parameter generieren (DH-Exponenten, Nonce), falls erforderlich

- die geforderten Authentisierungen vornehmen

- eine Authentisierung in entgegengesetzter Richtung anfordern (falls keine Vertrauensbeziehungen existieren)

- einen an Hand dieser Schritte neu zusammengestellten Messageblock zurücksenden (an das benachbarte Sytsem, von dem er diesen Messageblock erhalten hat).

Nur Nachrichten an S(n) können in einem solchen Messageblock enthalten sein.

Ist der Messageblock nicht an S(n) adressiert, muss dieser:

- an ihn selbst adressierte Einzelnachrichten extrahieren

- durch eigene Sicherheitsanforderungen bedingte Nachrichten (und damit verbundene Authentisierungsanforderungen) an Systeme auf dem Weg zu R in den Messageblock einfügen.

- Falls S(n) Trustee eines Systems vor ihm ist (S(n-x)), wird für diese Proxy-Authentication angefordert.

- Falls S(n) sichere Filter ableiten will (TRD), selbst jedoch keine SAs benötigt, wird eine entsprechende Nachricht ohne eigene SA und zugehöriger Parameter eingefügt.

Ein eingehender Messageblock hat damit folgenden Aufbau[27]:

```
Messageblock 1 S(n-1) -> S(n):
   {
      M1      :        I->R
      [M2     :        I->S(R-1) ]
      ...
      [M(x)   :        I->S(n)   ] -

      [M(x+1):     S(1)->R       ]
      ...
      [M(y)   :    S(1)->S(n)    ] -
   .. ..
      [M(z)   : S(n-1)->S(n)     ] -
   }
```

Nach der Bearbeitung auf System S(n) hat der Messageblock folgenden Aufbau:

---

[27] Zur besseren Verständlichkeit werden nur die relevanten Parameter dargestellt, der Gesamtheader sowie die stark von den Sicherheitsanforderungen abhängigen Inhalte der Unicast-Nachrichten werden nicht gezeigt. Zu extrahierende Nachrichten sind durch ein „–" gekennzeichnet, eingefügte Nachrichten durch ein „+".

```
Messageblock 1 S(n) -> S(n+1):
    {
        M1      :       I->R
        [M2     :       I->S(R-1)  ]
        ...
        [M(x)   :       I->S(n+1)  ]

        [M(x+1) :       S(1)->R        ]
        ...
        [M(y)   :       S(1)->S(n+1)   ]
    .. ..
        [M(z)   :       S(n)->R        ] +
        ...
        [M(z+a) :       S(n)->S(n+1)   ] +
    }
```

2. Zweiter Messageblock auf dem Weg von R nach I

Wird ein Messageblock ein zweites Mal empfangen, wenn er sich auf dem Rückweg
von R nach I befindet, müssen folgende Schritte durchgeführt werden:

Ist der Messageblock an S(n) adressiert (d.h. S(n) ist identisch mit I, alle Nachrichten
im Block müssen an S(n) adressiert sein), sind folgende Bedingungen und Aktionen
relevant:

- alle Einzelnachrichten müssen Antworten auf die im ersten Messageblock gesendeten Anfragen sein, keine weiteren Nachrichten sind erlaubt! (Insbesondere
  nicht neue Anfragen zu Sicherheitsanforderungen, die S(n) vor dem Protokollstart noch nicht bekannt waren)

- alle Antworten werden ausgewertet, Antworten auf eigene Authentisierungsanforderungen überprüft und ggf. selbst Authentisierungswerte für System in
  Richtung R generiert.

- ein an Hand dieser Schritte neu zusammengestellter Messageblock wird zurückgesandt (an das benachbarte Sytsem, von dem er diesen Messageblock erhalten hat).

Ist der Messageblock nicht an S(n) adressiert:

- An S(n) selbst adressierte Einzelnachrichten werden extrahiert (die von Systemen S(n+1) .. R stammen können. Auch diese Nachrichten müssen Antworten
  auf die im ersten Messageblock gesendeten Anfragen sein).

- Falls im ersten Messageblock Anforderungen an S(n) von Systemen S(n-1) .. I
  enthalten waren, müssen nun die Antworten darauf eingefügt werden.

- Falls S(n) Trustee eines Systems „hinter" ihm ist (S(n+x)), wird für diese
  Proxy-Authentication angefordert.

- Falls S(n) sichere Filter ableiten will (TRD), selbst jedoch keine SAs benötigt,
  wird eine entsprechende Nachricht ohne eigene SA und zugehöriger Parameter
  eingefügt.

Ein eingehender Messageblock hat damit folgenden Aufbau:

```
Message-block 2  S(n-1) -> S(n):
   {
            R    -> I
       [  R    -> S(I+1)  ]
       ...
       [  R    -> S(n)    ] -

       [S(R-1)->I         ]
       [S(R-1)->S(I+1)    ]
       ...
       [S(R-1)->S(n)      ] -
   .. ..
            [S(n+1)->I         ]

       ...
       [S(n+1)->S(n)      ] -
   }
```

Nach der Bearbeitung auf System S(n) wird der Messageblock folgenden Aufbau haben:

```
Message-block 2  S(n) -> S(n-1):
   {
            R    -> I
       [  R    -> S(I+1)  ]
       ...
       [  R    -> S(n-1)  ]

       [S(R-1)->I         ]
       [S(R-1)->S(I+1)    ]
       ...
       [S(R-1)->S(n-1)    ]
   .. ..
       [S(n)   ->I        ] +
       ...
       [S(n)->S(n-1)      ] +
   }
```

3.  Letzter Messageblock auf dem Weg von I nach R

In diesem letzten Messageblock werden im Wesentlichen nur noch ausstehende Authentisierungswerte bzw. „Acknowledge"-Messages versandt. S(n) verarbeitet einen Messageblock wie folgt:

Ist der Messageblock an S(n) adressiert (d.h. S(n) ist identisch mit R), muss jede verbleibende Nachricht an R gerichtet sein. Das gesamte MIKE-Protokoll endet an dieser Stelle, R kann das entsprechende Schlüsselmaterial generieren und evtl. angeforderte Authentisierungswerte überprüfen.

Ist der Messageblock nicht an S(n) adressiert, muss dieser:

- an ihn selbst adressierte Einzelnachrichten extrahieren. Das MIKE-Protokoll endet für dieses System ebenfalls an dieser Stelle.

- Falls im zweiten Messageblock Nachrichten an S(n) von Sytemen S(n+1) .. R enthalten waren, müssen nun die Antworten darauf eingefügt werden.

Das Format des Messageblocks ist identisch zu dem in der ersten Übertragung von I nach R.

Die folgende Abbildung 56 zeigt den Protokollablauf von MIKE, exemplarisch für den Fall, dass S(n) zusätzliche SAs zu I, S(n+1) zusätzliche SAs zu R benötigt. Die unterschiedliche Schattierung soll die Etablierung des gesicherten Kanals zwischen benachbarten Systemen auf dem Weg von I nach R verdeutlichen und gleichzeitig aufzeigen, dass eine direkte Sicherung zwischen nicht benachbarten Systemen nicht besteht.

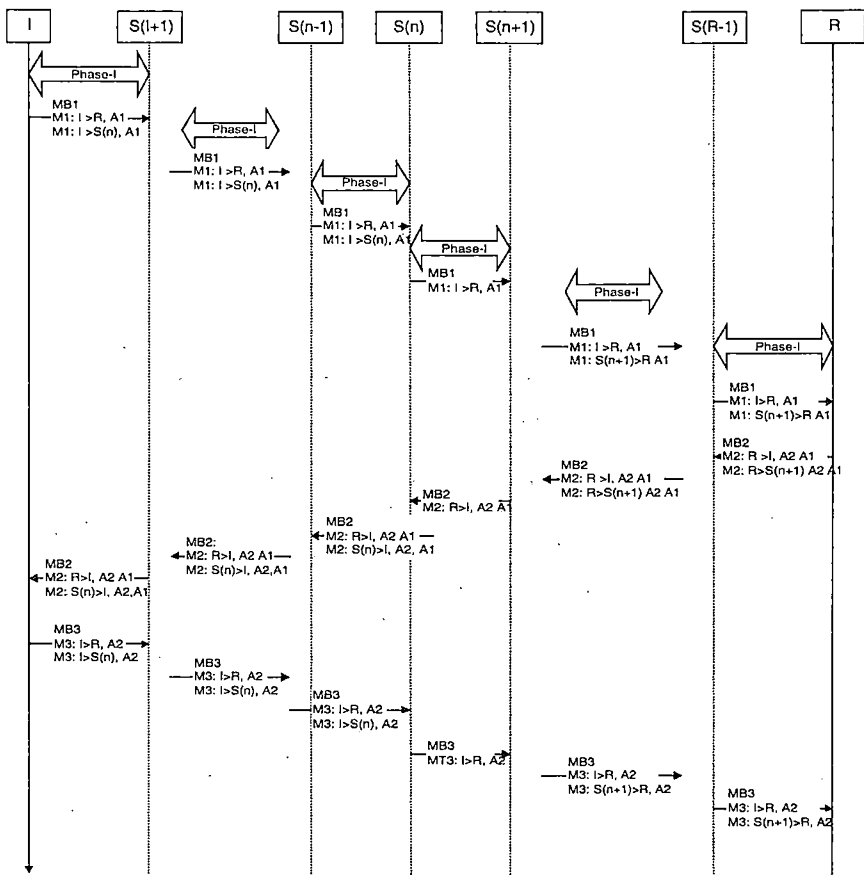


*Abbildung 56 - MIKE zeitlicher Ablauf*

## 4.5.8  Pseudo-Code Notation

Im Anschluss an die „verbale" Beschreibung des Protokollablaufes soll im Folgenden eine Pseudo-Code-Form für eine Protokollimplementierung auf einem System genutzt werden.

Eine Reihe symbolischer Funktionen dient dazu, grundlegende Funktionen darzustellen. Dies schließt auch die beiden Phasen der „herkömmlichen" IKE-Exchanges ein.

### Symbolische Funktionen

| | |
|---|---|
| `activate_SA` | Nach einem vollendeten SA-Exchange wird die SA aktiviert, d.h. sie steht für den Schutz des entsprechenden Datenverkehrs zur Verfügung |
| `add_auth1(A[I/R])` | Fügt eine Authentisierungsanforderung in der aktuellen Nachricht ein, um eine Authentisierung von I gegenüber R zu erhalten. |
| `add_auth2(AUTH1)` | Fügt eine Antwort auf eine Authentisierungsanfrage (AUTH1) ein. Die Berechnung des Wertes hängt vom Authentisierungsmechanismus und –verfahren ab (s. Abschnitt 4.5.6). |
| `add_msg1[2][3](IDui, IDur)` | Fügt Nachrichten an den aktuellen Messageblock an. Die Nachricht ist adressiert durch (IDui, IDur). Das Format einer solchen Nachricht ist beschrieben in Abschnitt 4.5.5. |
| `check_AUTH` | Verifiziert Authentisierungsdaten |
| `do_phase_I(X, Y)` | Führt einen IKE-Phase-I-Exchange zwischen den Systemen X und Y durch |
| `extract_msg(IDs(n), IDs(n±x))` | Eine Nachricht des Messageblocks wird aus diesem extrahiert, da sie an das aktuelle System adressiert ist. |
| `Insert_msg(IDs(n), IDs(n±x))` | Eine im letzten Passieren des Messageblocks temporär zwischengespeicherte Nachricht wird in den aktuellen Messageblock eingefügt. |
| `mm_auth(S(i)(S(x)..S(n±1)/ S(n))` | Anforderung von Proxy- / Multi-Message-Authentication von S(i) auf einem System S(n), das Trustee von S(x) .. S(n±1) ist oder sichere Filter für diese etablieren will. |
| `new_msgblock()` | Initialisiert einen neuen (leeren) Messageblock, der Nachrichten an verschiedene Empfänger aufnehmen kann |
| `new_msg(IDcx)` | Initialisiert eine neue Nachricht an IDcx, fügt diese aber noch nicht in den Messageblock ein. |

| `Save_msg_to_state` | Eine Nachricht wird in einem Zwischenspeicher abgelegt |
|---|---|
| `send_msgblock(X → Y)` | Sendet den Messageblock an Y |
| `select_SA(IDci)` | Wählt entsprechend der lokalen Policy ein SA-Proposal von IDci aus. |

### Symbolische Variablen

| `policy` | Verkörpert, meist in der Konstruktion `if (policy)`, eine Entscheidung an Hand der lokalen Security Policy Database, ob bezogen auf (`IDux`, `IDuy`) bestimmte Sicherheitsanforderungen bestehen. |
|---|---|
| `trustee` | Bezeichnet ein Vertrauensverhältnis zu einem System, das eine Authentisierung für andere Systeme vornehmen kann (s. Proxy-Authentication) |
| `TRD` | „Trusted Rule Derivation" – zur Etablierung sicherer Filterregeln, wie in Abschnitt 4.4.2 beschrieben. |

### ID- und Systembezeichnungen

| $\text{IDui}_x$/$\text{IDur}_x$ | Initiator- / Responder-ID der aktuellen Nachricht |
|---|---|
| $\text{IDs}(n{\pm}x)$ | ID eines Systems in Richtung R (+) bzw. I (-), relativ zum aktuellen System S(n) |
| $\text{IDs}(n)$ | ID des aktuellen Systems S(n) |
| `IDui / IDur` | ID des ursprünglichen Initiators resp. Responders |
| `ownID` | eigene ID, die meist mit einer ID in der MIKE-Nachricht verglichen wird |
| $\text{S}(n{\pm}x)$ | System in Richtung R (+) resp. I(-) |
| $\text{S}(n)$ | Aktuelles System |

Die erste Nachricht auf dem Initiator wird wie folgt erzeugt:

```
S(1) = SG_next;
do_phase_I(I, S(1))
new_msgblock()

N = (Number of required SAs to systems -> R)

for (i=N; i>0; i--)
{
      add_msg1(IDci, IDs(n))
      if (policy) add_auth1(AUTH1[S(n)/I])
}
send_msgblock (I -> S(1))
end;
```

1. Erster Messageblock auf dem Weg von I nach R

```
/* final responder */

if (IDcr = ownID)
{
      new_msgblock()
      do with IDcix:
      {
            Select_SA(policy)
            add_msg2(IDcix, IDcr)
            if (AUTH1) add_auth2(AUTH1)
            if (policy) add_auth1(AUTH1[R/S(n-x)])
      }
      while (for all messages)
      send_msgblock(S(n-1))
      end;
}

S(n+1) = SG_next || R;

if (no IKE_SA(S(n+1)) do_phase_I(S(n), S(n+1))

/* intermediate gateway */

do
{
      if (IDcrx == own_ID)
      {
            extract_msg(S(n-x), S(n))
            if (AUTH1) add_auth2(AUTH1)
            save_msg_to_state
      }
      else
      {
```

```
                     if ( (trustee || TRD) && !(SA_req(IDcrx) )
                        new_msg(IDcrx)
                }
        }
        while (for all messages)

        /* append own messages, ordered R...S(n+1) */

        N =  Number of required SAs to systems -> R
            + messages for trustee & TRD authentication

        for (i=0; i<N; i++)
        {
                add_msg1(IDs(n), IDs(i))
                if ( (policy) && !(trustee || TRD) )
                    add_auth1(AUTH1[S(i)/S(n)])
                else mm_auth(AUTH1[S(i)(I..S(n))/S(n)])
        }

        send_message_block(S(n+1))
```

## 2. Zweiter Messageblock auf dem Weg von R nach I

```
        if (IDci = ownID)
        {
                ends_here = TRUE
                new_msgblock()
        }

        do
        {
                if (IDcix = ownID)


                {
                        extract_msg(S(n), S(n+x))
                        if (AUTH2) check_AUTH
                        if (AUTH1) add_auth2(AUTH2)
                        if (ends_here) add_msg3(IDs(n), IDs(n+x))
                        else save_msg_to_state
                }
        }
        while(for_all_messages)

    /* append own messages, ordered I...S(n-1) */

    N =  Number of required SAs to systems -> R
        + messages for trustee & TRD authentication

    for (i=0; i<N; i++)
```

```
    {
        insert_message(IDs(n), IDs(i))
        if ( (policy) && !(trustee || TRD) )
            add_auth1(AUTH1[S(i)/S(n)])
        else mm_auth(AUTH1[S(i)(R...S(n)/S(n)])
    }

    if (ends_here = TRUE) send_message_block(SG(n+1))
    else (send_message_block(SG(n-1))
```

## 3.  Letzter Messageblock auf dem Weg von I nach R

```
    /* final responder */

    if (IDcr = ownID)
    {
        do with IDcix:
        {
            if (AUTH2) check_AUTH
            if (SA_req(IDcix)) activate_SA;
        }
        while (for all messages)
        end;
    }

    /* intermediate gateway */

    do
    {
        if (IDcrx == own_ID)
        {
            extract_msg(S(n-x), S(n))
            if (AUTH2) check_AUTH;
            if (SA_req(IDcix)) activate_SA;
        }  .
    }
    while (for all messages)

    /* append own messages, ordered R...S(n+1) */

    N =  Number of required SAs to systems -> R
        + messages for trustee & TRD authentication

    for (i=0; i<N; i++)
    {
        add_msg1(IDs(n), IDs(i))
    }

    send_message_block(S(n+1))
```

## 4.5.9    Schlüsselgenerierung

Die Generierung des (geheimen) Schlüsselmaterials zwischen I und R erfolgt ähnlich IKE. Gegenüber IKE sind jedoch folgende Randbedingungen zu berücksichtigen:

- Der sichere Kanal besteht zwar „virtuell" über alle beteiligten Systeme hinweg, aus der Sicht der Nachrichten im Messageblock ist jedoch zunächst kein Schutz innerhalb des Kanals, also bzgl. der traversierten Gateways, gegeben.

- Im MIKE-Protokoll wurden deshalb zusätzliche Authentisierungsfelder eingeführt, um die Nachrichten mittels verschiedener Verfahren authentisieren zu können. Damit sind die einzelnen Parameter zwar gegen Verfälschung auf den beteiligten Systemen gesichert. Die Parameter selbst sind jedoch im Klartext im Messageblock enthalten, da kein gemeinsamer geheimer Schlüssel (äquivalent dem SKEYID nach IKE-Phase-I) besteht[28]. Nur bei einer PKE-Authentisierung wird einer der Zufallswerte verschlüsselt.

- Wichtigster Parameter ist damit das gemeinsame Geheimnis, abgeleitet aus den DH-Exponenten, $g^{ir}$. Mit diesem „Shared DH-Secret" kann individuelles, nur jeweils zwei Kommunikationspartnern bekanntes Schlüsselmaterial gebildet werden.

Dieses Verfahren entspricht im Grunde der Schlüsselgenerierung in IKE, Phase I. In Anlehnung an diese Schlüsselgenerierung (Abschnitt 3.5.6.3 und 3.5.6.5) wird zunächst ein Masterkey SKEYID zur Ableitung weiterer Schlüssel aus den ausgetauschten Parametern gebildet. Dieser Masterkey muss zur Berechnung der Authentisierungsfelder gebildet werden (Abschnitt 4.5.6). Im Unterschied zu IKE Phase I kann jedoch die Authentisierung auf einem System je nach Vertrauensverhältnis einseitig, gegenseitig oder gar nicht stattfinden. (Bei Proxy-Authentication wird der Authentisierungswert zu bestimmten Parametern auf einem anderen System berechnet, als letztlich der Schlüssel benötigt wird)

Als Lösung wird ein Zwischenschritt zur Generierung eines eindeutigen Masterkeys eingeführt: Zunächst wird ein „Default-Key" vom Wert 1 festgelegt. Je nachdem, ob ein oder zwei Authentisierungswerte vorhanden sind, geht ein Wert direkt oder die XOR-Verknüpfung beider Werte in einen Hashwert M_SKEYID ein.

```
M_SKEYID = prf(DEF-KEY,[A2_own][XOR [A2_peer]] | M-CKYI | M-CKYR)
```

Führt keines der beiden Systeme eine Authentisierung durch (d.h. beide werden durch eine Proxy-Authentisierung „vertreten"), ist dieser M_SKEYID natürlich determiniert durch die bekannten Werte „Default-Key" und die MIKE-Cookies, könnte also von jedem beteiligten System berechnet werden.

---

[28] Zwar existiert dieser Schlüssel zwischen direkt benachbarten Systemen durch deren Phase-I-Exchange, MIKE nutzt diesen jedoch nur zur Bildung des „nach außen" sicheren Kanals, nicht jedoch innerhalb des Messageblocks.

M_SKEYID wird jedoch nur als Ausgangswert für den eigentlichen geheimen Schlüssel KEYMAT genutzt, in den der geheime DH-Key eingeht. Dieser wird äquivalent zu IKE Phase II generiert (Abschnitt 3.5.6.5).

```
KEYMAT = prf(M_SKEYID, g^xy | protocol | SPI | Nx | Ny)
```

Sollte das durch die Pseudo-Random-Funktion (prf) bereitgestellte Schlüsselmaterial nicht ausreichen, werden die gleichen Expansionsalgorithmen verwendet wie in IKE [HarCar 1998].

## 4.5.10  Einschränkungen von MIKE

### *Überlappende Tunnel*

Obwohl MIKE für jede mögliche Sicherheitsbeziehung (n Systeme: n • (n-1) unidirektionale SAs) SAs etablieren kann, und nicht alle Kombinationen erlaubt und sinnvoll. Bilden SAs überlappende Tunnel, können diese nicht korrekt angewendet werden. Diese überlappenden Tunnel sind deshalb untersagt. Beispiel:

```
S1 --------ESP-------- S3
           S2 -------- AH -------- S4
```

Man könnte sich einen ESP-Tunnel von S1 nach S3 vorstellen sowie einen AH-Tunnel von S2 nach S4. Da Pakete, die S2 passieren durch die ESP-Encapsulation immer nur als Zieladresse S3 enthalten, kann der Tunnel S2-S4 in diese Richtung nicht genutzt werden. In die entgegengesetzte Richtung tragen die Pakete, die S3 queren, als Zieladresse S2, nicht S1. Der AH-Tunnel wird in diese Richtung damit ebenfalls nicht genutzt.

```
S1 --------AH-------- S3
           S2 -------AH-------- S4
```

Überlappen sich AH-Tunnel, werden diese automatisch unidirektional: S3 kann Pakete von S1 verifizieren und S2 diese von S4, aber nicht in umgekehrter Richtung. Letztlich ist diese Nutzung jedoch nicht IPSec-konform und sollte nicht eingesetzt werden.

Die Erkennung eines solchen Konflikts muss durch das vor MIKE stattfindende Policy-Management erfolgen.

### *Rekeying / Fault-Management*

Ein Punkt, der bisher noch nicht betrachtet wurde, sind Fragen des Rekeying (schneller Austausch „frischer" Schlüssel) und des Fehlerverhaltens (Absturz von Systemen und Neuaufsetzen). Rekeying wird notwendig, wenn die Gültigkeit einer SA abgelaufen ist[29] oder eine SA durch einen Systemausfall verloren geht.

---

[29] Die Gültigkeitsdauer von SAs muss im Proposal festgelegt werden über eine zeitliche oder „mengenmässige" Limitierung (letzteres bedeutet, dass nur eine bestimmte Datenmenge mit dieser SA verarbeitet werden darf).

Die Möglichkeit eines schnellen Rekeyings war eine Intention von IKE - die Phase II ist genau dafür vorgesehen. Im Fehlerfall muss jedoch ein vollständig neuer Exchange ablaufen, da dann auch die IKE-SA verloren ist. In jedem Falle ist dies aber nur zwischen zwei Systemen relevant.

Für MIKE ist die Situation ungünstiger: Das Protokoll bietet momentan nicht diese Möglichkeit, da im Grunde keine 2 Phasen existieren - die IKE-Phase II zwischen den benachbarten Systemen wird für MIKE-„Phase I" genutzt. Verliert eine SA ihre Gültigkeit, muss damit der gesamte MIKE-Exchange erneut ablaufen.

## 4.5.11  Effizienzvergleich zwischen IKE und MIKE

Gegenüber IKE bietet MIKE zunächst eine Lösung der in Abschnitt 4.2 genannten Basisprobleme in komplexen Netzstrukturen mit einer Vielzahl zusätzlicher „Features". Im Folgenden soll jedoch ein Vergleich zwischen den beiden Protokollen insbesondere bezogen auf die Protokolleffizienz gezogen werden.

***Anzahl der zu übertragenden Nachrichten***

Ausgehend vom „worst case", dass alle beteiligten Systeme eine gegenseitige Authentisierung verlangen und selbst Sicherheitsmechanismen Ende-zu-Ende erfordern, ergeben sich (n: Anzahl der Gateways, zuzüglich zu den eigentlich kommunizierenden Endsystemen I und R)[30]:

*IKE (Aggressive Mode)*

| *Phase-I* | | *Phase-II* | |
|---|---|---|---|
| Anzahl der Exchanges | Anzahl der auszutauschenden Nachrichten | Anzahl der Exchanges | Anzahl der auszutauschenden Nachrichten |
| $((n+1)(n+2) / 2)$ | $3/2\ (n+1)(n+2)$ | $((n+1)(n+2) / 2)$ | $3/2\ (n+1)(n+2)$ |

***Gesamtzahl der Nachrichten***               $3(n+1)(n+2)$

---

[30] Die im Abschnitt 4.5.10 genannten Einschränkungen bzgl. überlappender Tunnel sollen an dieser Stelle nicht betrachtet werden (die Maximalzahl an SAs würde im praktischen Einsatz nie genutzt werden können).

*MIKE*

| *Phase-I* | | *MIKE Messages* |
|---|---|---|
| Anzahl der Ex-changes | Anzahl der auszutau-schenden Nachrichten | Anzahl der auszutauschenden Nachrichten |
| (n+1) | 3(n+1) | 3(n+1) |

| *Gesamtzahl der Nachrichten* | *6(n+1)* |
|---|---|

Die Anzahl der auszutauschenden Nachrichten konnte bei MIKE wesentlich optimiert werden: während diese mit IKE quadratisch mit der Anzahl der involvierten Gateways zunimmt, ist die Abhängigkeit in der zweiten optimierten Variante nur noch linear. (Die Anzahl der notwendigen Nachrichten ist nicht notwendigerweise ein Maß für die zur Vollendung des Key Managements benötigte Zeit)

Die Anzahl ist weiterhin als „worst case" zu betrachten, wenn bisher keinerlei SAs zwischen den Systemen etabliert wurden. Bestehen bereits SAs zwischen einigen Systemen, können diese natürlich genutzt werden, sofern sie die gestellten Anforderungen erfüllen. Die Anzahl der Nachrichten sinkt damit weiter.

Für MIKE ist jedoch eine Mindestanzahl von *6(n+1)* Nachrichten notwendig, da der sichere Kanal mittels der Phase-I-Exchanges etabliert sowie der Messageblock die Strecke zwischen I und R dreimal passieren muss.

### Public Key Operationen: Schlüsselgenerierung

Durch das Routing der Nachrichten über alle beteiligten Systeme ist es möglich, dass pro System nur ein DH-Exponent erforderlich ist, unabhängig von den letztendlich zu etablierenden SAs (wobei dies eher ein Verteilungsproblem löst, da ein System prinzipiell einen DH-Exponent mehrmals nutzen könnte, was jedoch die kryptographische Sicherheit einschränkt).

Die Anzahl der durchzuführenden Exponentiationen bleibt jedoch gleich für eine festgelegte Anzahl von SAs, da aus dem eigenen geheimen Wert x und dem fremden öffentlichen Wert $g^y$ das gemeinsamen Geheimnis $g^{xy}$ für jede SA berechnet werden muss. Dies kann, wie bei IKE auch, nach dem eigentlichen Key-Management-Protokoll erfolgen und stellt somit keine Verbesserung der Effizienz dar.

### Public Key Operationen: Authentisierung

Grundsätzlich sind 2 Public-Key-Operationen für eine einseitige Authentisierung und 4 Public-Key-Operationen für die gegenseitige Authentisierung notwendig. In MIKE wird die Authentisierung nicht direkt benachbarter Systeme durch die AUTH-Felder im Messageblock realisiert. Mit MIKE ist es nun möglich, nur entsprechend einer administrierbaren Sicherheits-Policy eine Authentisierung zu fordern oder anderenfalls auf Vertrauens-verhältnisse zurückzugreifen.

Insgesamt kann bei MIKE die Authentisierung wesentlich feiner gesteuert werden, auch einseitige Authentisierung und die Ausnutzung von Vertrauensverhältnissen sind möglich.

***Public Key Operationen: Offline-Operationen***

Für den "worst case" bleibt also die Anzahl der Public Key Operationen die selbe, unab-hängig davon, ob völlig separate IKE-Exchanges durchgeführt werden oder MIKE ge-nutzt wird. Vorteilhaft bei Nutzung von MIKE ist jedoch, dass, außer auf den „am Rande" liegenden Systemen, Operationen zur Berechnung der AUTH-Felder offline durchgeführt werden können, d.h. eine Nachricht kann umgehend weitergeschickt werden und bis zum nächsten Passieren können die zu dieser Nachricht geforderten AUTH-Felder „offline" berechnet werden.


## 4.6    Prototypimplementierung von MIKE

Zur Validierung von MIKE ist eine Prototypimplementierung des Protokolls vorgenom-men worden. Sie diente zugleich als Basis für einige Performencemessungen und zur „Rückkopplung" zum Protokollentwurf selbst. Einige Details des Protokolls wurden erst durch die Implementierungserfahrung erkannt und im Entwurf eingebracht. Eine frühe Version der Implementierung ist unter
http://www.imib.med.tu-dresden.de/imib/Internet/ike/pluto-eike01.tar.gz
zu finden.

Da MIKE direkt auf der Funktionalität von IKE aufbaut, wurde auf eine frei verfügbare Implementierung dieses Protokolls für die UNIX-Plattform *Linux* zurückgegriffen[31] (der IPSec-Code wurde dort *KLIPS* genannt, die IKE-Implementierung trägt den Namen *Pluto* [Martius 1998-1] [Martius 1998-2]).

***Basisroutinen von Pluto, die von MIKE direkt genutzt werden können***

Mit Pluto steht zunächst die IKE-Grundfunktionalität zur Verfügung, die MIKE ebenfalls bieten muss. MIKE selbst kann zudem auf folgende Basisroutinen von Pluto zurückgrei-fen:

- Low-Level-Routinen zur Verschlüsselung, Hash- und MAC-Bildung
- Teilweise auch Schlüssel-Generierung
- State-Machine für Phase I (zum sukzessiven Aufbau des sicheren Kanals)

---

[31] Die IKE- und IPSec-Entwicklungen für Linux werden durch das Projekt FreeS/WAN koordiniert (www.xs4all.nl/~freeswan). Die Entwicklungen in diesem Projekt stehen unter der GNU Public Licence (GPL), d.h. alle Programme sind frei im Sourcecode verfügbar. Auch alle auf diesen Entwicklungen aufbauenden Programme müssen unter die GPL gestellt werden, was auch für die hier entwickelte Software gilt.

- ISAKMP-Message-Processing (MIKE nutzt selbst größtenteils Standard-ISAKMP-Nachrichten zum Aufbau der einzelnen Nachrichten sowie des gesamten Messageblockes)
- *Packet Byte Streams*, ein leistungsfähiges Konzept zum ASN.1-artigen Aufbau von Nachrichten mit Verschachtelungsmöglichkeit.[32]

Pluto bietet im verwendeten Entwicklungsstand jedoch noch nicht die vollständige IKE-Funktionalität, sondern entspricht nur einer Minimal-Implementierung laut den IETF-Dokumenten. Insbesondere sind folgende Einschränkungen vorhanden:

- Authentisierungsverfahren derzeit nur Pre-Shared-Key
- Exchange-Mode für Phase I nur Main Mode (in Zusammenhang mit PSK zur Authentisierung)
- Eingeschränkte SA-Zusammenstellung, im Grunde nur eine „festverdrahtete" SA jeweils für IKE, AH und ESP (letzteres mit oder ohne Authentisierung; 3DES[HMAC-MD5], HMAC-MD5, eine DH-Gruppe)
- Begrenztes Failure- und Recovery-Verhalten, da
  - bisher keine „Informational Exchanges" zur Benachrichtigung anderer IKE-Instanzen über Fehlerzustände implementiert sind,
  - nur eingeschränke Retransmit-Funktionalität für verschlüsselte Nachrichten vorhanden ist,
  - keine Recovery-Möglichkeiten bei Fehlfunktionen anderer involvierter IKE-Instanzen (z.B. Stromausfall / Reboot) existieren.

Diese Einschränkungen sind jedoch für eine Prototypimplementierung von MIKE als nicht relevant einzustufen, da auch mit dieser Funktionalität eine Basis zur Validierung bereitsteht und verschiedene Performancemessungen möglich sind.

Die nachfolgende Abbildung zeigt einen MIKE-Nachrichtenblock aufgebaut aus IS-AKMP-Payloads. Dabei sind im Messageblock, der mit einem MIKE-Header beginnt, 2 Unicast-Nachrichten enthalten (die 2. Nachricht ist nur rudimentär dargestellt). In beiden Einzelnachrichten sind eigene SA-Anforderungen und Authentisierungsanforderungen (Pre-Shared Key) zu finden.

---

[32] Packet Byte Streams stellen im Prinzip eine erweiterte Pointer-Struktur dar, die ein bequemes Handling von (verschachtelten) Nachrichten-Strukturen ermöglichen. Einem initialen Header (dem immer unverschlüsselten IKE-Header) folgen dabei weitere Nachrichten, die ihrerseits wieder eigene Header und weitere „Sub-Nachrichten" enthalten – wie bspw. eine MIKE-Message (die u.a. aus ID-, Nonce- und Key-Exchange-Payload besteht) innerhalb des gesamten MIKE-Messageblocks, der selbst den IKE-Header vorangestellt hat.

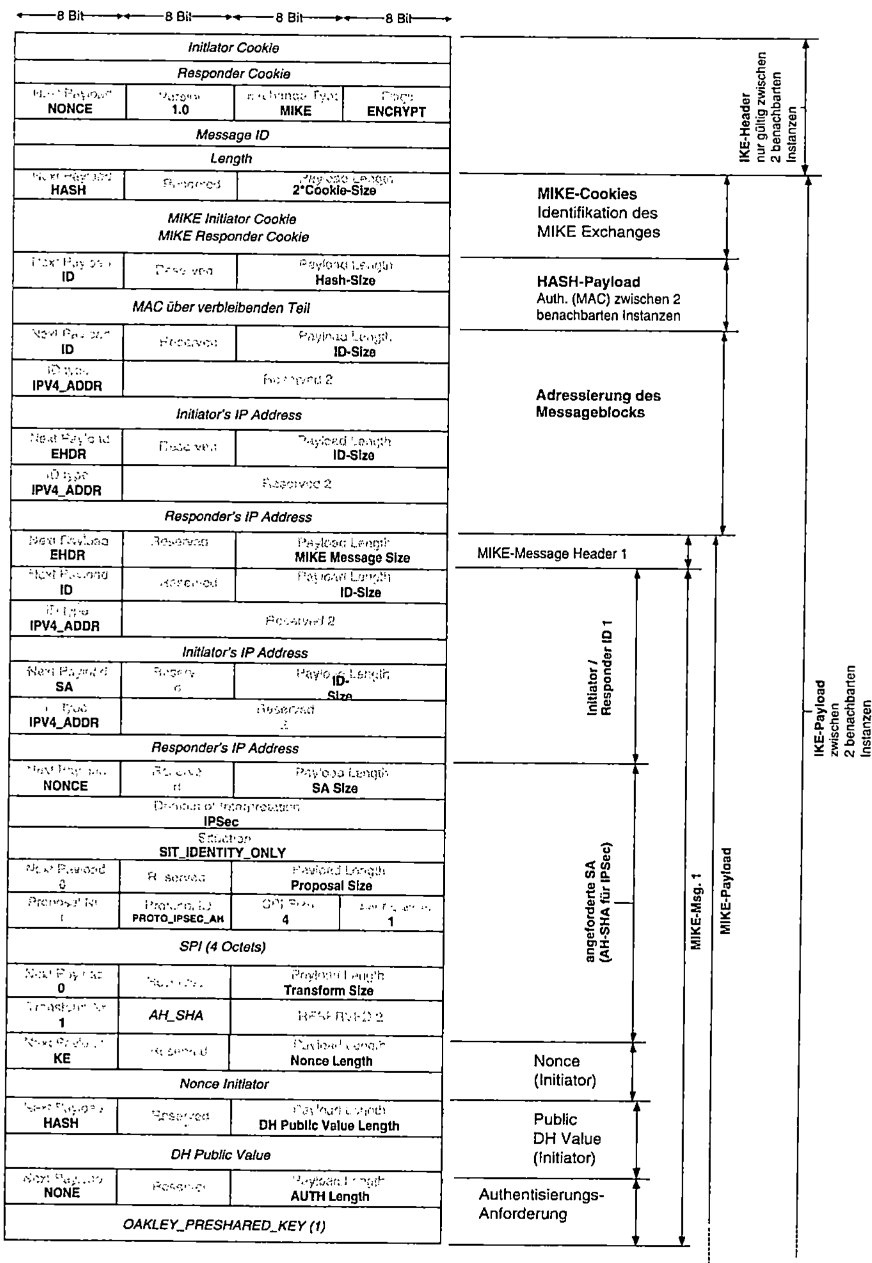
8 Bit
8 Bit
8 Bit
8 Bit
Initiator Cookie
Responder Cookie
NONCE
1.0
MIKE
ENCRYPT
Message ID
Length
HASH
2*Cookie-Size
MIKE Initiator Cookie
MIKE Responder Cookie
ID
Hash-Size
MAC über verbleibenden Teil
ID
ID-Size
IPV4_ADDR
Initiator's IP Address
EHDR
ID-Size
IPV4_ADDR
Responder's IP Address
EHDR
MIKE Message Size
ID
ID-Size
IPV4_ADDR
Initiator's IP Address
SA
ID-Size
IPV4_ADDR
Responder's IP Address
NONCE
SA Size
IPSec
SIT_IDENTITY_ONLY
0
Proposal Size
PROTO_IPSEC_AH
4
1
SPI (4 Octets)
0
Transform Size
1
AH_SHA
KE
Nonce Length
Nonce Initiator
HASH
DH Public Value Length
DH Public Value
NONE
AUTH Length
OAKLEY_PRESHARED_KEY (1)
IKE-Header
nur gültig zwischen
2 benachbarten
Instanzen
MIKE-Cookies
Identifikation des
MIKE Exchanges
HASH-Payload
Auth. (MAC) zwischen 2
benachbarten Instanzen
Adressierung des
Messageblocks
MIKE-Message Header 1
Initiator /
Responder ID 1
angeforderte SA
(AH-SHA für IPSec)
MIKE-Msg. 1
MIKE-Payload
Nonce
(Initiator)
Public
DH Value
(Initiator)
Authentisierungs-
Anforderung
IKE-Payload
zwischen
2 benachbarten
Instanzen

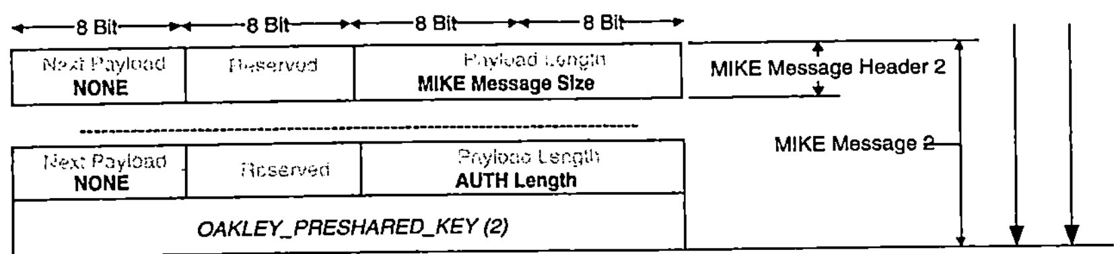


*Abbildung 57- Beispiel einer aus ISAKMP-Payloads aufgebauten MIKE-Nachricht*

### MIKE-State-Machine

Die State-Machine hat im Wesentlichen die Aufgabe, eintreffende Pakete an Hand eines Identifikationsmerkmals (Source- und Destination-ID oder Cookies) lokalen Statusinformationen zuzuordnen. Sind derartige Statusinformationen vorhanden, können Pakete als Retransmissions bzw. „Out-of-Order"-Pakete erkannt oder aber mit einer dem derzeitigen Status entsprechenden Routine weiterverarbeitet werden.

Abbildung 58 zeigt zunächst die verwendete Symbolik, danach wird in Abbildung 59 die zu Grunde liegende State-Machine für IKE betrachtet, die im Anschluss entsprechend der Implementierung für MIKE ausgebaut wurde (Abbildung 60).

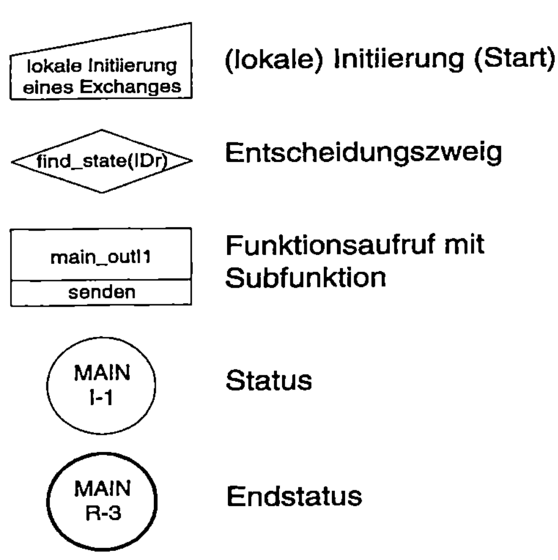


*Abbildung 58 - Symbolik der State-Machines*

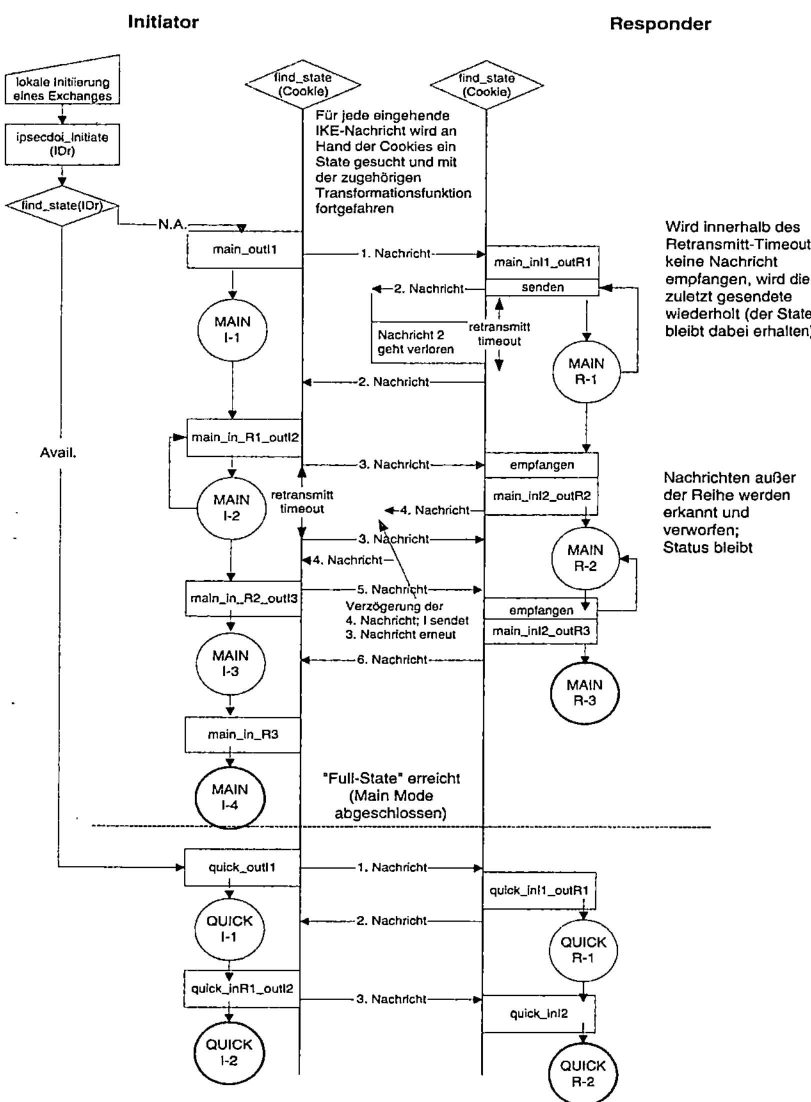


Retransmit und "out-of-order-detection" funktionieren wie im Main Mode

*Abbildung 59 - IKE State-Machine*

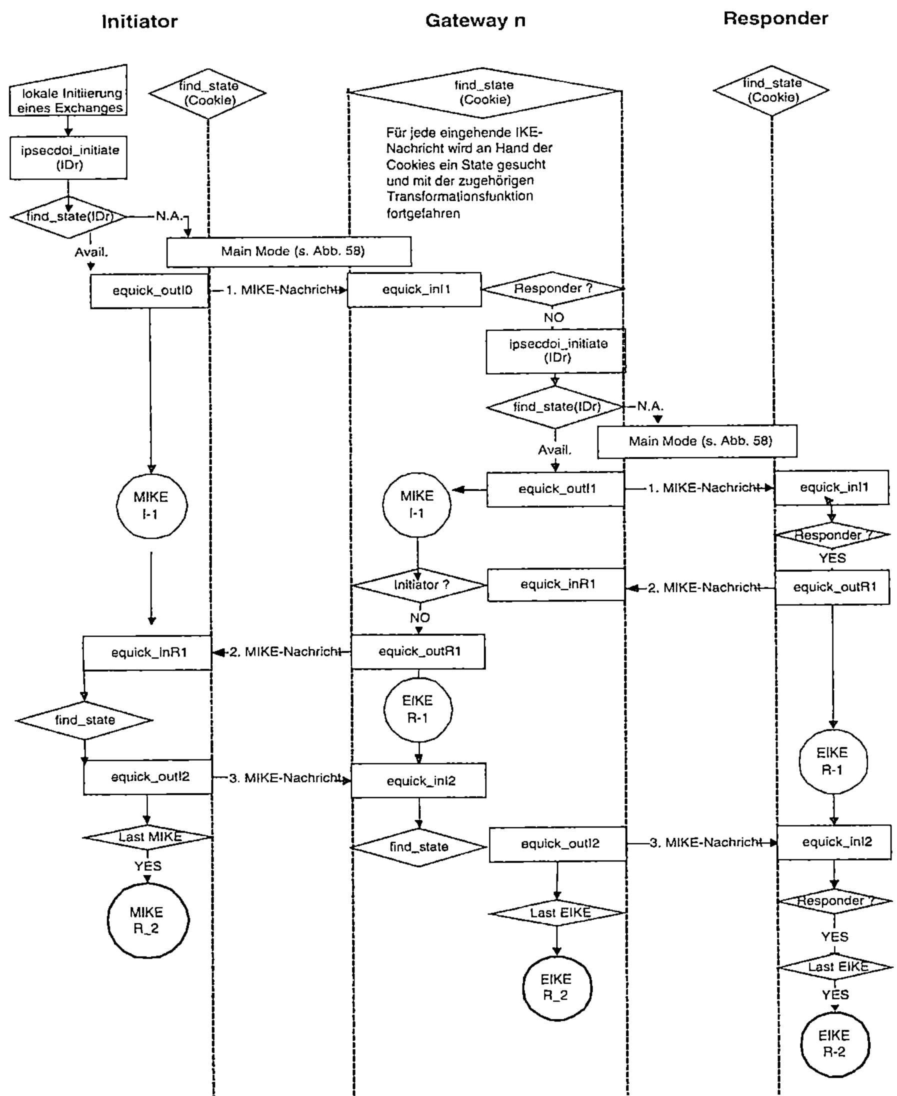


*Abbildung 60 - MIKE State-Machine*

*Rückkopplung zum Protokollentwurf*

Die Implementierung zeigt zunächst die grundsätzliche Funktionsfähigkeit und Praktikabilität des Protokollentwurfes. Es kann relativ einfach auf vorhandene IKE-Implementierungen aufgesetzt werden. Dort vorhandene Routinen können auch für MIKE genutzt werden. Im Laufe der Implementierung haben sich einige Rückwirkungen zum Protokollentwurf ergeben, die erst durch die praktischen Aspekte augenfällig wurden:

- Payload-Anordnung innerhalb einer einzelnen MIKE-Message
  Es erwies sich als effizienter, die IDs ($ID_{x1/2}$ und $ID_{y1/2}$) direkt nach dem MIKE-Header (EHDR) anzuordnen, um damit einen schnelleren Zugriff auf die Quell- und Zieladresse der einzelnen Nachricht als Entscheidungskriterium für die weitere Verarbeitung zu haben.

- Schlüsselgenerierung
  Durch die flexible Authentisierungsmöglichkeit in MIKE (einseitige, gegenseitige oder keine Authentisierung, abhängig vom Vertrauensverhältnis, evtl. sogar mit unterschiedlichen Verfahren) können zwei verschiedene SKEYID-Werte entstehen. Diese werden nunmehr (soweit vorhanden) XOR-verknüpft und mit einem Default-Wert[33] gehasht (s. Schlüsselgenerierung Abschnitt 4.5.9).

- Präzisierungen des Verarbeitungsablaufes (Abschnitt 4.5.7)

- Konkretisierung MIKE-Header / MIKE-Payload-Aufteilung

*Messungen*

Mit dem erreichten Implementierungsstand wurden Messungen bzgl. der Anzahl zu übertragender Pakete und Datenmengen sowie Zeitmessungen zur Etablierung einer unterschiedlichen Anzahl von SAs vorgenommen. Die Zahl der beteiligten Systeme wurde zwischen 3 und 5 variiert. Für 3 Systeme (= 1 Gateway) wurden alle möglichen SA-Kombinationen gemessen, für 4 und 5 Systeme nur ein Ausschnitt aus den möglichen Kombinationen (incl. der maximal möglichen Anzahl)[34].

Alle SA-Kombinationen wurden sowohl mit herkömmlichem IKE als auch mit MIKE etabliert (bzgl. realer alternativer Einsetzbarkeit der Messanordnung s. Bemerkungen zur Zeitmessung).

In den anschließenden grafischen Darstellungen sind einige Messungen für eine bestimmte Anzahl von SAs zu übertragenden Pakete und Datenmengen dargestellt. Dabei handelt es sich um die jeweils kumulierten Werte auf dem entsprechenden Netzsegment zwischen den Systemen (Ein Paket vom Initiator zum Responder taucht dabei auf jedem

---

[33] Falls keine SKEYIDs aus AUTH-Feldern verfügbar sind, dient dieser Default-Wert als ein Parameter für die eigentliche SKEYID-Generierung nach Abschnitt 4.5.9. Das durch DH bereitgestellte gemeinsame Geheimnis ist dann der einzige geheime Parameter im Masterkey.

[34] Dabei wurde nicht beachtet, ob die gemessene SA-Kombination letztlich sinnvoll anwendbar ist (s. überlappendeTunnel, Abschnitt 4.5.10). Für die Messungen kam es auf Vergleiche zwischen IKE und MIKE an.

Segment auf; die Vergleichbarkeit ist jedoch gewahrt, da diese Methode für IKE und MIKE gleichermaßen verwendet wird). Dieses Verfahren spiegelt die realen Netzbelastungen auf unterschiedlichen Netzsegmenten besser wider.

Weiterhin ist zu beachten, dass für den Fall einer SA-Anzahl zwischen 1 (Ende-zu-Ende) und der Maximalzahl eine „unsymmetrische" Paket- und Datenmenge auf den einzelnen Segmenten gemessen wird, da diese abhängig ist von der Verteilung der konkret zu etablierenden SAs. Insgesamt können die in Abschnitt 4.5.11 theoretisch dargelegten Aussagen zu Overhead und Effizienz von MIKE bzgl. der Anzahl zu übertragender Pakete und Daten mit den Messungen nachgewiesen werden. Die nachfolgende Abbildung zeigt beispielhaft die Werte für Initiator und Responder mit einem Gateway.

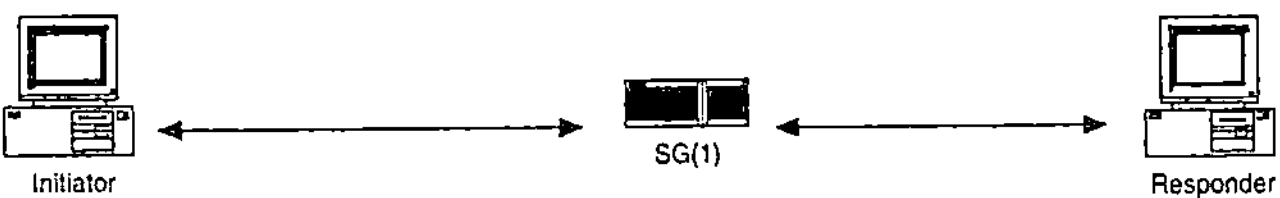


## Datenmenge und Paketzahl:

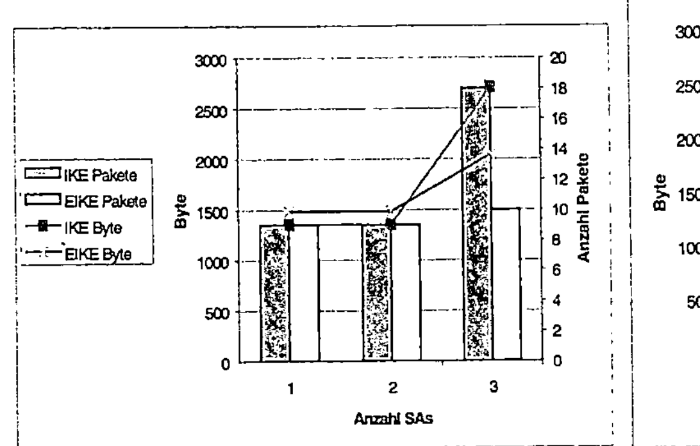


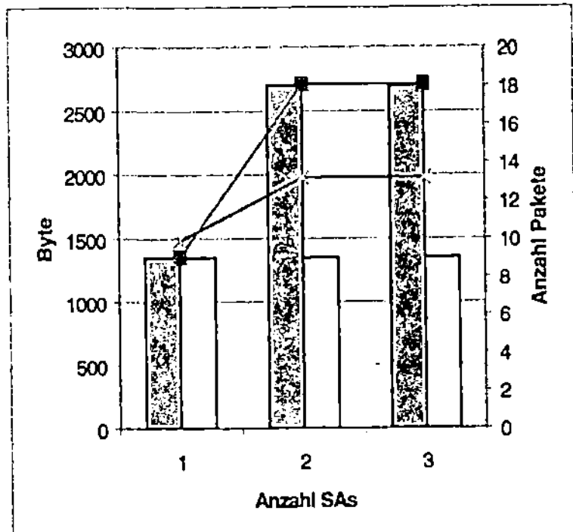


## Aufbauzeit:

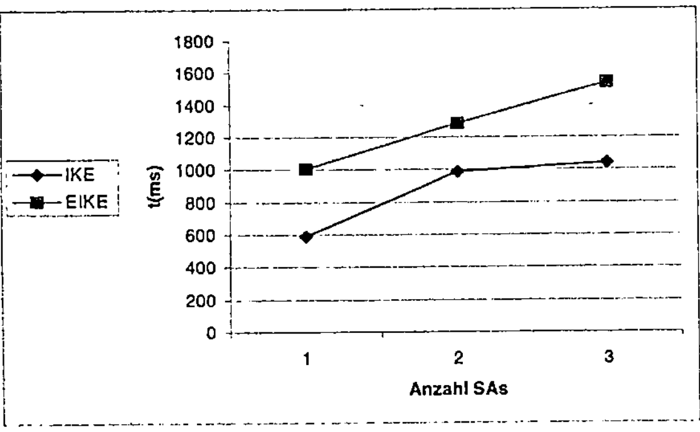

*Interpretation der Messergebnisse*

Bzgl. der *Anzahl notwendiger Nachrichten* (Pakete) und der zu übertragenden Datenmenge konnten die in Abschnitt 4.5.11 hergeleiteten Beziehungen nachgewiesen werden. Für IKE ist ein wesentlich stärkerer Anstieg der notwendigen Nachrichten als bei MIKE bei steigender SA-Anzahl festzustellen. Die Datenmenge kann je nach SA-Verteilung zwischen den Netzsegmenten differieren.

Die *Etablierungszeit* ist in jedem Falle für MIKE deutlich größer als für die gleiche Anzahl SAs mit IKE. Dieses Ergebnis wird zunächst mit der in der vorangegangenen Messung festgestellten größeren Bandbreiteneffizienz von MIKE nicht augenscheinlich erwartet. Dies ist jedoch unter folgenden Aspekten zu betrachten: Um überhaupt eine Etablierung mehrerer SAs zwischen mehr als 2 Instanzen mit IKE automatisch initiieren zu können, wird als Trigger das Passieren eines Paketes mit einer bestimmten Zieladresse (zu der eine SA benötigt wird) angesetzt. Dies würde jedoch die *Funktionalität* von MIKE nicht ersetzten, da:

- der Trigger auf kryptographisch ungesicherte IP-Adressen reagiert und damit sehr anfällig für Denial-of-Service-Angriffe ist,
- nur IP-Adressen als ID in Frage kommen,
- „Trusted Rule Derivation" zur Realisierung sicherer Paketfilter nicht möglich ist,
- Vertrauensverhältnisse nicht berücksichtigt werden können - diese können bei MIKE einige Public-Key-Operationen zur Authentisierung ersparen.

Die nahezu logarithmische Charakteristik der IKE-Etablierungszeit im Vergleich zum linearen Verlauf bei MIKE ist folgendermaßen zu begründen: Bei der beschriebenen Trigger-Charakteristik werden bei IKE alle benötigten Exchanges innerhalb des ersten UP-/DOWN-Flows angestoßen. Diese laufen dann *parallel* ab, MIKE dagegen versendet die einzelnen Nachrichten erst beim nächsten Passieren des Messageblockes. Dies ist für den praktischen Einsatz jedoch notwendig, um den Kontext der gesamten Verbindung zu halten und die Funktionalität von MIKE überhaupt zu gewährleisten.

*Abhängigkeit von weiteren Faktoren*

Weitere Einflussgrößen auf die Etablierungszeit sind durch die verwendete Hardware und die Netzbandbreite gegeben. Insbesondere aufwendige Public-Key-Operationen können durch schnelle Hardware (evtl. Spezialprozessoren) beschleunigt werden und damit die Gesamtzeit verkürzen. Die Netzbandbreite spielt im Vergleich zu den Verweilzeiten auf den Systemen jedoch nur eine untergeordnete Rolle: Die zu übertragende Datenmenge auf einzelnen Netzsegmenten liegt bei IKE zwar um den Faktor 2 höher als bei MIKE, trotzdem aber immer noch im Bereich weniger tausend Bytes. Bei heute verfügbaren Bandbreiten im lokalen Umfeld im Mbit-Bereich ist dort kein Einfluss zu erwarten. Bei WAN-Anbindungen mit gringer Bandbreite im ISDN-, Modem- oder MobileIP-Bereich kann mit MIKE jedoch eine höhere Effizienz erreicht werden, da dort die weniger verbrauchte Bandbreite relativ schon ins Gewicht fällt

## 4.7 Analyse kryptographischer Protokolle

Die Entwicklung von kryptographischen Protokollen zur Authentisierung und Schlüsselverteilung führt zwangsläufig zu der Notwendigkeit einer Analyse dieser Protokolle bzgl. ihrer Korrektheit und Sicherheit[35]. Die formale Analyse eines kryptographischen Protokolls ist jedoch nicht trivial - neben dem *Protokollentwurf* hat sich ein separater Forschungszweig der *Protokollanalyse* entwickelt. Im Folgenden sollen einige Analyseansätze aufgezeigt und ansatzweise auf die konkreten Protokollentwürfe IKE und MIKE angewandt werden.

## 4.7.1 Anforderungen an kryptographische Protokolle

Im Folgenden sollen nur kryptographische Protokolle zur Authentisierung und zum Schlüsselaustausch betrachtet werden, wobei beide Funktionen durch ein Protokoll realisiert sein können. Grundlegende Anforderungen an ein solches Protokoll sind damit:

- Sichere Authentisierung der beteiligten Parteien
  → *Vortäuschen falscher Identität verhindern*

- Sichere Etablierung benötigter Schlüssel (Die Anzahl der benötigten Schlüssel hängt von der Anzahl der involvierten Parteien sowie der geforderten „Granularität" der auszutauschenden Schlüssel ab).
  → *Offenlegung der Schlüssel gegenüber Angreifern während des Protokolls verhindern.* (Sind mehr als 2 Parteien am Protokoll beteiligt und werden gleichzeitig mehrere geheime Schlüssel paarweise etabliert, ist eine Offenlegung dieser Schlüssel auch nur den jeweiligen Parteien gegenüber zu gewährleisten).

- Das Protokoll muss resistent gegen eine Vielzahl von Angriffsformen sein, zur Evaluierung muss ein geeignetes Angreifermodell definiert werden (s. folgender Abschnitt).

## 4.7.2 Voraussetzungen und Annahmen

Um überhaupt mit der Analyse eines kryptographischen Protokolls beginnen zu können, müssen zunächst einige grundlegende Voraussetzungen definiert werden, insbesondere ein Angreifermodell und Annahmen über die beteiligten Parteien sowie deren Umgebung. Die im Folgenden genannten allgemeinen Voraussetzungen sollten für alle Analyseansätze gelten:

---

[35] Unabhängig davon muss auch die Implementierung eines Protokolls korrekt und sicher sein, d.h. die sie muss genau das Protokoll abbilden und darf keine anderen, undefinierten Zustände annehmen, als in der Protokollspezifikation enthalten sind. Desweiteren müssen evtl. notwendige Eingaben sicher erfolgen und ein oftmals notwendiger Zufallsgenerator von kryptographisch hoher Qualität sein. Auf Sicherheitsfragen für die *Implementierung* eines kryptographischen Protokolls soll in diesem Zusammenhang jedoch nicht näher eingegangen werden.

***Angreifermodell***

Bei der Analyse eines kryptographischen Protokolls sollte i.A. vom stärksten Angreifermodell ausgegangen werden. Das bedeutet, dass ein Protokoll resistent gegen einen *aktiven Angreifer* sein muss, der Protokollnachrichten

- modifizieren,
- löschen,
- verzögern, sowie
- falsche Nachrichten einfügen

kann.

***Annahmen über die beteiligten Parteien***

Ein Angreifer kann sich nicht nur zwischen den kommunizierenden Parteien befinden, sondern durchaus auch selbst als ein am Protokoll beteiligter „Endpunkt" agieren. Es wird jedoch davon ausgegangen, dass zumindest *eine der beteiligen Parteien ehrlich handelt.* Durch das Protokoll muss gewährleistet sein, dass diese ehrlich handelnde Partei den „Betrugsversuch" erkennt.

Bei kryptographischen Protokollen werden immer geheime Parameter verarbeitet, entweder gemeinsame Geheimnisse (shared secret) oder ein zu einem asymmetrischen Verfahren gehörender geheimer Schlüssel. Zu Beginn eines Protokolls wird angenommen, dass dieses *Geheimnis nur* dem (den) *rechtmässigen Inhaber*(n) *bekannt* ist.

Oftmals werden in den Protokollen auch Zufallswerte verarbeitet, deren Qualität essentiell für die Sicherheit ist. Könnte ein solcher Zufallswert vorhergesagt werden, kann das Protokoll schon kompromittiert sein. Da die Qualität eines Zufallsgenerators in erster Linie abhängig von seiner Implementierung ist, kann dies nicht von einer Protokollanalyse berücksichtigt werden. Darum wird vorausgesetzt, dass ein verwendeter *Zufallsgenerator kryptographisch sicher* ist.

## 4.7.3 Formale Analyseansätze

Nach [Schneier 1996], [Meadows 1992] und [Meadows 1995-2] lassen sich 4 grundlegende Ansätze zur Analyse kryptographischer Protokolle definieren:

1. Modellierung und Verifikation des Protokolls mit Sprachen und Werkzeugen, die nicht speziell für die Analyse und Verifikation kryptographischer Protokolle entwickelt wurden.
   In diesem Ansatz wird ein kryptographisches Protokoll wie jedes andere Computerprogramm behandelt und versucht, dessen *Korrektheit* zu beweisen. Das Problem ist, dass die Korrektheit des Protokolls noch keinen Aufschluss über dessen *Sicherheit* gibt.

2. Entwicklung und Nutzung von Expertensystemen, die ein Protokolldesigner zur Entwicklung und Testung verschiedener Szenarien nutzen kann.

Mit entsprechenden Expertensystemen kann ein Protokoll dahingehend verifiziert werden, ob es undefinierte oder unerwünschte Zustände einnehmen kann. Mit diesem Ansatz können meist jedoch nur bekannte Sicherheitslücken aufgespürt werden, da die zu simulierenden „unerwünschten Zustände" bekannt sein müssen. Ein solches Tool ist bspw. der *NRL Protocol Analyzer* der Navy Research Laboratories [Meadows 1995-1].

3.  Modellierung der Anforderungen einer Protokollfamilie unter Nutzung einer Logik zur Analyse von Wissen und Glauben.
    Die populärste Technik zur Protokollanalyse ist die zu diesem Ansatz gehörende ***BAN-Logik*** [Burrows et al 1990], benannt nach den Autoren Burrows, Abadi und Needham. Auf diesen Ansatz soll im Folgenden näher eingegangen werden.

4.  Entwicklung einer formalen Methode basierend auf algebraischen Ableitungseigenschaften von Ausdrücken kryptographischer Systeme.


### BAN-Logik und deren Erweiterungen

Die BAN-Logik baut auf einfachen logischen Aussagen auf, z.B.

$P \models X$    P glaubt X; bspw. wenn X ein nur P und Q bekannter geheimer Schlüssel (Passwort) ist, ist diese Formel eine zu definierende Voraussetzung zum Verhältnis von P zu diesem geheimen Schlüssel.

$P \lhd X$    P sieht X; jemand hat P in einer Nachricht X gesandt, P kann X (evtl. auch einer Entschlüsselung, z.B. mit dem eigenen geheimen Schlüssel) lesen und „wiederholen" (zurücksenden).

usw.

Außerdem werden logische Postulate definiert, die auf diesen Grundaussagen aufbauen.

$$\frac{P \models Q \xleftrightarrow{\;K\;} P,\, P \lhd \{X\}_K}{P \models Q \mid\sim X}$$

besagt beispielsweise: wenn P dem gemeinsamen geheimen Schlüssel zwischen P und Q $K$ glaubt, dann glaubt P auch, dass, wenn er eine Nachricht X, verschlüsselt mit $K$ erhält, Q irgendwann einmal X „gesagt" / generiert hat.

Alle verwendeten Grundregeln und Postulate sind in [Burrows et al 1990] zu finden.

Die typische Beschreibungsform eines (kryptographischen) Protokolls, wie sie auch in dieser Arbeit genutzt wird (Sender → Empfänger: Nachricht(Inhalt)) ist allerdings nicht gut geeignet, mit einer solchen logischen Beschreibungssprache manipuliert zu werden. Für die BAN-Analyse wird diese Beschreibung deshalb zunächst in eine idealisierte Form überführt. Die BAN-Analyse wird nun in 3 Schritten durchgeführt:

1. Definition der *Voraussetzungen* (z.B. über gemeinsame geheime Schlüssel oder Zufallswerte) in logischen Statements sowie des *Zielzustandes*, der durch das Protokoll erreicht werden soll.

2. Überführung des Protokolls in eine idealisierte Form

3. Anwendung der Postulate bis zu einem „finalen" Zustand, Vergleich mit gesetztem Ziel.

Mit der BAN-Logic wurden einige Fehler in existierenden Protokollen aufgedeckt, sie wurde jedoch auch umfangreicher Kritik ausgesetzt. Hauptkritikpunkte sind:

- Step 2, die Überführung des Protokolls in eine idealisierte, mit BAN-Elementen zu verarbeitende Darstellungsform, geht oftmals von „ungeschriebenen" Voraussetzungen aus. Entweder der Analysierende ist sich dieser Voraussetzungen gar nicht bewusst oder sie implizieren bereits Annahmen, die durch die Logik eigentlich erst bewiesen werden sollen.

- Es lassen sich nur eine begrenzte Menge von Protokollen analysieren, da wesentliche Elemente (z.B. für DH-Key-Exchange) fehlen. Leider sind die Definitionen der BAN-Logic in ihrer ursprünglichen Form für IKE / MIKE nicht geeignet, da sie den essentiellen Bestandteil, den Diffie-Hellman-Key Exchange, nicht ausreichend abbilden kann.

- Parameter, die symmetrisch verschlüsselt sind, müssen zur Abwehr von Reflection Attacks dahingehend geprüft werden, ob sie vom aktuellen System selbst oder vom Kommunikationspartner generiert wurden. Dieser Punkt wird von der ursprünglichen BAN-Logik außer Acht gelassen.

- Die Formalisierung der Checks, die beteiligte Parteien durchführen müssen, ist begrenzt. I.A. wird nur die Freshness und Authentizität der erhaltenen Parameter geprüft, weitere evtl. notwendige Voraussetzungen, wie z.B. die Prüfung einer bestimmten Protokollstruktur, werden nicht von der Logik abgedeckt[36].

Die Vorstellung der BAN-Logic und deren Schwächen initiierten eine Vielzahl von Weiterentwicklungen dieser Grundlogik [SyvOor 1996] [Guergens 1997] [WedKess 1996].

## 4.7.4  „High-Level"-Analyse

In diesem Abschnitt sollen Ansätze einer „High-Level"-Analyse aufgezeigt, d.h. grundsätzliche Designkriterien kryptographischer Protokolle überprüft werden. Diese Kriterien gelten für jedes kryptographische Schlüsselaustausch- und Authentisierungsprotokoll, unabhängig davon, ob dieses im Internet-Umfeld oder in anderen Bereichen (z.B. Mobilfunk [Pütz et al 1998]) eingesetzt wird. Die Erfüllung dieser Regeln beim Entwurf des

---

[36] Dieser Kritikpunkt gilt jedoch nicht nur für die BAN-Logik, sondern ebenso für die meisten anderen Logiken.

Protokolls kann Protokollfehler verhindern, allein führen sie jedoch nicht zwingend zu einem korrekten und sicheren Protokoll!

In [AbadNeed 1994] sind einige dieser grundlegenden Kriterien für den Entwurf kryptographischer Protokolle aufgezeigt, die teilweise recht allgemeinen Charakter besitzen. Zu den einzelnen Regeln wird danach die Relation zu den konkreten Nachrichten in IKE bzw. MIKE aufgezeigt.

### Basisbedingungen

Damit sind allgemeine, prinzipiell für jedes Protokoll gültige Anforderungen gemeint, die sich zum einen auf den Inhalt einer Protokollnachricht beziehen, zum anderen auf die Umstände, unter denen auf eine Nachricht reagiert wird.

1. Jede Nachricht muss explizit aussagen, was sie bedeutet und bezweckt.

Prinzipiell muss der Zweck einer Protokollnachricht in einem sinnvollen Satz ausgedrückt werden können. Damit kann einerseits der Protokolldesigner den Sinn einer Nachricht konkret definieren, anderseits sind damit bereits die Elemente beschrieben, die in der konkreten Nachricht vorkommen müssen. Abgeleitet von diesem Prinzip sind die unten erwähnten Regeln zur expliziten Benennung der Parteien sowie der genauen Definition, zu welchem Zweck Verschlüsselung genutzt wird. Damit verbunden sind zwei weitere Prinzipien:

- Die Authentisierung einer jeden Nachricht sollte nur von Informationen abhängen, die in dieser Nachricht enthalten sind sowie solchen, die bereits im Besitz des Empfängers sind.
- Alle während des bisherigen Protokollablaufs erhalten Informationen sollten in der neuen Nachricht verarbeitet werden.

2. Bedingungen, unter denen eine Nachricht generiert und gesendet wird, müssen explizit und klar formuliert sein, um deren Akzeptanz bei der Protokollanalyse bewerten zu können.

Solche Bedingungen könnten z.B. sein, dass die Prüfung eines Zertifikates geglückt und / oder bestimmte Policies erfüllt sein müssen etc. Von diesem Basisprinzip abgeleitete Bedingungen sind die Prinzipien zu Zufallswerten und Zeitstempeln.

### Namen beteiligter Systeme

Von wem eine Nachricht stammt und für wen diese bestimmt ist, ist essentiell für die Bearbeitung der Nachricht. Erfolgt keine Bindung an den Namen, könnten bspw. abgefangene Nachrichten von einem Angreifer selbst genutzt werden.

3. Der Name einer beteiligten Partei muss in der Nachricht explizit erwähnt werden, wenn dieser nicht anderweitig abgeleitet werden kann (z.B. durch ein Zertifikat).

### Verschlüsselung und Signatur

In kryptographischen Protokollen oft genutzte Funktionen, wie Verschlüsselung und / oder (eine Variante davon) Signaturen sind rechen- und zeitintensiv. Es muss genau definiert sein, warum welche kryptographische Operation notwendig ist.

4.  Der Zweck einer Verschlüsselung in einer Protokollnachricht muss genau definiert sein (Geheimhaltung, Signatur, Bindung)

5.  Die Signatur über eine bereits verschlüsselte Nachricht beweist nicht, dass der Signierer deren Inhalt kennt. Insbesondere gilt dies für die üblicherweise verwendeten Hashwerte über eine Nachricht. Geht jedoch in diesen Hashwert ein Parameter ein, der vorher auf andere Weise übermittelt wurde (z.B. ein Pre-Shared-Key), kann aber von der Kenntnis des Inhaltes ausgegangen werden.

### Zeitbindung und Zufallswerte

Die Zeitbindung einer Protokollnachricht ist insbesondere dazu notwendig, Replay-Angriffe zu verhindern, bei denen ein Angreifer abgehörte Nachrichten wieder einzuspielen versucht. Jede Nachricht eines neuen Protokollaufes muss damit besondere, einmalige Eigenschaften aufweisen. Desweiteren werden bei gleichzeitigem Schlüsselaustausch Zufallswerte als Parameter für den späteren Schlüssel genutzt.

6.  Annahmen über verwendete Zufallswerte (Nonce) müssen klar definiert sein.

7.  Nonce, der durch seine „Einmaligkeit" gegen Replay-Angriffe eingesetzt wird („Guarantee of Freshness"), kann durchaus auch durch einen Counter realisiert werden und wäre damit vorhersagbar. In diesem Fall muss das Protokoll jedoch verhindern, dass ein Angreifer diese Vorhersagbarkeit ausnutzen kann.

8.  Werden Zeitstempel („Timestamps") als „Guarantee of Freshness" eingesetzt, muss die zugelassene Zeitdifferenz zwischen den Systemen wesentlich kleiner sein als die akzeptierte Gültigkeitsdauer einer Nachricht. Damit wird die Zeit ebenfalls zum Teil der „Trusted Computing Base (TCB)".

9.  Ein Schlüssel ohne Bindung an einen Zeitstempel oder an „frische" Parameter beider Parteien kann bereits „alt" und / oder kompromittiert sein.

### Erkennen von Nachrichten und Codierungen

Trifft eine Nachricht bei einem System ein, muss diese korrekt zu dem entsprechenden Protokoll *und* zur aktuellen Instanz des Protokolls zugeordnet werden können. Prinzipiell ergibt sich diese Eigenschaft automatisch, wenn die oben genannten Prinzipien beachtet werden.

10.  Eine codierte Nachricht muss erkennen lassen, zu welchem Protokoll und welcher Instanz dieses Protokolls sie gehört, welche Position sie einnimmt (n-te Nachricht) und welche Codierung verwendet wird.

*Vertrauensbeziehungen*

Zeitstempel und Zertifikate sind die häufigsten Komponenten in einem kryptographischen Protokoll, die gewisse Vertrauensbeziehungen bedingen - oftmals werden dazu weitere Parteien (Trusted Third Parties - TTPs, Zeitstempel- / Notariatsdienste) benötigt, um diese Vertrauensbeziehungen zu manifestieren.

11. Im Protokolldesign muss explizit festgelegt sein, welche Vertrauensbeziehungen und warum diese notwendig sind. Die Akzeptanz von Vertrauensbeziehungen ist primär eine Frage von subjektiver Bewertung und Policies als von formaler Logik.

## 4.7.5   Vergleich „High-Level"- / Logik-Analyse

Prinzipiell stellen die BAN-Logik und ihre Erweiterungen eine Formalisierung und Abstraktion der genannten Grundregeln für das Design kryptographischer (Authentisierungs- und Schlüsselaustausch-) Protokolle dar. Sie sind jedoch *keine grundsätzlich andere Analysemethode*, sondern geben dem Protokolldesigner eine formale Methode in die Hand, die Verletzungen dieser Regeln durch die systematische Anwendung der Logik auf die einzelnen Protokollschritte aufzudecken und Fehler zu vermeiden.

Insbesondere können bei korrekter Anwendung der Logik folgende Arten von Fehlern aufgedeckt werden:

- Zeitbindung von Zufallswerten („Freshness", wann wurde dieser Wert generiert?)

- Authentizität von Zufallswerten / Bindung der Nachrichten an die Identitäten (Wer hat diesen Wert / diese Nachricht generiert?)

Außerdem können notwendige Voraussetzungen und Annahmen über die beteiligten Parteien effizient beschrieben werden.

## 4.7.6   High-Level-Analyse von IKE und MIKE

*IKE*

Mit den in Abschnitt 4.7.4 dargestellten Regeln ausgestattet, sollen nun die konkreten Protokollnachrichten des IKE-Protokolls bewertet werden, wobei hier nur beispielhaft der Aggressive Mode betrachtet werden soll.

| IKE-Msg. | |
|---|---|
| 1 ( I→R ) | **PSK / SIG:**   HDR SA $g^i$ $N_i$ $ID_{ii}$<br>**PKE:**   HDR SA $g^i$ $<ID_{ii}>_{Pub\_r}$ $<N_i>_{Pub\_r}$ |
| | - Initiator I's Interpretation der Nachricht an R: „$ID_{ii}$ möchte mit R eine SA etablieren". |

| | |
|---|---|
| | - Zeitstempel werden nicht explizit verwendet[37]. |
| | - Die Identität des Initiators wird explizit angegeben. |
| | - $N_i$ und $g_i$ sind gleichzeitig „Guarantee of Freshness" und Parameter für die zu etablierenden Schlüssel. |
| | - Die Header-Daten identifizieren die Nachricht als IKE-Nachricht und instantiieren diese durch die verwendeten Cookies. |
| | - Die Verschlüsselung der Protokollbestandteile bei PKE dient<br>  - der Bereitstellung eines (Teil-) Parameters zur Schlüsselgenerierung<br>  - „Identity Protection"<br>  - Authentisierung von R (Nachweis des Besitzes des geheimen Schlüssels) |
| | - Der Empfänger R kann die Nachricht jedoch nur derart interpretieren: „Jemand (vorgeblich $ID_{ii}$) möchte mit den enthaltenen Parametern eine SA etablieren". |
| $2\,(R{\rightarrow}I)$ | **PSK:**  HDR SA $g^r$ $N_r$ $ID_{ir}$, HASH_R<br>**SIG:**  HDR SA $g^r$ $N_r$ $ID_{ir}$, SIG_R<br>**PKE:**  HDR SA $g^r$ $<ID_{ir}>_{Pub\_i}$ $<N_r>_{Pub\_i}$ HASH_R |
| | - R reagiert auf die erste Nachricht, evtl. nach Entschlüsselung von $N_i$ und $ID_{ii}$, mit einer 2. Nachricht |
| | - Interpretation von R: „R, repräsentiert durch $ID_{ir}$, erhielt eine SA-Anforderung, vorgeblich von $ID_{ii}$". |
| | - $ID_{ir}$ wird explizit erwähnt |
| | - eigene Parameter als „Guarantee of Freshness" und Schlüsselkomponenten werden eingebunden. |
| | - kryptographische Bindung:<br>  - Eine Bindung an die von I übermittelten Daten wird durch HASH_R realisiert, der nur aus den öffentlichen *und* geheimen Parametern beider Parteien erzeugt werden kann.<br>  - Die Bindung zum Header (und damit zur aktuellen Instanz des Protokolls) erfolgt durch Einbeziehung der Cookies in den Hashwert.<br>  - Eine Bindung an $ID_{ii}$ existiert jedoch noch nicht! |
| | - Interpretation beim Empfänger I: „R ($ID_{ir}$) erhielt genau die SA-Anforderung mit den richtigen Parametern, akzeptierte diese und antwortet mit eigenen Parameter." |

---

[37] Für PKE wird ein öffentlicher Schlüssel benötigt, der gewöhnlich aus einem Zertifikat gewonnen wird. Zertifikatnutzung ist jedoch immer mit der Prüfung der Gültigkeitsdauer des Zertifikates verbunden und damit indirekt mit der Bereitstellung einer ausreichend genauen Zeit. Entsprechend Punkt 8 muss die Genauigkeit jedoch nur relativ zum Gültigkeitsintervall der zu prüfenden Nachricht betrachtet werden. Die Gültigkeitsdauer eines Zertifikates ist jedoch meist im Bereich von Monaten oder Jahren angesiedelt, so dass zumindest eine synchronisierte Zeit nicht notwendig ist.

| 3 (I→R) | **PSK:**  HDR HASH_I<br>**SIG:**  HDR SIG_I<br>**PKE:**  HDR HASH_I<br><br>- Interpretation von I: „I erhielt von R ($ID_{ir}$) die Bestätigung, seine SA-Anforderung und Parameter erhalten zu haben."<br>- kryptographische Bindung:<br>  - Eine Bindung an die in den vorangegangen Nachrichten übermittelten Daten wird durch HASH_I realisiert, der nur aus den öffentlichen *und* geheimen Parametern beider Parteien erzeugt werden kann.<br>  - Die Bindung zum Header (und damit zur aktuellen Instanz des Protokolls) erfolgt durch Einbeziehung der Cookies in den Hashwert.<br>  - $ID_{ii}$ wird nunmehr mit in den Hashwert einbezogen<br>- Interpretation auf R: „I empfing die in der vorhergehenden Nachricht gesendeten Parameter korrekt" |
|---|---|

*Quick Mode*

Im anschließenden Quick Mode erfolgt eine Schlüsseletablierung für andere Instanzen. Protokollhandling, Parameter- und Schlüsselgenerierung erfolgt jedoch durch die IKE-Instanz, so dass letztlich *volles Vertrauen in diese Instanz* notwendig ist und die Phase 2 auf die Authentisierung und den Schlüsselaustausch der Phase 1 aufbaut. Sämtliche Phase-2-Nachrichten werden mit Schlüsseln aus der Phase 1 authentisiert. Somit sind alle Nachrichten an die Phase 1 gebunden.

Damit ist gezeigt, dass zunächst keine Verletzungen der grundlegenden Designregeln für kryptographische Protokolle bei IKE vorliegen.

*Weitere Analysen*

IKE wurde auch an anderer Stelle formalen Analysemethoden unterzogen. So wurde im *Navy Research Lab* der dort entwickelte Protocol Analyzer zunächst erweitert, um IKE analysieren zu können [Meadows 1998]. Auch bei dieser Analyseform sind keine Schwachpunkte bei IKE aufgetaucht.

### *MIKE*

MIKE baut zur Etablierung des sicheren Kanals auf IKE Phase I auf. Mit der oben vorgestellten Analyse ist damit die Sicherheit dieses Schrittes ebenfalls nachgewiesen. Innerhalb dieses Kanals sind die Nachrichten jedoch gegen Angriffe der beteiligten Gateway-Systeme zu schützen, d.h. bezogen auf den Übertragungsweg I - SG1 - ... - SGn - R handelt es sich wiederum um einen unsicheren Kanal. Mit dieser Definition eines unsicheren Kanals werden *explizit keine Vertrauensbeziehungen* zwischen Systemen *vorausgesetzt*! Innerhalb dieses unsicheren Kanals werden mittels MIKE mehrere (modifizierte) Phase-I-Exchanges parallel durchgeführt.

Im Unterschied zu einem „Peer-to-Peer-Protokoll" setzt sich eine MIKE-Nachricht (Messageblock) aus mehreren Einzelnachrichten zusammen, die an unterschiedliche Systeme adressiert sein können. Diese Einzelnachrichten werden aus Gründen der Effizienz und Verkettbarkeit[38] zu dem Messageblock zusammengefasst. Zunächst werden darum nur die Einzelnachrichten des Messageblocks betrachtet. Der Block als Ganzes ist nur zwischen den Nachbarsystemen durch die IKE-SA geschützt.

*Adressierung:* Der Gesamtblock ist nicht explizit adressiert, sondern nur die enthaltenen Einzelnachrichten. Die Adresse der ersten Nachricht ist jedoch implizit identisch mit der Adressierung des gesamten Messageblocks.

Zunächst wird deshalb eine **Abstraktion** dahingehend vorgenommen, dass nur die Einzelnachrichten betrachtet werden, die an ein bestimmtes System adressiert sind, unabhängig von den weiteren im Messageblock befindlichen Nachrichten (Wechselwirkungen zwischen den Einzelnachrichten werden im Anschluss betrachtet).

Die MIKE-Einzelnachrichten sind entsprechend den IKE-Phase-I-Nachrichten (Aggressive Mode) aufgebaut, womit sich eine äquivalente Interpretation ergibt:

| MIKE- Message |
|---|

| M1 | T1: $ID_{ui}$ $ID_{ur}$ SA $N_i$ $g^i$ A1(I/R) |
|---|---|
| | - Initiator I's Interpretation der Nachricht an R: *„$ID_{ui}$ möchte mit R eine SA etablieren und fordert eine Authentisierung von R".* |
| | - Die Identitäten des Initiators *und Responders* werden explizit angegeben (Notwendig wegen der Zusammenfassung mehrerer Nachrichten mit unterschiedlichen Respondern im Messageblock). |
| | - $N_i$ und $g^i$ sind gleichzeitig „Guarantee of Freshness" und Parameter für die zu etablierenden Schlüssel. |
| | - Zeitstempel werden nicht explizit verwendet (s.o.). |
| | - Als Header wird die zunächst nicht näher spezifizierte Kennung T1 verwendet. Diese kann zur Identifikation als MIKE-Message herangezogen werden. |
| | - Eine Instantiierung der Einzelnachricht erfolgt implizit durch die Parameter $N_i$ und $g^i$. |
| | - Die Verschlüsselung des Authentisierungsfeldes bei PKE dient<br> - Der Bereitstellung eines (Teil-) Parameters zur Schlüsselgenerierung<br> - Authentisierung von R (Nachweis des Besitzes des gemeinsamen geheimen Schlüssels) |

---

[38] Der Begriff „Verkettbarkeit" soll an dieser Stelle nicht negativ besetzt sein, sondern die Notwendigkeit verdeutlichen, dass für die entsprechende Policy-Entscheidung auf den Security Gateways die Kenntnis der an der Kommunikationsbeziehung beteiligten Systeme notwendig ist.

|     | |
| --- | --- |
|     | - Der Empfänger R kann die Nachricht jedoch nur derart interpretieren: *„Jemand (vorgeblich $ID_{ui}$) möchte mit den enthaltenen Parametern eine SA etablieren und fordert zusätzlich eine Authentisierung von R".* |
| M2  | T2: `SA` $ID_{ui}$ $ID_{ur}$ `[Tunnel]` $N_r$ $g^r$ `A2(I/R) A1(R/I)`<br><br>- Interpretation von R: „R, repräsentiert durch $ID_{ir}$, erhielt eine SA-Anforderung, vorgeblich von $ID_{ii}$".<br>- Die Identitäten werden explizit angegeben<br>- eigene Parameter $N_r$ $g^r$ als „Guarantee of Freshness" und Schlüssel-komponenten<br>- kryptographische Bindung an die von I übermittelten Daten, die eigenen Parameter, das ausgewählte SA-Proposal und die Identitäten durch A2(I/R)<br>  - Die Bindung zum Header (und damit zur aktuellen Instanz des Protokolls) erfolgt durch Einbeziehung der Cookies in den Hash-Wert.<br>  - Kriterium (5) wird erfüllt, indem für PKE und SIG das gemeinsame Geheimnis aus den DH-Key-Exchange mit gehasht wird und damit der Hashwert wirklich nur von I resp. R erzeugt werden konnte.<br>- Interpretation beim Empfänger I: „R ($ID_{ir}$) erhielt genau die SA-Anforderung mit den richtigen Parametern, akzeptierte diese und antwortet mit eigenen Parametern." |
| M3  | T3: $ID_{ui}$ $ID_{ur}$ `A2(R/I)`<br><br>- Interpretation von I: „I erhielt von R ($ID_{ir}$) die Bestätigung, seine SA-Anforderung und Parameter erhalten zu haben."<br>- kryptographische Bindung an die bisher übermittelten Daten durch A2(R/I)<br>  - Die Bindung zum Header (und damit zur aktuellen Instanz des Protokolls) erfolgt durch Einbeziehung der Cookies in den Hash-Wert.<br>  - Kriterium (5) wird wiederum erfüllt, indem für PKE und SIG das gemeinsame Geheimnis aus den DH-Key-Exchange mit gehasht wird und damit der Hashwert wirklich nur von I resp. R erzeugt werden konnte.<br>- Interpretation auf R: „I empfing die in der vorhergehenden Nachricht gesendeten Parameter korrekt und authentisiert sich." |

Damit ist zunächst unter Ausschluss von Wechselwirkungen der Einzelnachrichten der Nachweis für eine vergleichbare Sicherheit gegenüber IKE erbracht.

*Instantiierung*

Eine Instantiierung des aktuellen Protokollaufes durch die *MIKE-Cookies* erreicht. Damit kann:

- eine einfache Indizierung von Statusinformationen, die zum aktuellen Protokollauf gehören, vorgenommen werden, ohne auf die Adressierung der ersten Nachricht zurückgreifen zu müssen.

- durch Einbeziehung der Cookies in die Authentisierungswerte der einzelnen Nachrichten eine **kryptographische Bindung an die aktuelle Protokollinstanz** erreicht werden (Schutz vor Replay-Angriffen).

Einzelnachrichten können damit von manipulierten Gateways nicht für Angriffe in einer anderen Protokollinstanz verwendet werden.

*Wechselwirkungen zwischen den Einzelnachrichten*

Die Parameter der Einzelnachrichten sind durch die Authentisierungsfelder geschützt. Damit sind Manipulationen auf den jeweiligen Initiator bzw. Responder bemerkbar. Manipulationen an Nachrichten, die nicht an das gerade bearbeitende System adressiert sind, können jedoch nicht bemerkt werden und könnten die Etablierung notwendiger SAs verhindern bzw. zum Aufbau zusätzlicher SAs führen. Folgender Angriff ist damit vorstellbar:

Unter der Voraussetzung, dass zwei nicht benachbarte Systeme kooperieren und über einen (verdeckten) Parallelkanal verfügen, könnten einem zwischen diesen Systemen liegenden Gateway falsche Nachrichten präsentiert werden. Beispiel: I möchte mit R ESP und AH nutzen. G2 will mittels eines sicheren Paketfilters ESP-Verkehr filtern und muss sich damit die Nachrichten von I und R authentisieren lassen, welche die ESP-SPIs enthalten. G1 und G3 kooperieren jedoch und wollen G2 vortäuschen, dass gar keine ESP-Anforderung vorliegt:

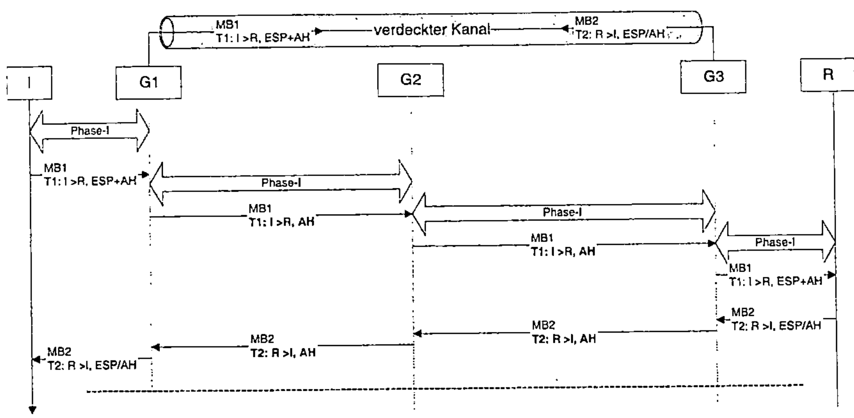


*Abbildung 61 - Zusammenwirken nicht benachbarter Systeme*

Verhindert werden könnte dieser Angriff nur durch eine Signierung der einzelnen Nachrichten, die zum einen aufwendig, zum anderen den beschriebenen Authentisierungsverfahren teilweise widersprechen und zudem gewisse Redundanz verursachen würde. *Aber:* Der Angriff selbst ist nur theoretisch interessant, denn er kann lediglich einen Denial-of-Service bewirken! Wird nämlich durch die Modifikation der Nachrichten die Policy des „angegriffenen" Gateways während des MIKE-Protokolls „überlistet", führt dies nur zu einer unvollständigen (oder je nach Modifikation auch überflüssigen) SA-Etablierung - nachfolgender Datenverkehr würde jedoch G2 wegen Nichterfüllung seiner Policy nicht überqueren können. Denial-of-Service-Angriffe sind bedingt durch Position der Gateways im Datenpfad zwischen I und R aber einfacher möglich (Nicht-Weiterleitung der Pakete) und bedürfen nicht dieses aufwendigen Angriffes auf das MIKE-Protokoll.

Eine Offenlegung von Schlüsseln wird durch den strikten Ansatz separater Schlüsselpaare für alle SAs mittels eigener DH-Exponenten jedoch konsequent verhindert. Damit erscheint eine *kryptographische Verknüpfung der einzelnen Nachrichten* innerhalb des Messageblocks *nicht notwendig*.

### Proxy-Authentication / Multi-Message Authentication

Führt ein System eine Authentisierung von Instanzen und Parametern durch Proxy-Authentication durch, wird durch den Authentisierungswert zusätzlich eine kryptographische Verknüpfung aller zu authentisierenden Nachrichten erreicht. Hauptkriterium ist jedoch, dass sich die Authentisierungsmethoden nicht grundlegend unterscheiden. Vielmehr wird durch die Einbeziehung der zu authentisierenden Parameter anderer Nachrichten nur der Umfang ausgedehnt, auf den sich die Authentisierung bezieht. Ansonsten gelten die gleichen Aussagen, wie bei allen beschriebenen Analysen für die Gesamtheit der zu authentisierenden Nachrichten an einen Empfänger. Dieser verkörpert I oder R entsprechend der Notation, der Trustee die jeweils andere Partei.

## *4.8    Beispielszenario ENX ®?!*

Wie bereits in Abschnitt 1.4 angedeutet und 3.7.3 beschrieben, basiert das heutige ENX®-Netzwerk ausschließlich auf einer „flachen" VPN-Struktur, d.h. die Verbindungen werden durch das unsichere IP-Netz getunnelt, tiefere VPN-Strukturen, wie z.B. eine zusätzliche Sicherung zwischen bestimmten Abteilungen oder gar Ende-zu-Ende werden standardmäßig nicht eingesetzt. Die fehlende Ende-zu-Ende-Funktionalität ist sicher maßgeblich der noch nicht umfassend verfügbaren IPSec-Implementierung für Host-Betriebssysteme, wie verschiedenen UNIX-Derivaten und Windows-Plattformen, geschuldet. Derzeit liegt die Hauptanwendung von IPSec-Funktionen in Security Gateways zur Realisierung *flacher* VPNs.

Allerdings ließen sich mit den vorhandenen Mitteln bereits verschachtelte Tunnel zur zusätzlichen Absicherung von einzelnen Abteilungen realisieren – diese müssten jedoch entsprechend einer vorher abzustimmenden Policy vorkonfiguriert werden. Ein künftiges Szenario mit den in diesem Kapitel beschriebenen Technologien könnte nun jedoch so aussehen:

Die CAD-Abteilung des Automobilherstellers „DCAR" möchte kurzfristig einem bestimmten Mitarbeiter (Klaus) des Zulieferers „SYSTEMHAUS AG" den Zugang zu einem Server mit für ihn relevanten Konstruktionsdaten freigeben, um gemeinsam ein neues elektronisches Modul zu entwickeln (welches die SYSTEMHAUS AG dann fertigen soll). Da es sich dabei um hochmoderne Technologie handelt, soll der Kreis der „Mitwisser" in der SYSTEMHAUS AG so klein wie möglich gehalten werden, deshalb darf nur Klaus Zugang erhalten, die Verbindung von seinem Arbeitsplatz aus muss auch innerhalb der SYSTEMHAUS AG verschlüsselt sein. Der Firewall vor der CAD-Abteilung von DCAR soll zusätzlich prüfen können, dass es sich um den Datenstrom von Klaus handelt, erlaubt jedoch die mit MIKE realisierbare sichere Filterung von IPSec-verschlüsselten Datenströmen, so dass ESP Ende-zu-Ende eingesetzt werden kann. Im Policy-Management der Firma DCAR wird nun Klaus berechtigt unter den gegebenen Bedingungen auf den Server zuzugreifen. Die SYSTEMHAUS AG braucht in diesem Falle keine zusätzliche Konfiguration vornehmen!

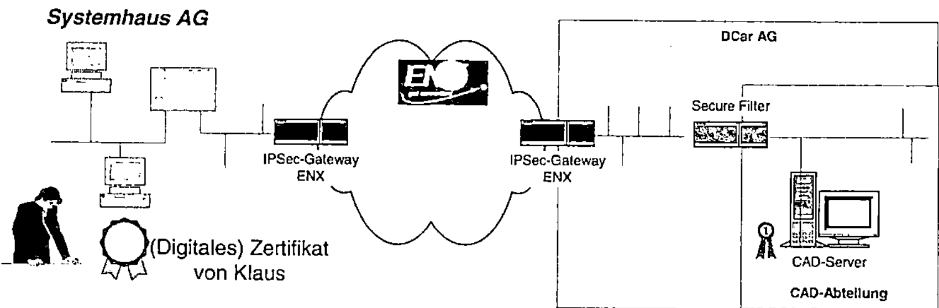

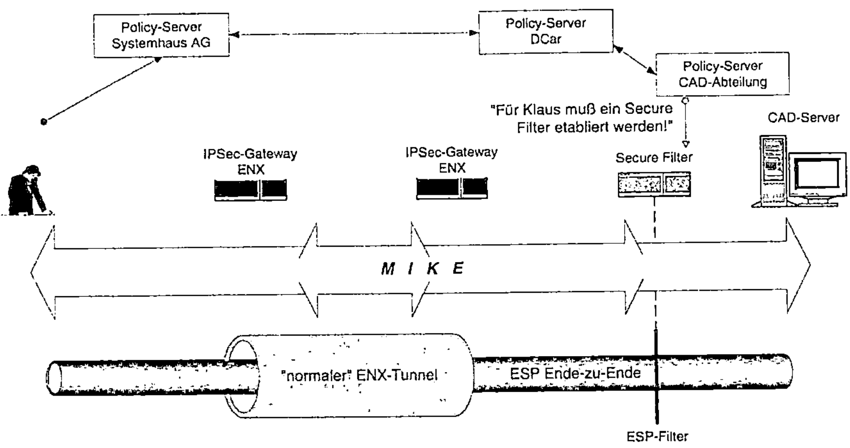


*Abbildung 62 - Beispielkonstellation ENX® und Protokollablauf*

Diese flexible Technologie ermöglicht es, wesentlich feiner gesteuert Sicherheitsfunktionen bis auf „Prozessebene" effizient umzusetzten. Das Policy Management System erlaubt eine einfache Administration von Zugangsrechten, umgesetzt an den Security Gateways zwischen Zonengrenzen. Mit MIKE ist in dieser Umgebung ein effizientes Key-Management möglich, das zudem neue, interessante Funktionen, wie die Realisierung „Sicherer Paketfilter" bietet.

Die damit bereitstehende Technologie ist skalierbar und für beliebig komplexe Konstellationen einsetzbar. Damit lassen sich ganz neue Anwendungsfelder durch die Schaffung virtueller Arbeitsgruppen auch über Unternehmensgrenzen hinweg erschließen, die bisher nicht möglich waren. Vielleicht wird es ja in Zukunft dann auch „virtuelle Unternehmen" geben, die sich genau zur Lösung einer speziellen Aufgabe bilden und dann wieder verschwinden...

# Zusammenfassung

Neue Anforderungen an dynamische Kommunikationsprozesse und standardisierte Anwendungen bedingen die zunehmende Vernetzung über das Internet. Die Technologie der Virtuellen Privaten Netze hilft, die damit einhergehenden Sicherheitsanforderungen zu befriedigen, benötigt jedoch neue Protokolle und Infrastrukturkomponenten.

Die ursprünglichen (heute noch fast ausschließlich verwendeten) Protokolle und Technologien des Internet bergen eine Reihe von Sicherheitsproblemen, die ihre Ursache zum einen im grundsätzlichen Design (z.B. ungesicherte Übertragung von Daten und Protokollinformationen), zum anderen in unzureichenden Annahmen (Nutzung dieser ungesicherten Daten für sicherheitsrelevante Entscheidungen) haben.

Neue (Protokoll-) Entwicklungen beachten diese Sicherheitsmängel und bieten unterschiedliche Ansätze der realisierten Sicherheitsfunktionen für verschiedene Einsatzgebiete. Entscheidungskriterien zum Einsatz dieser neuen Protokolle wurden herausgearbeitet.

Eine reine Ende-zu-Ende-Sicherung reicht in heutigen, komplexen Netzstrukturen nicht aus. Die flexibelste Lösung stellen Sicherheitsfunktionen auf Netzwerkebene dar, die verschiedene Sicherheitsanforderungen der an einer Kommunikationsbeziehung beteiligten Systeme erfüllen können (mehrseitige Sicherheit).

Schon der Aufbau einer Kommunikationsbeziehung erfordert die Involvierung aller beteiligten Systeme. Dazu sind vor der eigentlichen Kommunikation deren Sicherheitsanforderungen auszuloten und die benötigten Sicherheitsparameter zu etablieren. Dies ist effektiv nur über ein separates Security Management Protokoll möglich. Derzeit wird das Key Management Protokoll IKE eingesetzt, das jedoch nur eine Etablierung von Sicherheitsparametern zwischen zwei Parteien (Ende-zu-Ende) ermöglicht.

Auf der Basis der Entwicklungen des Peer-to-Peer-Protokolls (IKE) und eines Policy Management Systems wurde ein erweiterter Protokollvorschlag MIKE entwickelt, der das Sicherheitsmanagement effizient zwischen beliebig vielen Instanzen übernehmen kann, wobei eine Optimierung insbesondere in Bezug auf die notwendigen Protokollnachrichten (und damit die benötigten Netzressourcen) gelang. Das Protokoll ermöglicht es allen an einer Kommunikationsbeziehung beteiligten Instanzen, ihre Sicherheitsanforderungen bekannt zu geben. Mit dem Protokoll erfolgt ein Abgleich dieser Sicherheitsanforderungen zwischen den Instanzen, wobei gleichzeitig die notwendigen Parameter (Schlüssel, Verfahren) etabliert werden. Weiterhin sind flexible Authentisierungsmodelle bei Unterstützung von gewissen Vertrauensbeziehungen möglich. Die Umsetzung der Sicherheitsanforderungen erfolgt durch IPSec-Mechanismen.

MIKE bietet eine Reihe weiterer interessanter Eigenschaften, wie flexible Authentisierungsverfahren und die Möglichkeit der kryptographisch sicheren Ableitung von Filterregeln auf Firewall-Systemen. Damit ist es bestens für den Einsatz in künftigen, komplexen Netzstrukturen mit unterschiedlichen Sicherheitszonen geeignet.

# Abbildungsverzeichnis

# Abkürzungsverzeichnis

## *Internet-Protokolle*

| | |
|---|---|
| ARP / RARP | Address Resolution Protocol / Reverse ~ |
| DNS | Domain Name System |
| FSP | File Service Protocol |
| FTP / TFTP | File Transfer Protocol / Trivial ~ |
| HTTP | Hypertext Transfer Protocol |
| ICMP | Internet Control Message Protocol |
| IP | Internet Protocol |
| MSS | Maximum Segment Size |
| MTU | Maximum Transfer Unit |
| NDS | Network Directory Services |
| NFS | Network File System |
| NIS | Network Information System |
| NNTP | Network News Transfer Protocol |
| NTP | Network Time Protocol |
| OSPF | Open Shortest Path First |
| RIP | Routing Information Protocol |
| RPC | Remote Procedure Call |
| S-HTTP | Secure Hypertext Transfer Protocol |
| S-MIME | Secure Multipurpose Internet Mail Extension |
| SSH | Secure Shell |
| SSL | Secure Socket Layer |
| TCP | Transmission Control Protocol |
| UDP | User Datagram Protocol |

### *IPSec und Key Management*

| | |
|---|---|
| AH | Authentication Header |
| DH | Diffie-Hellman |
| DoS | Denial-of-Service |
| ESP | Encapsulated Security Payload |
| IKE | Internet Key Exchange |
| ISAKMP | Internet Security Association and Key Management Protocol |
| MIKE | Multi-Domain Authentication and Key Exchange |
| PFS | Perfect Forward Secrecy |
| PKE | Public Key Encryption Authentisierungsmechanismus |
| prf | Pseudo-Random Function |
| PSK | Pre-Shared-Key Authentisierungsmechanismus |
| SA | Security Association |
| SAD | Security Association Database |
| SIG | Signature Authentisierungsmechanismus |
| SKEME | Secure Key Exchange Mechanism for Internet |
| SKIP | Simple Key Management for Internet Protocols |
| SPD | Security Policy Database |
| SPI | Security Parameter Index |

### *Verschiedenes*

| | |
|---|---|
| CA | Certification Authority |
| CDS | Cell Directory Services |
| DARPA | Defense Advanced Research Projects Agency |
| DCE | Distributed Computing Environment |
| GDS | Global Directory Services |
| IETF | Internet Engineering Task Force |
| OSI | Open Systems Interconnection |
| PCA | Policy Certification Authority |
| PGP | Pretty Good Privacy |

# Literaturverzeichnis



### *Abschnitt 1*

| | |
|---|---|
| Binnewies 1999 | Binnewies: ENX Spezifikationen und Anforderungen - Request for Proposal. Version 0.6, ENX Projektgruppe, April 1999 |
| Braden et al 1997 | R. Braden et al: Resource ReSerVation Protocol (RSVP) – Version 1 Functional Specification; Request for Comments 2205, Sept. 1997 |
| Brenet et al 1999 | Y. Bernet, et al:  A Framework for Differentiated Services; draft-ietf-diffserv-framework-02.txt, Internet Draft, work-in-progress, Februar 1999 |
| FergHust 1998 | Paul Ferguson, Geoff Huston: What Is a VPN?; The Internet Protocol Journal; Vol. 1, Number 1; Cisco Systems, San Jose, June 1998 |
| TimeStep 1997 | The Business Case for Secure VPNs; TimeStep Corporation; http://www.timestep.com/downloads/secure_vpn_business_case.pdf |

### *Abschnitt 2.2*

| | |
|---|---|
| Bellovin 1989 | Steven M. Bellovin: Security Problems in the TCP/IP protocol suite. Computer Communications Review, Vol 2, No. 19, Pg. 32-48, April 1989; unter ftp://ftp.research.att.com/dist/internet_security/ipext.ps.Z |
| Bellovin 1996 | Steven M. Bellovin: Defending Against Sequence Number Attacks, Request for Comments: 1948. AT&T Research. C52 |
| CERT 96.05 | CERT Advisory CA-96.05: Java Implementations Can Allow Connections to an Arbitrary Host, CERT Coordination Center, Pittsburgh 1996 |
| CERT 96.06 | CERT Advisory CA-96.06: Vulnerability in NCSA/Apache CGI example code, CERT Coordination Center, Pittsburgh 1996 |

| | |
|---|---|
| CERT 96.20 | CERT Advisory CA-96.20: Sendmail Vulnerabilities, CERT Coordination Center, Pittsburgh 1996 |
| CERT 96.21 | CERT Advisory CA 96.21: TCP SYN Flooding and IP Spoofing Attacks, CERT Coordination Center, Pittsburgh 1996 |
| CERT 97.22 | CERT Advisory CA-97.22: BIND - the Berkeley Internet Name Daemon, CERT Coordination Center, Pittsburgh 1997 |
| ChesBell 1994 | William R. Cheswick, Steven M. Bellovin: Firewalls and Internet Security - Repelling the Wily Hacker., Addison-Wesley Publishing Company, Reading Massachusetts 1994 |
| Comer 1995 | Douglas E. Comer: Internetworking with TCP/IP; Volume 1 - Principles, Protocols and Architechture. Third Edition, Prentice Hall, Englewood Cliffs, New Jersey 1995 |
| Joncheray 1995 | Laurent Joncheray: A Simple Active Attack against TCP, Proceedings of the 5TH USENIX UNIX Security Symposium, Salt Lake City, 1995 |
| Morris 1985 | Robert T. Morris: A weakness in the 4.2BSD UNIX TCP/IP-Software, Computing Science Technical Report 117, AT&T Bell Labs, Murray Hill, NJ, Februar 1985; unter ftp://netlib.att.com/netlib/research/cstr/117.Z |
| Phrack 48-1 | Daemon9: IP-spoofing demystified (Trust Relationship Exploitation), in Phrack Magazine Vol.7 (1996) Issue 48, File 14 |
| Schill 1997 | A. Schill: DCE - Das OSF Distributed Computing Environment. Springer-Verlag, Berlin/Heidelberg 1997 |
| Schmidt 1997-2 | Jürgen Schmidt: Kidnapping im Netz - Cracker-Tool entführt Telnet-Verbindungen, c't Magazin für Computertechnik Nr.10 1997, S. 142-144 |
| Spafford 1989 | Eugine H. Spafford: An Analysis of the Internet Worm, September 1989, Paper unter ftp://coast.purdue.edu/Purdue/papers/Spafford/Iworm.ps.Z |

***Abschnitt 2.3***

| | |
|---|---|
| BellMerr 1991 | Steven M. Bellovin, Michael Merritt: Limitations of the Kerberos Authentication System, Proceedings of USENIX UNIX Security Symposium, Dallas, 1991 |
| Bellovin 1995 | Steven M. Bellovin: Using Domain Name System for System Break-Ins, Proceedings of the 5TH USENIX UNIX Security Symposium, Salt Lake City, 1995 |

CarrelGrant 1997     D. Carrel, Lol Grant: The TACACS+ Protocol; draft-grant-tacacs-02.txt, Internet Draft, work-in-progress, Januar 1997

Chapman 1992     D. Brent Chapman: Network (In)Security Through IP Packet Filtering Great Circle Associates, 1992

ChesBell 1994     William R. Cheswick, Steven M. Bellovin: Firewalls and Internet Security - Repelling the Wily Hacker., Addison-Wesley Publishing Company, Reading Massachusetts 1994

DoD 1985     DoD Trusted Computer System Evaluation Criteria. DoD 5200.28-STD., DoD Computer Security Center 1985

Finseth 1993     C. Finseth: An Access Control Protocol, Sometimes Called TACACS; Request for Comments 1492, Juli 1993

GarSpaf 1996     Simon Garfinkel, Eugine H. Spafford: Practical UNIX and Internet Security, second edition, O'Reilly & Associates Inc., Sebastopol 1996

Leech et al 1996     Marcus Leech, M. Ganis, Y. Lee, R. Kuris, D. Koblas, L. Jones: SOCKS Protocol Version 5, Request for Comments: 1928, 1996

Peiter 1996     PeiterZ: Weaknesses in SecurID, Secure Networks Inc., Calgary 1996

Ranum 1992     Marcus J. Ranum: A Network Firewall, Digital Equipment Corporation Washington Open Systems Resource Center, June 12, 1992.

Ranum 1993     Marcus J. Ranum: Thinking about Firewalls, Trusted Information Systems Inc., Glenwood, Maryland 1993

Rigney et al 1997     C. Rigney, A. Rubens, W. Simpson, S. Willens: Remote Authentication Dial In User Service (RADIUS) Request for Comments 2138, April 1997

Rigney et al 1997     C. Rigney: RADIUS Accounting; Request for Comments 2139, April 1997

Schneier 1996     Bruce Schneier: Applied Cryptography, Second Edition, John Wiley & Sons Inc., New York 1996

Simpson 1996     William A. Simpson: PPP Challenge Handshake Authentication Protocol (CHAP), Request for Comments 1994, August 1996


## *Abschnitt 3*


Atkins et al 1996     D. Atkins, W. Stallings, P. Zimmermann: PGP Message Exchange Formats, Request for Comments 1991, August 1996

Atkinson 1997     Randall Atkinson: Key Exchange Delegation Record for the DNS, Internet Draft, NRL, work-in-progress

Balenson 1993     D. Balenson: Privacy Enhancement for Internet Electronic Mail: Part III:Algorithms, Modes, and Identifiers, Request for Comments 1423, Februar 1993

Callas et al 1998     J. Callas, L. Donnerhacke, H. Finney, R. Thayer: OpenPGP Message Format, Request for Comments 2440, November 1998

ChokFord 1999     S. Chokhani, W.Ford: Internet X.509 Public Key Infrastructure: Certificate Policy and Certification Practices Framework, Request for Comments 2527, März 1999

DFN-PCA 1997     Die Policies der DFN-PCA, unter http://www.pca.dfn.de/dfnpca/policy

DierAlle 1999     Tim Dierks, Christopher Allen: The TLS Protocol Version 1.0, Request for Comments 2246, Januar 1999

EastGud 1999     Donald E. Eastlake 3rd, O. Gudmundsson: Storing Certificates in the Domain Name System, Request for Comments 2538, März 1999

Eastlake 1999     Donald E. Eastlake 3rd: Domain Name System Security Extensions, Request for Comments 2535, März 1999

EsslMülle 1997     Bernhard Esslinger, Maik Müller: Secure Sockets Layer (SSL) Protokoll, DUD Datenschutz und Datensicherheit 21 (1997) Nr. 12, S 691-697

Fox 1997     D. Fox: Uneinsehbar – Schutzmechanismen für das Internet, iX Magazin für professionelle Informationstechnik. 5/97, S. 148-153. Verlag Heinz Heise, Hannover 1997

Freier et al 1996     A. Freier, P. Karlton, Paul C. Kocher: The SSL Protocol Version 3.0, Internet Draft, work-in-progress

Housley et al 1999     R. Housley , W. Ford, W. Polk, D. Solo: Internet X.509 Public Key Infrastructure Certificate and CRL Profile, Request for Comments 2459, Januar 1999

IuKDG 1997     Gesetz zur Regelung der Rahmenbedingungen für Informations- und Kommunikationsdienste (Informations- und Kommunikationsdienstegesetz - IuKDG), Bundesgesetzblatt I S. 1870

ISO 1997     ITU-T Data Networks And Open System Communication: ITU-T Recommendation X.509, ITU 1995

Kalisky 1993     B. Kalisky: Privacy Enhancement for Internet Electronic Mail: Part IV: Key Certification and Related Services, Request for Comments 1424, Februar 1993

Kent 1993                S. Kent: Privacy Enhancement for Internet Electronic Mail: Part II:
                         Certificate-Based Key Management,
                         Request for Comments 1422, Februar 1993

Linn 1993                J. Linn: Privacy Enhancement for Internet Electronic Mail: Part I:
                         Message Encryption and Authentication Procedures,
                         Request for Comments 1421, Februar 1993

Martius 1997             K. Martius: Firewalls und neue Sicherheitstechnologien im Internet.
                         DuD Fachbeiträge. In G. Müller (Hrsg.): Verlässliche IT-Systeme -
                         Zwischen Key Escrow und eletronischem Geld. Vieweg Verlag 1997

Martius 1999-1           K. Martius: Nachschlag, iX Magazin für professionelle Informations-
                         technik. 2/99, S. 108-113. Verlag Heinz Heise, Hannover 1999

Mockapetris 1987         P. Mockapetris: Domain Names - Concepts and Facilities,
                         Request for Comments 1035, ISI, 1987

Ramsdell 1999-1          B. Ramsdell: S/MIME Version 3 Message Specification,
                         Request for Comments 2633, Juni 1999

Ramsdell 1999-2          B. Ramsdell: S/MIME Version 3 Certificate Handling,
                         Request for Comments 2632, Juni 1999

ResSchiff 1998           E. Rescorla, A. Schiffman: The Secure HyperText Transfer Protocol,
                         draft-ietf-wts-shttp-06.txt, Internet-Draft, work-in-progress

WagnSchn 1996            David Wagner, Bruce Schneier: Analysis of the SSL 3.0 protocol, The
                         Second USENIX Workshop on Electronic Commerce Proceedings,
                         USENIX Press, November 1996, pp. 29-40.

Ylonen et al 1999-1      T. Ylonen, T. Kivinen, M. Saarinen: SSH Protocol Architecture,
                         draft-ietf-secsh-architecture-04.txt, Internet-Draft, work-in-progress

Ylonen et al 1999-2      T. Ylonen, T. Kivinen, M. Saarinen: SSH Transport Layer Protocol,
                         draft-ietf-secsh-transport-06.txt, Internet-Draft, work-in-progress

Ylonen et al 1999-3      T. Ylonen, T. Kivinen, M. Saarinen: SSH Authentication Protocol,
                         draft-ietf-secsh-userauth-06.txt, Internet-Draft, work-in-progress

Ylonen et al 1999-4      T. Ylonen, T. Kivinen, M. Saarinen: SSH Connection Protocol,
                         draft-ietf-secsh-connect-06.txt, Internet-Draft, work-in-progress

*IPSec*

| | |
|---|---|
| Atkinson 1995-1 | R. Atkinson: Security Architecture for IP, Request for Comments 1825, NRL, August 1995. |
| Atkinson 1995-2 | R. Atkinson: IPAuthentication Header, Request for Comments 1826, NRL, August 1995. |
| Atkinson 1995-3 | R. Atkinson: IP Encapsulating Security Payload, Request for Comments 1827, NRL, August 1995. |
| Aziz et al 1997 | A. Aziz, T. Markson, H. Prafullchandra: Simple Key-Management For Internet Protocols (SKIP), Internet-Draft, work-in-progress |
| Bellovin 1996-2 | Steven M. Bellovin: Problem Areas for the IP Security Protocols, Proceedings of the 6th Usenix UNIX Security Symposium, San Jose 1996 |
| HarCar 1998 | D. Harkins, D. Carrel: The Internet Key Exchange (IKE), Request for Comments 2409, November 1998 |
| KarnSimp 1999 | P. Karn, W.A. Simpson: Photuris Session Key Management Protocol, Request for Comments 2522, März 1999 |
| KentAtkin 1998-1 | S. Kent, R. Atkinson: Security Architecture for the Internet Protocol, Request for Comments 2401, November 1998 |
| KentAtkin 1998-2 | S. Kent, R. Atkinson: IP Authentication Header, Request for Comments 2402, November 1998 |
| KentAtkin 1998-3 | S. Kent, R. Atkinson: IP Encapsulating Security Payload, Request for Comments 2406, November 1998 |
| Krawczyk 1996 | H. Krawczyk: SKEME A Verstile Secure Key Exchange Mechanism for the Internet, IBM T.J. Watson Research Center, Yorktown Hights, New York 1996 |
| Krawczyk 1996-1 | H. Krawczyk, M. Bellare, R. Canetti: Message Authentication using Hash Functions -The HMAC Construction CryptoBytes Vol 2, Nr. 1, RSA Laboratories 1996 |
| Krawczyk 1996-2 | H. Krawczyk, M. Bellare, R. Canetti: Keying Hash Functions for Message Authentication, Advances in Cryptology - Crypto 96 Proceedings, Lecture Notes in Computer Science Vol 1109, N. Koblitz ed., Springer-Verlag 1996 |
| Krawczyk et al 1997 | H. Krawczyk, M. Bellare, R. Canetti: HMAC: Keyed-Hashing for Message Authentication, Request for Comments 2104, February 1997 |

Maughan 1998          D. Maughan, M. Schertler, M. Schneider, J. Turner: Internet Security
                      Association and Key Management Protocol,
                      Request for Comments 2408, November 1998

MocSchu 1997          S. Mocas, T. Schubert: Formal Analysis of IP Layer Security, DI-
                      MACS Workshop on Design and Formal Verification of Crypto Proto-
                      cols, Rutgers University, New Jersey 1997

Orman 1998            H.K. Orman: The OAKLEY Key Determination Protocol,
                      Request for Comments 2412, November 1998


Piper 1998            Derrell Piper: The Internet IP Security Domain of Interpretation for
                      ISAKMP, Request for Comments 2407, November 1998



## *Abschnitt 4*



AbadNeed 1994         M. Abadi, R. Needham: Prudent Engineering Practice for Crypto-
                      graphic Protocols, SRC Report 125, Digital Systems Research Center,
                      Palo Alto 1994

Bellare et al 1993    M. Bellare, P. Rogaway: Entity Authentication and Key Distribution,
                      Advances in Cryptology – Crypto '93 Proceedings, Springer-Verlag
                      1993

Bellare et al 1998    M. Bellare, R. Canetti, H. Krawczyk: A Modular Approach to the
                      Design and Analysis of Authentication and key management Protocols,
                      to be published in 'Proceedings of the 30th Annual Symposium on the
                      Theory of Computing' ACM, 1998

Burrows et al 1990    M. Burrows, M. Abadi, R. Needham: A Logic of Authentication, SRC
                      Report 39, Digital Systems Research Center, Palo Alto 1989

Guergens 1997         S. Guergens: SG Logic – A formal Analysis Technique for Authentica-
                      tion Protocols, Proceedings of the 5th International Workshop on Secu-
                      rity Protocols, Paris, April 1997, Springer Verlag, LNCS vol. 1361, pp.
                      159 – 176.

Martius 1998-1        K. Martius: Paketschutz, iX Magazin für professionelle Information-
                      stechnik. 6/98, S. 124-129. Verlag Heinz Heise, Hannover 1998

Martius 1998-2        K. Martius: Schlüsselwerkzeug, iX Magazin für professionelle Infor-
                      mationstechnik. 8/98, S. 107-111. Verlag Heinz Heise, Hannover 1998

Martius 1999-2        K. Martius: Multi-Domain Authentication and Key Exchange Protocol,
                      draft-martius-ipsec-mike-00.txt, Internet-Draft, work-in-progress

Meadows 1992       C. A. Meadows: Applying Formal Methods to the Analysis of a Key Management Protocol, Journal of Computer Security, Vol. 1, No. 1, S. 5-35

Meadows 1995-1       C. A. Meadows: The NRL Protocol Analyzer: An Overview, Journal of Logic Programming 1995

Meadows 1995-2       C. A. Meadows: Formal Verification of Cryptographic Protocols - A Survey, Advances in Cryptology - AsiaCrypt '94 Proceedings, Springer-Verlag 1995, S. 133-150

Meadows 1998       C. A. Meadows: Using the NRL Protocol Analyzer to Examine Protocol Suites, Naval Research Laboratory, Washington D.C., 1998

Pütz et al 1998       S. Pütz, R. Schmitz, F. Tönsing: Authentication Schemes for Third Generation Mobile Radio Systems. The Ninth International Symposium on Personal, Indoor and Mobile Radio Communications (PIMRC 98), Conference Proceedings, Boston 1998.

Pfitzmann et al 1998       A. Pfitzmann, A. Schill, A. Westfeld, G. Wicke, G. Wolf, J. Zöllner: A Java-based distributed platform for multilateral security. Electronic Commerce 1998 - Trends in Distributed Systems. Hamburg 3.-5. Juni 1998

SanCon 1998       L.A. Sanchez, M.N. Condell: Security Policy System, draft-ietf-ipsec-sps-00.txt, Internet-Draft, work-in-progress, November 1998

SanCon 1999       L.A. Sanchez, M.N. Condell: Security Policy Protocol, draft-ietf-ipsec-spp-00.txt, Internet-Draft, work-in-progress, Juli 1999

SyvOor 1996       P. Syverson, P.C. van Oorschot: A Unified Cryptographic Protocol Logic. Draft Version March 8, 1996

WedKess 1996       G. Wedel, V. Kessler: Formal Semantics for Authentication Logics, Computer Security -Esorics 96 - Springer LNCS 1146, pp 219-241


*Hinweis zu IETF-Dokumenten (RFCs und Internet-Drafts):*

*Internet-Drafts (I-D) sind jeweils nur ein halbes Jahr gültig, sind sie nach diesem Zeitraum nicht erneuert, werden sie aus dem Internet-Draft-Verzeichnis der IETF gelöscht. Andererseits werden I-Ds auch in RFCs überführt, wenn der Standard eine gewisse Reife erreicht hat und einige formale Bedingungen erfüllt sind. RFCs wiederum können durch Nachfolgeversionen ersetzt werden, die alten RFCs sind jedoch im Gegensatz zu I-Ds weiter zugänglich. Alle Dokumente der IETF sind auf deren Webserver www.ietf .org zugänglich.*

# Index

# Unabhängige Darstellung der IT-Sicherheitszertifizierung

**Zertifizierung mehrseitiger IT- Sicherheit**

Kriterien und organisatorische Rahmenbedingungen

von Kai Rannenberg

1998. XX, 230 Seiten
mit 19 Abbildungen,
(DuD-Fachbeiträge)
Br. DM 98,00
ISBN 3-528-05666-5

*Aus dem Inhalt:*
Zertifizierung - Mehrseitige Sicherheit - IT-Sicherheit - Kommunikationssicherheit - Evaluationskriterien - Orange Book (TCSEC) - ITSEC - CTCPEC - ISO-Evaluationskriterien - Common Criteria (CC)

Zertifizierung und Evaluation von IT-Sicherheit gewinnen mehr und mehr Bedeutung, nicht zuletzt durch einschlägige Bestimmungen des neuen deutschen Gesetzes zur digitalen Signatur.
Dieses Buch gibt aus unabhängiger Perspektive einen Überblick über Stand, Entwicklung und Kriterien der IT-Sicherheitszertifizierung. Es stellt herkömmlicher IT-Sicherheit, die vor allem das Interesse der Systembetreiber im Blickfeld hatte, mehrseitige IT-Sicherheit gegenüber, also den gleichberechtigten Schutz von Nutzern und Kunden. Auf der Basis neuer Erfahrungen werden zusätzlich die Organisation von IT-Sicherheitszertifizierung und -evaluation untersucht und Vorschläge zur Steigerung ihrer Effizienz entwickelt.

# Umfassende, aktuelle Einführung in das Gebiet der IT-Sicherheit

**IT-Sicherheit**

Grundlagen und Umsetzung in der Praxis

von Rolf Oppliger

1997. XXIV, 541 Seiten.
(DuD-Fachbeiträge)
Br. DM 98,00
ISBN 3-528-05566-9

*Aus dem Inhalt:*
Kryptologische Grundlagen, Krypto-
systeme - Anwendungen, Schlüssel-
verwaltung - Allgemeine Schutz-
maßnahmen - Zugangs- und Zu-
griffskontrollen - Evaluation und
Zertifikation - Softwareanomalien
und -manipulationen - Offene Systeme, lokale Netze und Weitver-
kehrsnetze - Internet, elektronische
Nachrichtenvermittlungssysteme -
Authentifikations- und Schlüssel-
verteilsysteme

Das Buch bietet eine umfassende
und aktuelle Einführung in das
Gebiet der IT-Sicherheit. In drei
getrennten Teilen werden Fragen
der Kryptologie, bzw. der Computer-
und Kommunikationssicherheit the-
matisiert. Der Leser wird dabei
schrittweise in die jeweiligen Sicherheitsprobleme eingeführt und mit
den zur Verfügung stehenden
Lösungsansätzen vertraut gemacht.
Das Buch kann sowohl zum Eigen-
studium als auch als Begleitma-
terial für entsprechende Vorlesun-
gen, Kurse und Seminare verwendet werden.

Abraham-Lincoln-Straße 46
65189 Wiesbaden
Fax 0180.57878-80
www.vieweg.de

Stand November 1999
Änderungen vorbehalten.
Erhältlich beim Buchhandel oder beim Verlag.

# Anonymisierungstechniken aktuell und verständlich dargestellt

**Privacy im Internet**

Vertrauenswürdige Kommunikation in offenen Umgebungen

von Dogan Kesdogan

1999. 162 Seiten mit 59 Abb.
und 9 Tabellen.
(DuD-Fachbeiträge)
Br. DM 88,00
ISBN 3-528-05731-9

*Aus dem Inhalt:*
Vertraulichkeit, Anonymität, Schutzmodelle versus Anwendbarkeit, probabilistischer Schutz, praktischer Schutz, Leistungsfähigkeit versus Schutzgrad, Privacy Enhancing Tool (PET)

Das Buch führt den Leser in die grundlegenden Techniken und Sicherheitsmodelle zum Schutz der Privatsphäre ein und erläutert deren Anwendung in offenen Umgebungen (insbesondere Internet).